개정2판

Hotel & Restaurant

Food & Beverage Service

호텔/레스토랑 서비스 실무의 모든 것

호텔·레스토랑 식음료서비스론

원홍석 · 우찬복 · 김 건 · 전현모 공저

백산출판사

현대의 식생활이라 함은 필수적인 의미에서 '선택'이라는 개념으로 변화하였다. 식음료 상품 역시 상품이라는 재화(good)와 용역(service)이 함께 구성된 것으로 정의되고 있다. 그렇지만 환대산업에서는 단순화를 위해서 일반적으로 상품(product)이라는 용어를 사용하고 있다.

관광산업의 핵심이라 하는 식음료분야는 관광외식산업의 중추적인 역할을 하고 있다.

관광호텔의 식음료상품은 메뉴와 다양한 형태의 서비스로 이루어져 있으며, 이러한 상품은 품질 좋은 서비스를 통하여 비로소 진정한 식음료상품으로서 그 역할을 하는 것이다. 즉 식음료상품은 단순한 요리와 음료뿐만 아니라 종사원의 진심어린 서비스 정신, 호텔의 이미지, 분위기 등 여러 속성들의 조화가 이루어졌을 때 진정한 상품으로서 가치가 있는 것이다.

날로 증가하는 해외 브랜드 레스토랑과 품질 좋은 물적, 인적 서비스를 제공하는 많은 레스토랑이 현재 우리나라의 외식시장에 급속히 확산되는 환경적 요소들은 호텔 식음료상품의 기존 이용객뿐만 아니라 수많은 잠재고객들의 수요에 악영향을 미칠 것이다.

이와 같은 치열한 경쟁체제하에 놓여 있는 호텔 레스토랑 및 다양한 식음료 분야는 고객의 긍정적인 감성을 불러일으켜야 하며 고객감동을 최우선 목표로 생각해야 할 것이다.

따라서 진정한 식음료상품이라 할 수 있는 기본적인 훌륭한 요리와 음료 외에 호텔의 이미지, 종사원의 편안하고 친절한 서비스, 분위기 등 여러 부가적인 서비스들이 함께 조화를 이루는 진정한 가치 있는 상품이 필요한 시점이다.

이러한 여러 환경 속에서 급속도로 변화하는 고객들의 다양한 욕구에 부응하기 위해서는 식음료상품에 대한 정확한 이해와 식음료서비스에 대한 올바른 이해 및 실무능력을 바탕으로 한 고객 만족이 아닌 고객의 욕구를 뛰어넘어 고객을 감동시킬 수 있는 능력을 갖춘 전문인력의 배출이 절실하다.

이에 저자는 특1급 체인호텔의 풍부한 실무경험을 바탕으로 실무와 이론을 중심으로 한 호텔 식음료서비스론을 정리, 전문인력을 양성하여 식음료 산업의 발전을 꾀하고자 한다. 본서는 호텔 식음료, 외식, 조리 관련 전문가를 위하여 다양한 전문지식을 담고 있다.

식음료 현장에서 근무할 때 갖추어야 할 실무적인 내용과 이론들을 담았으며, 총 14장으로 구성하였다.

제1장, 제2장에서는 호텔 식음료의 개념, 역할 및 중요성과 식당의 종류들에 대하여 소개하였고, 제3장과 제4장에서는 식음료 종사원의 자세 및 고객영접, 식당예약 업무, 전화응대 요령, 분실물 습득 서비스에 관하여 정리하였다.

제5장에서는 식당서비스의 원칙 및 기법, 주문받는 요령 및 고객불평 처리법에 대하여 정리하였다.

제6장, 제7장에서는 테이블 세팅의 원칙 및 식당의 여러 가지 기물류와 취급법에 대한 내용을 다루었다.

제8장은 전채요리부터 디저트, 소스, 드레싱에 이르는 메뉴 코스별 서비스에 대한 내용을 정리하였다.

제9장은 메뉴 관리에 대한 내용으로 메뉴의 정의, 역할, 종류, 계획 등에 대해 소개하였다.

제10장은 각 레스토랑의 종류와 서비스에 대하여 정리하였다.

제11장은 음료서비스에 관한 내용으로 양조주인 와인과 맥주, 증류주인 위스키, 브랜디와 칵테일 베이스인 진, 럼, 보드카, 데킬라 그리고 혼성주에 대하여 정리하였다.

제12장은 주장 실무로서 칵테일의 제조방법에 대하여 정리하였으며 제13장은 바 조직, 바 영업준비, 주장관리와 관련된 Bar 서비스에 대하여 소개하였다.

제14장은 2024년 조주기능사 실기 칵테일을 정리하였다.

마지막으로 식당 이용 시 알아두어야 할 Table Manner를 정리하였다.

참고문헌으로는 국내, 국외의 문헌과 호텔의 식음료 직무교재를 인용하였다.

여러모로 부족하지만 본서가 호텔, 관광 분야 학생들의 호텔 식음료 실무교육에 도움이 되었으면 한다.

마지막으로 본서의 발간을 도와주신 백산출판사 진욱상 사장님, 진성원 상무님과 편집부 관계자 그리고 자료 수집을 위해 많은 도움을 주신 여러 호텔 관계자분들 그리고 함께 참여해 주신 우찬복 교수님, 김건 교수님, 전현모 소믈리에, 훌륭한 요리사진을 협조해 주신 임성빈 교수님 외 많은 분들께 이 글을 빌려 다시 한 번 감사드리며, 여러 미비한 점들을 보완하여 앞으로 더 좋은 책이 될 수 있도록 노력할 것을 약속한다.

2024년 1월

저자 씀

Chapter 08 메뉴 코스별 서비스 89

CHAPTER 01 식음료의 기본이해

제1장
식음료의 기본이해

Hotel & Restaurant
Food & Beverage Service

제1절 식음료의 개념

현대의 호텔은 과거의 객실 위주의 경영방식에서 탈피한 다각적인 경영이 요구되면서 호텔 식음료 부문이 차지하는 중요성이 더욱 대두되게 되었다. 아무리 현대 호텔이 대중화 되어가고 일반화 되어간다고 하여도 특급호텔의 객실부문의 경우 일반인들이 느끼는 경제적인 벽의 높이는 아직도 높은 게 현실이다. 이에 비해서 호텔 식음료 부문은 일반인들이 접할 수 있는 기회가 확대되고 있다.

호텔 레스토랑은 객실경영과 함께 호텔의 최대 수익발생부문이며, 현대에 와서 그 중요성이 날로 증대되어 가고 있는 호텔 식음료 부문에 대하여 호텔경영자들은 호텔 이용객의 요구와 원하는 것을 명확히 파악할 필요성이 제기된다.

우리나라의 호텔 식음료 부문은 과거 투숙객의 편의제공을 위한 부분으로 운영되었으나 1970년대 후반부터 무한한 잠재력을 가진 새로운 수익창출의 부분으로 관심이 증가하게 되었고 꾸준한 발전을 하였다. 서울 소재 특급 호텔 매출액 측면에서도 객실 수입의 증가율 에 비해 보다 탄력적인 식음료 부문의 증가율이 높은 가운데 식음료의 비중이 더 높아지고 있다.

식음료 상품은 유형재와 무형재의 결합인 동시에 고객의 욕구를 충족시키는 상품으로 인식해야 한다. 또한 식사(요리 및 음료)의 제공, 인적서비스의 제공, 분위기 연출, 식사와 관련된 제반편익의 제공으로 구분되며 이러한 것을 혼합한 형태라고 정의 할 수 있다.

특히 최근 식음료 상품은 고객의 생리적 욕구 이외에 심리적 욕구까지 충족시켜야 한다는 점에서 그 범위가 확장되고 있는 실정으로 유형재의 가치에 비하여 무형재의 가치가 증가한다는 점도 큰 특징이다.

이와 같이 식음료 상품은 복합성을 띠고 있어 식음료, 인적 서비스, 시설이나 분위기의 물적 서비스 등 3요소가 시스템적 혹은 유기적으로 잘 통합되어야만 비로소 완전한 상품이 된다.

제2절 호텔 식음료의 역할 및 중요성

1. 호텔 식음료의 역할

식음료부문을 이용하는 고객은 항상 쾌적한 환경에서 안정된 마음으로 자신의 피로를 회복시키기를 원할 뿐만 아니라 안락하고 편안한 휴식을 취함으로써 원기와 기력을 재충전시킴으로써 그 대가를 받는 장소라고 할 수 있다.

1) 호텔경영의 변화

호텔경영에서 객실무분이라는 제품의 한정성으로 수익확대의 제약이 비교적 크기 때문에 비교적 제한이 적은 식음료 판매에 의존하지 않을 수 없게 되었다. 식음료 부문이 호텔의 심장으로써 경영이념 및 정책이 객실 부문 중심의 경영으로부터 식음료 부문 위주의 경영으로 커다란 변화의 모습을 보이게 되었다.

이로써 호텔의 효율적 운영을 위해 필요한 업장을 제외하고는 식음료 부문을 임대하거나 직접적인 운영을 하지 않고, 임대나 위탁경영으로 운영하는 것이다.

Tip

객실부문의 수요의 변동성을 타개하기 위하여 주말 패키지 이용, 여름, 겨울 패키지 등을 활용하고 있다.

LAS VEGAS의 매머드급 호텔들은 마케팅 측면에서 객실 가격과 식음료 가격은 매우 저렴하게 제공하면서 관광객들의 카지노 이용을 유도하고 있다.

실제 우리나라 특 1급 호텔의 스탠다드 룸 평균이용료는 약 35만 원 정도이나, 라스베거스의 2000개 이상의 객실을 보유하고 있는 대규모의 호텔의 객실 이용료는 비수기에는 평균 10만 원 ~20만 원 정도에 이용할 수 있는 호텔이 많다.

2) 중요 수익 발생원

호텔의 식음료 부문은 객실과 더불어 호텔의 주 상품이자 가장 탄력성이 높은 상품으로 수익 증대에 기여하고 있다.

호텔이 본격적인 산업형태를 갖추게 된 현대사회에 접어들면서 식음료 부문은 레스토랑, 바(Bar), 연회장, 출장연회 등을 갖추고 호텔고객뿐만 아니라 일반대중으로까지 확대되었다. 특히 1999년 특1급 호텔에 허용된 예식 부문에 대한 비중이 증대되기 시작하였다.

3) 음식문화의 선도적인 역할

호텔 식음료 부문은 외국의 유명 조리사 초빙, 해외연수, 체계적인 생산시스템, 지속적인 메뉴 개발 등 자본적인 투자와 노력을 기울이고 있다. 식음료 판매를 통한 전통음식의 계승 및 새로운 음식 개발과 음식문화 창조의 선도적인 역할을 하고 있다.

4) 재방문의 역할

고객의 필요와 욕구에 알맞은 식사와 음료를 제공하고 또한, 고객의 기대를 능가하는 서비스를 제함으로써 고객감동을 통한 고정고객의 확보 및 호텔의 이미지를 부각시키고, 구전효과 및 고객충성도를 높인다.

5) 사회적 사명완수

지역사회의 문화적, 사회적 공간으로서 지역주민의 생활을 윤택하게 하고 고용의 창출효과와 같은 사회적 사명을 완수한다.

2. 호텔 식음료의 중요성

20세기 중반 이후 현대호텔 경영에 있어서 식음료 부문은 객실 부문과 함께 2대 수익 발생 부문이며, 숙박산업이라 불리어 오던 호텔에 대한 정의가 현재는 수익성의 측면에서 더 이상 숙박산업이 아님을 알 수 있다.

또한, 투숙객에게 제공되는 편의시설의 하나로써의 역할에서 지금은 판매이익에 대한 제약조건이 따르는 객실 상품과는 달리 합리적인 경영여하에 따라 재창조 가능성이 무한

한 식음료 상품의 판매이익이 호텔 전체의 수익에 큰 영향을 미치고 있으며, 동시에 식음료 부문이 호텔경영에 중요한 부문으로 부각되기 시작하였다.

우리나라 대부분의 호텔들은 도심에 위치하고 있기 때문에 비즈니스호텔의 성격을 띠고 있다. 따라서 호텔 중심의 상권이 형성되어 교통이 편리하며, 투숙객 이외에 외부고객 또한 접근할 수 있기 때문에 호텔 식음료 업장의 모임행사 등으로 식음료 매출이 비교적 높은 편이다.

Tip 호텔 식음료 업장 선택 시 고객들의 우선 고려사항들

우선 고려사항들 : 맛, 서비스, 청결, 주차시설, 분위기, 가격, 교통

그 외의 고려사항들 : 위치, 음식의 양, 인테리어, 조명, 음악, 의자의 안락함, 테이블간의 간격, 직원들의 의사소통 능력, 직원의 외모, 평판, 규모, 제휴할인카드의 이용여부...

CHAPTER 02

식당의 종류 및 내용

제2장 식당의 종류 및 내용

Hotel & Restaurant Food & Beverage Service

제1절 식당의 정의

식당은 "영리 또는 비영리 목적으로 일정한 장소와 시설이 갖추어진 상태에서 고객을 영접하여 음식을 제공하는 곳"이라 할 수 있다. 그러나 현대 식당 경영에 있어서의 식당은 단순히 음식을 제공하는 물적 서비스 뿐 만이 아니라 식음료 종사원의 진정한 마음에서 행해지는 인적 서비스가 구비되어야 한다.

아무리 훌륭한 시설을 갖추고, 값진 식사와 음료를 판매한다 하더라도 인적 서비스가 함께 판매되지 못한다면 사실상 그 좋은 상품도 최고의 상품으로 팔릴 수가 없다.

따라서 현대 고객을 유지하는 데 있어서 가장 소중한 상품으로써 인적 서비스를 내세우고 있음은 실로 현대 식음료 경영에 있어서 인적 서비스의 중요성을 다시금 인식하게 하는 것이다.

그러므로 현대 식당을 정의하자면 " 일정한 시설과 영업장이 갖추어진 상태에서 고객을 영접할 때 진실한 마음에서 우러나오는 인적 서비스와 물적 서비스가 잘 조화되어 식당을 찾는 고객에게 식사와 음료를 제공하는 곳"이라 할 수 있다.

그러므로 식당은 영리 또는 비영리를 목적으로 하는 업종으로써 일정한 장소와 시설을 갖추어 인적 서비스와 물적 서비스를 통하여 음식물을 제공하는 서비스업이라고 할 수 있겠다.

최근 선진국에서는 식당을 EATS 상품을 판매하는 곳이라고도 한다. EATS란 접대(인적 서비스 : Entertainment), 분위기(물적 서비스: Atmosphere), 맛(요리: Taste), 위생(청결: Sanitation)을 뜻한다.

즉, 식당은 먹는다는 단순한 의미의 장소가 아니라 서비스와 분위기, 음식의 맛 등이 하나로 조화된 총체적인 가치, 즉 전체(Total) 상품을 판매하는 장소라는 것이다.

제2절 식당의 종류 및 분류

1. 식당의 명칭에 의한 분류

1) 레스토랑(restaurant)

일반적으로 식당의 의미로 쓰이고 있으며, 고급 시설과 테이블 및 좌석을 갖추고 고객의 주문에 의하여 웨이터나 웨이추레스가 식음료를 제공하는 테이블 서비스가 제공되며, 고급 음식과 정중한 서비스, 훌륭한 시설이 갖추어진 최상급 식당을 말한다.

2) 커피숍(coffee shop)

고객의 왕래가 많은 곳에 위치하며 객실고객의 아침식사를 제공하고 아침부터 저녁까지 계속적으로 주로 가벼운 식사와 음료를 제공하는 호텔의 필수적인 부대시설이다.

3) 그릴(grill)

주로 일품요리를 제공하는 식당으로 수익을 증진시키고 고객의 기호와 편의를 도모하기 위해 그날의 특별요리를 제공하기도 한다. 아침, 점심, 저녁식사를 계속해서 제공된다.

4) 다이닝룸(Dining Room)

다이닝룸(Dining Room)은 주로 정식요리를 제공하는 호텔의 주 식당으로, 호텔의 운영방침에 따라 영업시간을 정하여 놓고 아침식사를 제외한 점심과 저녁으로 나누어 정해진 시간에 식사를 제공한다. 그러나 최근에는 이 명칭이 사용되지 않고, 고유의 붙인 레스토랑과 그릴로 형태가 바뀌었으며, 정식뿐만 아니라 일품요리도 제공하고 있다.

5) 카페테리아(cafeteria)

카페테리아(cafeteria)는 음식을 제공하는 카운터에서 요금을 지불하고 고객이 직접 음식을 선택하여 가져다 먹는 셀프서비스 형태의 식당을 말한다. 따라서 서비스를 담당하는 웨이터나 웨이추레스가 없다.

6) 뷔페식당(Buffet Restaurant)

뷔페식당(Buffet Restaurant)은 준비해놓은 요리를 균일한 요금을 지불하고, 자기 마음대로 골라먹을 수 있는 셀프서비스 식당이다.

7) 런치 카운터(Lunch Counter)

런치 카운터(Lunch Counter)는 카운터를 식탁으로 대신 준비하여 놓고 고객은 카운터에 앉아서 조리사에게 직접 주문하고 만든 음식을 조리사가 직접 제공하는 식당으로 고객은 조리과정을 직접 볼 수 있어 기다리는 시간의 지루함을 덜어 줄 수 있고, 식욕을 촉진시킬 수 있다.

8) 리프레시먼트 스탠드(Refreshment Stand)

리프레시먼트 스탠드(Refreshment Stand)는 바쁜 고객들을 위하여 주로 가벼운 음식을 미리 준비하여 진열해 놓고 고객의 요구대로 즉석에서 판매하는 간이식당을 말한다. 즉 우리나라의 고속도로 휴게소에 가벼운 음식을 준비하여 놓고 바쁜 고객들이 서서 시간 내에 먹고 갈 수 있도록 되어 있는 간이식당을 말한다.

9) 스낵 바(Snack Bar)

스낵 바(Snack Bar)는 흔히 서서 음식을 먹는 간이식당으로 가벼운 식사를 제공한다. 식사서브 방식은 카운터 서비스(Counter Service)나 셀프 서비스(Self-service)형식을 취하는 것이 보통이다.

10) 드라이브 인

드라이브 인(Drive-in) 은 도로변에 위치하여 자동차를 이용하는 여행객을 상대로 음식을 판매하는 식당이다. 이 식당은 넓은 주차장을 갖추어야만 한다.

11) 다이닝 카

다이닝 카(Dining Car)는 기차를 이용하는 여행객을 위하여 식당차를 여객차와 연결하여 그곳에서 판매하는 식당이다.

12) 백화점 식당

백화점 식당(Department Store Restaurant)은 백화점을 이용하는 고객들이 쇼핑 도중 간이식사를 할 수 있도록 백화점 구내에 위치한 식당이다. 이곳에서는 대개 셀프서비스 형식을 취하며, 회전이 빠른 식사를 제공하는 것이 일반적이다.

13) 인더스트리얼 레스토랑

인더스트리얼 레스토랑(Industrial Restaurant)은 회사나 공장 등의 구내식당으로, 비영리 목적의 식당이다. 학교, 병원, 군대의 급식 식당 등이 이에 속한다.

Tip

1. 특급호텔의 커피숍의 경우 아침, 점심, 저녁 뷔페를 실시하고 있다.
2. 뷔페식당의 영업시간은 아침 6:30～0:30, 점심 12:00～2:30, 저녁 6:00～9:30

2. 식당서비스 형식에 의한 분류

구미각국에서는 식당을 이용하는 고객들이 먼저 식사를 하기 위하여 식당을 선택할 때에 문제가 되는 것은 테이블 서비스 식당에 가야 하나, 아니면 셀프 서비스식당에 가야 하나 하는데 주저하게 된다.

왜냐하면 구미각국에서는 인건비가 대단히 비싸기 때문에 식탁에 앉아서 웨이터나 웨이트리스에게 주문을 하여 식사를 제공받으면 상당한 비용의 지출을 각오하여야 한다. 또한 팁도 10~20%의 추가 지출을 하지 않으면 안된다. 반면 셀프 서비스 식당을 이용하면 식사 값도 대체로 싸고 아울러 팁의 부담도 없다. 그리고 자유자재로 몸가짐을 가질 수가 있으며 기호에 맞는 음식을 선택하여 먹을 수 있다.

1) 테이블 서비스 식당(Table Service Restaurant)

우리가 일반적으로 알고 있는 식당을 뜻하는 것으로 일정한 장소에 식탁과 의자를 설비하여 놓고 손님의 주문에 의해서 웨이터, 혹은 웨이추레스가 음식을 날라다 주는 식당이다. 호텔 내의 각종 식당이 바로 테이블 서비스인 것이다.

(1) 프렌치 서비스

프렌치 서비스는 시간의 여유가 많은 귀족들이 훌륭한 음식을 즐기던 전형적인 서비스로 우아하고 정중하여 고급식당에서 제공되고 있는 서비스이다. 프렌치 서비스 방식의 가장 근본적인 조건은 제공되는 요리를 고객 스스로가 선택하여 먹을 수 있는 기회를 준다는 데 그 목적이 있다.

이 서비스의 정교함이나 단순함은 물론 식당의 등급이나 시설에 따라 다를 수도 있다. 같은 프렌치 서비스 식당이라도 다소 서비스 방법에 차이가 있을 수 있다는 뜻이다.

고객이 3명 이하의 식탁인 경우 주문에 따라 준비된 요리는 직접 식탁위에 놓게 되며, 이때 요리를 따뜻하게 보관하기 위해 알코올램프, 또는 다른 보온기구를 요리 밑에 설치할 수 있다. 고객은 각기 앞에 있는 자기의 빈 접시에 요리를 직접 덜어먹거나 웨이터가 서브하기도 한다.

4명 이상의 고객이 많을 경우는 게리동(Gueridon) 또는 보조 테이블이 사용되며, 이때 웨이터는 주방으로부터 준비된 요리와 빈 접시를 게리동까지 운반한 다음 빈 접시를 고객 앞에 놓고 요리를 직접 고객에게 제시하여 고객 스스로 덜어먹게 하거나 또는 웨이터가 고객이 원하는 양만큼 덜어주어 서브한다.

이때 육류의 경우는 게리동에서 먼저 카빙하거나 몫을 나눈 다음 고객에게 제시하여 서브하기도 한다. 쉐프 드 랭 시스템(Chef de Rang System)이라 한다.

특징

- 일품요리를 제공하는 전문식당에서 적합한 서비스이다.
- 식탁과 식탁 사이에 게리동이 움직일 수 있는 충분한 공간이 필요하다.
- 숙련된 종사원으로 편성되어 인건비 지출이 높다.
- 남은 음식은 따뜻하게 보관되므로 고객에게 추가로 서비스 할 수 있다.
- 다른 서비스에 비해 시간이 많이 걸리는 단점이 있다.

(2) 잉글리시 서비스

잉글리시 서비스(English Service)는 주인 또는 버틀러(Butler)서비스로도 알려져 있다.

잉글리시 서비스의 기본 특성은 서비스 직원들이 모든 음식을 서빙 접시와 볼(Bowl)에 담아 테이블로 가져온다는 것이다. 음식을 주빈에게 보여준 후 고객에게 접시를 건네주면 고객들은 그들이 먹을 만큼 스스로 덜어먹는다.

프렌치 서비스에 발생되는 문제점을 잉글리시 서비스를 이용하면 모두 제거할 수 있다.

특징

- 고도로 훈련된 서비스 직원이 필요하지 않다.
- 식당공간도 많이 필요하지 않다.
- 서비스 시간이 절약되고, 좌석 회전율이 높다.
- 인건비가 절약되고, 메뉴가격도 저렴하다.
- 양 조절을 통제할 수 없다는 단점이 있다.

(3) 러시안 서비스

러시안 서비스(Russian Service)는 일명 패밀리 서비스(Family Service)라고도 하는데, 그 발생은 고대 러시아에서 부터이다. 생선이나 가금류를 통째로 요리하여 아름다운 가니시를 곁들여 고객에게 서브되기 전 고객들에게 잘 보이는 보조테이블에 전시함으로써 고객으로 하여금 식욕을 돋우게 하는 효과를 거두게 하는 데서 유래되었다고 한다.

이 요리는 이러한 쇼를 거친 후 식탁 위에 직접 올려놓고 고객이 직접 셀프서비스하거나 또는 웨이터가 식탁을 돌며 서브하게 되는데 19세기 초 유럽에서 상당히 유행되었던 서비스 방식이다.

프렌치 서비스나 잉글리시 서비스의 경우 게리동을 사용하는 것이 러시안 서비스의 형태에서 유행된 것이라 볼 수 있다. 아직도 일반적인 식당에서 통가금류, 통구이류, 또는 통 생선 등이 그대로 장식과 함께 게리동에 준비되어 카빙(Carving)한 후 서브되는 것은 러시안 서비스의 유형인 것이다.

특징

- 전형적인 연회서비스이다
- 혼자서 우아하고 멋있는 서비스를 할 수 있고, 프렌치 서비스에 비해 특별한 기물이 필요 없다.
- 요리는 큰 쟁반에 담겨져 왼손으로 운반되어 고객의 왼쪽에서 서브한다.
- 다른 서비스에 비해 시간이 절약된다.
- 음식은 비교적 따뜻하게 서브된다.
- 마지막 부분의 고객은 식욕을 잃게 되기 쉬우며, 나머지만으로 서브받기 때문에 선택권이 없다.

이러한 러시안 서비스는 큰 쟁반에 멋있게 장식된 음식을 고객에게 보여주면, 고객이 직접 먹고 싶은 만큼 덜어 먹거나 웨이터가 시계 방향으로 테이블을 돌아가며 고객의 왼쪽에서 적당량을 덜어주는 방법으로 매우 고급스럽고 우아한 서비스이다.

(4) 아메리칸 서비스

아메리칸 서비스(American Service)는 주방에서 접시에 보기 좋게 담겨진 음식을 직접

손으로 들고 나와 고객에게 서브하는 플레이트(Plate)서비스와 고객의 수가 많을 때 트레이를 사용하여 접시를 보조테이블까지 운반한 후 고객에게 서브하는 트레이(Tray) 서비스로 나눌 수 있다.

이 서비스는 식당에서 일반적으로 이루어지는 서비스 형식으로써 가장 신속하고 능률적이며, 고객회전이 빠른 식당에 적합한 방식이다.

특징

- 주방에서 음식이 접시에 담겨져 제공된다.
- 신속한 서비스를 할 수 있다.
- 적은 인원으로 많은 고객을 서브할 수 있다.
- 음식이 비교적 빨리 식는다.
- 고객의 미각을 돋우지 못한다.
- 고급식당보다는 고객회전이 빠른 식당에 적합하다.

2) 카운터 서비스 식당

카운터 서비스 식당(Counter Service Restaurant)은 조리장과 붙은 카운터를 식탁으로 하여 고객이 직접 조리과정을 지켜보며 식사를 할 수 있는 형식으로 주방을 개방하여 손님이 조리과정을 직접 볼 수 있게 함과 아울러, 그 앞에 카운터를 테이블로 하여 음식을 제공하는 식당을 말한다. 이러한 식당은 종업원의 서브가 그리 필요하지 않고, 고객이 보는 앞에서 요리를 만들어 제공하므로 테이블 서비스 식당보다도 스피디한 서브가 제공되고 좀 더 위생적이고, 또한 팁을 따로 지불할 부담을 느끼지 않는 것이 특색이다.

특징

- 빠르게 식사를 제공할 수 있다.
- 고객의 불평이 적다.
- 위생적이다.

3) 셀프서비스 식당

셀프서비스는 고객 스스로 음식을 운반하여 먹는 형태로써 카페테리아나 뷔페서비스가 바로 그것이다. 경우에 따라 카빙(Carving)이 필요한 요리는 조리사에 의해 서비스 웨이터가 수프와 음료를 제공해 주기도 한다.

특징

- 특별히 기다리는 시간이 없어서 신속한 식사를 할 수 있다
- 다른 서비스 식당에 비해 소수의 종업원으로 인건비가 적게 든다
- 가격이 비교적 저렴하다.
- 위생적인 식사가 제공된다.
- 기호에 맞는 음식을 선택해 먹을 수 있다
- 팁의 지불이 필요 없다
- 고객의 불평이 적다
- 테이블 회전이 빨라 매상이 증진되는 이점을 안고 있다.

그리하여 오늘날 이 셀프 서비스 식당이 유행되고 있다. 예를 들면 뷔페, 카페, 유스 호스텔, 그리고 일본에서 성행하고 있는 바이킹 식당 등을 들 수 있다.

4) 급식식당

급식식당(Feeding Restaurant)은 급식사업으로서 비영리적이며, 셀프서비스 형식의 식당이다. 회사 종사원을 위한 급식, 학교 급식, 병원 급식, 군대, 교도소에서의 급식이 있다.

일시에 많은 인원을 수용하여 식사를 제공할 수 있으나 일정한 메뉴에 의한 식사이기 때문에 자기의 기호에 맞는 음식을 선택할 수 없다는 단점이 있다.

5) 자동판매 식당

오늘날 선진국가에서는 날로 인건비가 증가하여 자동판매기의 인기가 높아지고 있다. 그리하여 자동판매기로 팔리는 매상의 비중이 미국에서는 급증하고 있다. 이 기계는 주로 카페테리아, 큰 회사, 호텔 쪽에서 많이 사용되며, 스낵, 병 또는 깡통에 담긴 음료,

밀크, 아이스크림, 페스트리, 통조림 등을 팔 수 있다.

6) 자동차 식당

자동차 식당(Auto Restaurant)은 버스형이나 자동차나 트레일러에 간단한 음식을 싣고 다니면서 판매하는 이동식 식당이다.

3. 제공품목에 의한 분류

요리는 나라와 지방마다 그 특색을 지니고 있음은 물론이고 제공품과 요리기술에 따라 맛과 형태가 달라질 수 있다.

1) 프랑스 식당(French Restaurant)

서양요리 중에는 물론 프랑스요리가 세계적으로 유명하다. 지리적으로 유럽의 중심에 있으며 풍부한 식재료와 포도주 양조기술의 발달은 요리의 발전요소를 충족시켰다. 신선한 야채, 해산물, 육요리, 치즈, 와인, 향신료 등의 다양한 식재료를 이용하여 재료의 순수한 맛과 영양을 그대로 살리는 조리법과 음식 맛을 배가시켜 다른 음식과 비교할 수 없을 정도로 만들어주는 탁월한 소스를 들 수 있다. 우리가 잘 아는 샤도우브리앙을 비롯하여, 바다가재요리, 생굴요리 및 오드볼요리, 그리고 각종 소스만도 500여 가지가 넘는다.

2) 이탈리아 식당(Italian Restaurant)

이태리요리는 일찍이 기원 14세기 초엽에 마르코 폴로가 중국의 원나라에 가서 배워온 면류가 고유한 스파게티와 마카로니로 정착하여 프랑스요리의 원조가 된 것이다.

이태리 사람들은 먹고 마시기 위해 태어났다 해도 과언이 아닐 미식가로 남녀노소가 모두 즐기고 있다.

전 세계적으로 잘 알려진 피자, 스파게티, 파스타, 오소부코(Ossobuco), 스칼로피네, 해산물 요리가 유명하다.

특히 남부지방은 밀을 사용한 파스타요리가 유명하고, 북부지방은 쌀을 이용한 리조또(Risotto)와 옥수수를 이용한 폴렌타(Polenta)가 유명하다.

Tip

1. 오소부코(Ossobuco): 송아지 정강이 뼈 고기에 토마토소스를 얹은 리조또를 곁들이는 이탈리아 요리
2. 스칼로피네(scallopine): 토마토 소스와 모짜렐라 치즈로 맛을 낸 요리

3) 에스파냐 식당(Spanish Restaurant)

스페인의 요리는 올리브유, 포도주, 마늘, 파프리카, 사프란 등의 향신료를 많이 쓰고 있는 것이 특색이며, 스페인은 주위가 바다로 둘러싸여 있어 해산물이 풍부하여 생선요리가 유명하다. 특히 왕새우 요리는 세계적으로 유명하다.

4) 미국 식당(American Restaurant)

서양요리가 각국마다 그 특색이 다양하지만 특히 이태리의 파스타, 영국의 로스트비프와 함께, 미국인이 즐겨먹는 것은 우선 비프스테이크를 예로 들 수가 있다. 그밖에도 바비큐, 햄버거 등을 대표 요리로 말할 수 있다. 이들은 대개 재료를 빵과 곡물, 고기와 계란, 낙농식품, 과일 및 야채 등으로 이용하는데 미국인들의 식사는 대개 간소한 메뉴와 경제적인 재료 및 실질적인 식생활을 하고 있는 것이 특징이다.

5) 한국 식당(Korean Style Restaurant)

우리나라는 옛날부터 농경생활을 해왔기 때문에 한국요리는 농산물 위주의 식물성 요리가 발달하였다.

오늘날에 와서는 오랜 기간 동안 이루어진 독특한 형태의 다양한 음식들이 사회구조와 외래문화의 영향으로 전통성을 잃어버린 것도 있고, 또한 잊혀진 것들이 많아진 상태이다. 그러나 현재까지는 끈질긴 민족 보수성으로 쌀을 주식으로 김치, 된장찌개, 불고기 등 각종 찬을 부식으로 하여 탕을 곁들이는 음식을 정성스럽게 한상에 차려놓고 격조 높은 식사를 하는 것이 한국요리의 특징이다.

우리나라의 특유한 요리는 무엇보다도 옛 왕조에서의 궁중요리를 비롯하여 불고기, 신선로, 김치 및 전골 요리 등을 들 수 있으나 아직 호텔식당의 식단이 개발되지 않아 호텔마다 주식요리는 충분히 사용되고 있으면서도 한식요리는 자랑스럽게 등장을 지키지 못하고 있는 실정이다.

6) 중국식당(Chinese Restaurant)

중국에서는 벌써 2,000년 전에 요리의 전문서적이 출판되었고 6세기경의 식경이라는 책이 지금도 남아 있을 정도로 중국의 요리는 그 맛과 전통이 깊다. 거대한 지역의 중국은 음식의 맛과 질도 다양하여 요리의 수요는 세계제일의 것임은 두 말할 나위가 없다. 일명 '청요리'라고 불리는 중국요리의 가장 큰 특징은 서양요리나 일본요리가 색체배합을 중요시하는 반면에 미각에 초점을 두고 오미(五味)의 절묘한 배합을 이루어 세계적인 요리로 발전시켰다는 데 있다.

*** 북경요리**

지리적으로 북방에 위치, 육류중심의 화력을 이용한 튀김요리, 볶음요리가 특징

*** 남경요리**

일명 상하이 요리, 간장이나 설탕으로 달콤하게 맛을 내어 달고 기름기가 많음

*** 광동요리**

중국 남부의 대표요리, 재료의 맛을 잘 살림, 담백함

*** 사천요리**

더위와 추위가 심한 지방, 악천후를 이겨내기 위해 향신료를 많이 씀, 매운 요리

요리상의 특징

- 재료 선택이 자유롭고 광범위하다.
- 맛이 다양하고 광범위하다.
- 조리기구는 간단하고 사용이 용이하다.
- 조리법이 다양하다
- 기름을 합리적으로 많이 사용한다.
- 조미료와 향신료의 종류가 풍부하다.
- 외향이 풍요롭고 화려하다.

7) 일본 식당(Japanese Restaurant)

일본 열도는 바다로 둘러싸여 있어서 지형과 기후의 변화가 많다. 따라서 사계절에 생산되는 재료가 다양하고 계절에 따라 맛도 달라지며 해산물이 매우 풍부하다. 이러한 조건 속에서 일본요리는 쌀이 주식으로 농산물과 해산물이 부식으로 형성되었는데, 맛이 담백하고 색채와 모양이 아름다우며 풍미(향기, 혀끝 감촉, 씹는 맛)가 뛰어난 것이 특징이다. 일식은 계절의 바뀜이 뚜렷하고 사방이 바다로 둘러싸인 해양국가의 특수성으로, 색깔 좋고, 향기 좋고, 맛 좋은 것을 생명으로 한다.

일본에는 생선요리 사시미를 비롯하여 초밥, 튀김요리, 스끼야끼 등의 생선요리만도 200여 가지가 넘는다.

요리상의 특징

- 어패류를 재료로 하는 요리가 발달하였다.
- 계절감이 뚜렷하다.
- 요리를 담는 기물이 다양하고 예술적이다.
- 요리를 담을 때 공간과 색상의 조화를 매우 중요시한다.
- 비교적 요리의 양이 적으며 섬세하다.
- 양식과 중식에 비해 강한 향신료의 사용은 비교적 적은 편이다.

4. 식사의 종류

1) 식사 내용에 의한 분류

(1) 조식

조식(Breakfast)은 식당에서 판매하는 아침식사의 정식메뉴이다. 영어의 블랙퍼스트(Breakfast)의 블랙(Break)은 '깨다'이며, 퍼스트(Fast)는 '단식'의 의미를 함축하므로 블랙퍼스트는 "공복을 깬다"는 의미가 있다. 서양식 아침식사 다음과 같이 분류할 수 있다.

① 미국식 조식

미국식 조식(American Breakfast)은 주스, 곡물요리, 달걀요리, 빵, 커피를 기본으로 하고 요거트, 팬케이크, 햄, 베이컨, 소시지, 등을 선택하여 먹는 식사이다.

② 유럽식 조식

유럽식 조식(Continental Breakfast)은 일명 대륙식 조식이라고 한다. 유럽에서 성행하고 있는 아침식사 형태로써 달걀요리가 제공되지 않고 주스, 빵, 커피 정도로 간단히 먹는 아침식사를 말한다. 주로 호텔 내에 아침식사 요금에 포함되어 있다

③ 비엔나식 조식

비엔나식 조식(Vienna Breakfast)은 달걀요리와 롤(Roll) 그리고 커피정도로 간단히 먹는 식사를 말한다.

④ 영국식 조식

잉글리시 조식(English Breakfast)은 대륙식과 구별하여 잉글리시 조식이라 하는데 미국식 조식에 생선요리가 포함되는 아침식사를 말한다.

⑤ 조식 뷔페

조식 뷔페(Breakfast Buffet) 는 주스류, 우유류, 시리얼류, 샐러드, 과일, 빵, 달걀요리, 소시지, 베이컨, 햄, 포테이토 등으로 구성된다. 일반 뷔페와는 달리 간단하고, 건강식 위주로 저렴한 것이 특징이다.

⑥ 헬스 조식

헬스 조식(Health Breakfast)은 현대인들의 생활양식이 변함에 따라 영양식보다는 건강식으로 만드는 식사이다. 성인병을 염려하는 고객을 위하여 미네랄과 비타민이 풍부한 고단백질, 저지방 식품으로 구성한 것으로, 생과일주스, 플레인 요구르트, 과일, 빵, 커피로 구성된다.

Tip

특급호텔의 양식당 미국식 조찬 가격: 27, 000원

대륙식 조찬 가격: 25,000원 (세금, 봉사료 미포함)

(2) 브런치

브런치(Brunch)는 Breakfast 와 Lunch 의 합성어로서 늦은 아침과 점심을 겸하는 식사를 말한다. 현대의 도시생활인에 적용되는 식사형태로써 이 명칭은 미국의 식당에서 많이 이용되고 있다. 현재 특급호텔 양식당 뿐 만 아니라 도심에 위치한 일반 양식당에서도 널리 이용되고 있다.

Tip

특급호텔에서의 브런치 영업시간은 일반적으로 오전 10:30~2:30 정도이며 주말에 실시하고 있다.

(3) 런치

런치(Lunch)나 런천(Luncheon)은 모두 점심이란 뜻이지만, 런치는 영국에서는 반드시 아침과 저녁 중간에 먹는 식사를 지칭하고, 미국에서는 시간에 관계없이 아무 때나 간단히 먹는 식사를 말한다. 그러나 런천은 비교적 몇 가지의 코스를 갖춘 오찬(정찬)을 말하는데 대개의 경우 3~4가지 코스로 구성된다. 즉 수프(Soup), 앙트레(Entree), 후식(Dessert), 음료(커피 또는 차)로 구분된다.

(4) 애프터눈 티

애프터눈 티(Afternoon Tea)는 영국인의 전통적인 식사습관으로서 밀크 티(Milk Tea)나 시나몬 토스트(Cinnamon Toast), 또는 멜바 토스트(Melba Toast)를 함께 하여 점심과 저녁 사이에 먹는 간식을 말한다. 지금은 영국뿐만 아니라 세계 각국에서 오후에 티타임(Tea-Time)이 보편화 되고 있다.

Tip

일부 특급호텔의 로비라운지(Lobby Lounge)에서 점심과 저녁식사 시간 중간에 실시하고 있다. 제공메뉴로는 각종 커피, 티(Tea), 샌드위치, 토스트, 빵, 쿠키 정도이다.

(5) 저녁

적극적인 음료 판매로써 이익률에 기여할 수 있는 기회를 갖게 되는 저녁(Dinner)은 내용적으로나 시간적으로도 충분한 식사를 하게 된다. 이러한 경향에 따라 식당 경영상 디너는 최대한 높은 품질로 충분한 인력과 함께 정성을 들여 서비스해야 하며, 고객에 대한 매상을 높이는 데 최선을 다해야 하겠다.

일반적으로 디너는 4~5코스 (Appetizer, Soup, Entree, Dessert, coffee 또는 Tea)로 제공되고 있지만, 생선요리나 로스트를 추가한 6~7코스로 구성되기도 한다.

식당에서는 저녁시간에 주류 등 음료의 적극적인 판매활동이 가능하므로 요리원가 상승에 따른 이익률의 압박을 충분히 만회할 수 있는 기회가 된다. 디너는 하루 중 가장 화려한 성찬을 말한다.

(6) 만찬

원래 격식 높은 정식의 만찬(Supper)을 의미하였으나 근래에 와서는 그 이미지가 변화되어 늦은 저녁 밤찬으로 제공되는 것을 말한다. 늦은 저녁행사 후의 식사로서 가벼운 음식과 간단 코스(2~3)로 구성되며, 진한 수프에다 소시지와 빵 또는 샌드위치, 음료 정도가 정식으로 제공된다.

2) 식사내용에 의한 분류

(1) 정식식당(table d'hote restaurant)

정해진 메뉴가 에피타이져, 수프, 생선, 앙트레(주요리), 샐러드, 디저트, 음료 등의 풀코스(full course)가 제공되는 식당을 말한다.

특징

- 일품요리보다 가격이 저렴하다.
- 조리과정이 일정하므로 원가가 절약된다.
- 매출액이 높다.
- 가격이 고정되어 회계가 쉽다.
- 신속하고 능률적인 서브가 가능하다.
- 고객의 선택이 용이하다.
- 조리과정과 질이 우수하다.
- 서비스의 단조로움.

(2) 일품요리 식당(à la carté restaurant)

일품요리(À la Carté Restaurant) 식당은 고객의 주문에 의하여 조리사의 독특한 기술로 만들어진 요리가 품목별로 가격이 정해져 제공되는 식당이다. 이 요리는 그릴이나 전문식당에서 제공되나 요즘에는 전문식당을 비롯한 일반식당에서도 정식과 함께 제공되고 있다.

일품요리는 고객의 기호에 따라 선택할 수 있는 장점이 있으나 가격이 비싸다.

고객은 일품요리(A la Carte) 에 따라 자기의 기호대로 주문을 하게 되며, 이때 식당 측에서는 폭넓은 서비스로 고객의 욕구를 충족시켜주고, 매상의 증진을 위하여 전문화된 서비스를 제공하고 있다.

이러한 일품요리는 각기 코스마다 주문한 대로 가격이 따로 정해져 있고, 식사가 다 제공된 뒤 그 가격을 총합계하여 지불하기 때문에 비교적 가격이 비싸며, 식당 측에서는 판매의 수완에 따라 매상고도 올릴 수 있다.

특징

- 객단가를 높일 수 있음.
- 각 메뉴마다 가격이 정해져 있음.
- 인건비가 높음.
- 다양한 서비스 방법의 이용 가능.
- 낭비가 많음.
- 식자재 관리의 어려움.
- 지식이 부족한 고객에게는 주문하기 어려움.

(3) 뷔페식당(buffet restaurant)

일정한 장소에서 일정한 요금으로 기호에 맞는 음식을 선택하여 마음껏 먹을 수 있는 식당이다. 정해진 고객만 받는 closed buffet와 일반 대중에게 공개하는 open buffet가 있다.

'C'호텔 뷔페식당

일반대중을 받는 오픈뷔페는 불특정다수의 고객을 대상으로 준비되는 일반적인 뷔페 차림을 말한다. 클로즈드 뷔페는 일정하게 예약된 인원을 위하여 준비된 요리를 제공하는 것으로 연회나 파티에서 일반적으로 행해진다.

특징

- 신속한 식사를 할 수 있어서 시간이 절약된다.
- 가격이 비교적 저렴하다. 그러나 현재는 고급화 추세에 있다.
- 소수의 종사원으로 많은 수의 고객을 서비스 할 수 있다.
- 위생적인 식사를 할 수 있다.
- 고객기호에 맞는 음식을 선택하여 먹을 수 있다.
- 양식뿐 아니라 중식, 일식, 한식까지도 함께 전시(Display)되어 있으므로 취향에 맞는 음식을 선택할 수 있다.
- 요리의 보관이 어려워서 원가가 높아질 수 있다.
- 다른 업장에서 남은 재료를 가지고 활용을 할 수 있으므로 재고가 적어질 수 있는 기회가 있다.

Tip

보편적으로 칵테일용, 스탠딩용 뷔페는 기업의 신제품 발표회(신차발표) 등에서 주로 쓰이고, 식사용 뷔페는 결혼식, 약혼식, 사은회, 회갑잔치 등과 같은 연회행사 때 주로 사용된다.

CHAPTER 03 식음료 종사원의 기본조건

제3장
식음료 종사원의 기본조건

Hotel & Restaurant
Food & Beverage Service

제1절 식당 종사원의 기본자세 및 정신

1. 종사원의 기본자세

식당 종사원으로서 업무를 수행하는 데 있어 습득해야 하고, 몸에 익혀야만 하는 기본적인 자세는 다음과 같다.

1) 태도

서비스를 담당하는 종사원으로서의 태도는 가장 중요하고 기본이 되는 것이다. 무엇보다도 제일 요구되는 것은 몸에 익은 세련된 태도이다. 올바른 태도를 어떻게 취해야 하는가를 살펴보면 다음과 같다.

(1) 보행법

- 가슴을 펴고 등을 곧게 하고 걷는다.
- 식당 내에서는 어떤 경우에도 뛰지 않는다.
- 식당 내에서 손님과 서로 지나칠 때에는 손님의 행동반경을 피해서 가볍게 머리 숙여 인사한다.

(2) 자세를 취하는 방법

- 가슴을 펴고 바른 자세를 취한다.

- 휴식 시의 자세는 어느 한쪽 다리에 중심을 두고, 다른 한쪽 다리는 가볍게 앞으로 내민다.
- 양손을 뒤로 하지 않는다.
- 의자, 탁자, 벽, 기둥 등에는 절대로 기대어 서 있지 않는다.
- 얼굴은 항상 고객을 주시하고 있어야 하며, 보행 시에는 정면을 바라본다.
- 대기 시에는 두 다리는 붙이고 있어야 하며, 왼손은 서비스 타월을 받치고 오른손은 약간 주먹을 쥐고 편안히 내리고 있는다(두 다리의 뒤꿈치는 붙이고, 앞은 45 가량 벌린다).

(3) 인사하는 방법

- 공손하고, 예의바른 인사법을 몸에 익힌다.
- 양손을 곧바로 자연스럽게 내리고 30 각도로 구부려 인사한다.
- 가벼운 미소를 띤 얼굴로써 고객을 대한다.

2) 용모 및 복장

고객에게 좋은 서비스를 제공하기 위해서는 깨끗하고 단정한 용모 및 복장이 필요하다. 용모에는 우선 깨끗하고 단정한 신체, 청결한 손과 손톱을 유지하며, 단정한 두발 상태들이 갖추어져야 한다.

(1) 남자종사원

① 머리 : 뒷머리가 와이셔츠 깃을 넘어서는 안 되며, 옆머리는 귀를 덮어서는 안 된다. 머리는 헤어 오일이나 무스 등을 바르고, 항상 단정하게 빗어야하며, 앞머리는 이마를 덮지 않고 반듯이 보여야 한다.

② 얼굴 : 식사 후에는 항상 양치질을 하여야 하며, 수염은 없어야 한다.

③ 손 : 손톱은 항상 짧게 깎아야 하며, 반지를 끼어서는 안 된다.

④ 유니폼 : 항상 깨끗하고 정해진 유니폼(Uniform)을 착용하여야 하며, 깨끗하게 주름이 잡혀져 있어야 한다.

⑤ 구두 및 양말 : 검은색 구두를 착용하여야 하며, 항상 깨끗하게 윤기(광택)가 나도록 닦아야 하고, 양말은 반드시 검정 혹은 감색 양말을 신는다.

(2) 여자종사원

① 머리 : 개인의 얼굴 형태에 어울리게 하나 요란스럽게 하지 않으며, 앞머리는 내

려 오지 않도록 항상 단정하게 한다.

② 얼굴 : 화장은 진하게 하지 않으며, 귀걸이와 액세서리는 착용하지 않고, 식사 후에는 항상 양치질을 한다.

③ 손 : 손톱은 항상 짧게 깎아야 하며, 매니큐어를 발라서는 안 되고, 반지를 껴서도 안 된다.

④ 유니폼 : 유니폼은 항상 깨끗하게 하고, 구겨진 곳이 없어야 하며, 깨끗한 여벌을 항상 준비해야 한다.

⑤ 스타킹 : 짙은 색깔의 스타킹을 피하며, 살색의 색깔로 신어야 한다.

⑥ 구두 : 회사에서 지정한 통일된 색상의 구두를 착용한다.

Tip

대부분의 특급호텔은 규정에 맞는 용모를 갖추고 있으나 특정호텔은 긴머리, 염색, 반지 등과 같은 부분에 있어서 규제를 하지 않으며, 그보다는 서비스에 치중하게끔 하는 곳도 있다.

2. 종사원의 기본정신

식당에 근무하는 종사원은 깨끗하고 예의바르며, 용모가 단정함은 물론 종사원이 갖추어야 할 모든 지식을 숙지함으로써 맡은바 임무를 수행하는 데 차질이 없어야 한다.

종사원이 갖추어야 할 스키치(SCEECHH : Service, Cleaness, Efficiency, Economy, Courtesy, Hospitality, Honesty) 정신의 기본 정신의 영문자 첫 글자에서 인용했으며, 다음과 같다.

1) 서비스

서비스(Service)란 가장 일반적인 용어이면서도 실천하기 어려운 용어라 할 수 있다. 여기에서 말하는 서비스란, 고객에게 부담을 주지 않는 진심에서 우러나오는 서비스를 말한다.

식당시설이 아무리 훌륭하고 뛰어나다 하더라도 그곳에서 일하는 종사원의 봉사정신이 결여된 상태에서 사무적이고 기계적인 서비스를 제공한다면 훌륭한 시설들은 빛을 잃고 말 것이다.

2) 청결성

공공위생의 청결(Cleaness)은 고객이 이용하는 공공장소의 청결, 즉 집기 비품 등 고객이 이용하는 모든 시설물의 청결이 철두철미하게 이루어져야 한다.

개인위생이란 자기 자신의 청결을 의미한다. 우선 건강해야 하고, 철저한 위생관념에 입각하여 신체상으로나 외형 복장상으로도 청결한 상태를 항상 유지해야 한다. 공공위생이나 개인위생은 모두 식당에 종사하는 종사원들의 손에 달려 있으므로 청결성을 항상 염두에 두어야 할 것이다.

3) 능률성

식당 종사원들은 모든 업무를 항상 서서 수행하기 때문에 가장 효율적인 업무를 하기 위해서는 모든 업무를 피동적이 아닌 능동적으로 처리함으로써 매사에 능률을 올려야 한다.

고객에 대한 인사에서부터 모든 서비스에 이르기까지 모든 업무가 능동적으로 이루어져야 함은 물론 정확한 업무를 파악하여 매사에 적극적으로 임함으로써 같은 시간 내에 이루어질 수 있는 일의 능률(Efficiency)을 향상시켜야 한다.

4) 경제성

경제성(Economy)이란 식당 종사원의 큰 사업이다. 식당의 장비 및 기물은 고가품이므로 종사원 모두의 절약정신이 매우 필요하다. 즉, 전기. 수도. 종이. 린넨류 등의 낭비를 막고, 고가품인 도자기류 등 모든 기물류의 파손을 최소한으로 줄여 경비를 절약하고, 이익의 증대를 기해야 한다.

5) 환대성

식당에 종사하는 종사원은 다른 분야에서 종사하는 사람들보다 환대정신이 투철하여야 한다. 고객이 들어오면 정중히 인사를 하고, 미소 띤 얼굴로 식탁까지 안내해야 하며, 고객이 떠날 때는 다시 찾아올 수 있도록 따뜻이 인사를 하면서 배웅해야 한다.

식당에서는 불평이 많이 발생하기 쉬우나 친절한 사람에게는 화를 낼 수 없듯이 종사원이 혹 실수를 하더라도 고객에게 정중히 사과하고 이해시켜서 식사를 즐겁게 하도록 유도하여야 할 것이다. 좀 더 좋은 인상과 호감을 주어 다시 찾도록 하는 환대성(Courtesy and Hospitality)을 잃어서는 안 될 것이다.

6) 정직성

식당은 많은 사람을 상대로 영업을 하며, 또한 여러 사람이 모여서 생활을 함께 하는 곳이기 때문에 많은 일이 발생할 수가 있다. 따라서 회사와 종사원과 고객 간에 서로 믿고 협동하는 원만한 협조체제를 형성하여 서로 신뢰하는 관계로서 업무에 임하여야 한다.

이로써 정직성(Honesty)에 바탕을 둔 진정한 서비스의 대가가 생산될 수 있으며, 영업 신장과 아울러 양자 간에 지속적인 발전이 이루어질 수 있다.

제2절 식음료 종사원의 인간관계

1. 인간관계의 의의

식음료 종사원들의 직무상의 특성상 함께 일하는 종사원들 간의 인간관계는 일의 성과와 효율적인 업무수행에 큰 영향을 미칠 수밖에 없다.

근무에 있어서도 인간관계가 잘 되지 못하면 능률은 저하되고, 대고객 서비스에 나쁜 결과를 가져오게 된다.

인간관계에서 발생되는 정신적인 부담은 의외로 심각하며, 육체적으로도 피로하게 되어 인간을 약하게 만들게 되고, 회복하기도 힘들어진다. 그 결과 의사소통이 원활하게 이루어 지지 못할 경우 일의 효율성이나 신속성에 문제가 발생할 수 있다.

올바른 인간관계는 서로가 서로의 인간적인 가치를 인정하는 것이며, 항상 자기보다 상대방의 입장에서 이해하고 관찰할 수 있는 마음의 자세를 갖는 것이다. 그러면 원만하고 건전한 인간관계를 이룰 수 있다.

2. 식음료 종사원의 인간관계

식음료 종사원들은 근무중에 어떠한 행동이든 성의를 다하고 인내하는 것이 절대적으로 중요하다. 식음료부서에서 근무하는 종사원은 “고객은 항상 옳다”고 교육받고 있기 때문에 자기의 생각을 표면에 나타내지 못하고 삼키는 경우가 많다. 그것이 내향적으로 누적되고 굳어지면 그 분위기가 자칫하면 동료간의 갈등으로 나타날 수가 있는데, 이것은 결국 각자의 인내심으로 극복할 수 있다.

사람들은 각자의 입장이 다르기 때문에, 자기는 무리하지 않다고 생각하는데 상대방에서 보면 무리한 일이라고 판단되는 경우가 있다. 이런 경우 상대방의 입장에서 냉정히 판단할 수 있는 마음의 자세를 가져야 할 것이다.

또한 식음료부서의 간부는 종사원을 즐겁게 근무하도록 해야 하고, 사람들의 특징을 찾아서 일을 시켜야 하며, 종사원 각자는 어느 영업장에 소속이 되는지 주어진 환경에 빨리 적응할 수 있도록 해야 한다.

3. 상호 인간관계

식음료부서에서의 인간관계는 크게 나누어 3종류로 살펴볼 수 있다.

1) 식음료부서 내의 상사와의 관계

식음료부서에서의 상사와 부하직원간의 관계는 단적으로 말해서 존경과 믿음의 관계라 말할 수 있다. 부하직원은 상사를 존경하는 마음으로 사회 속에서 일을 해야 하며, 상사는 부하직원을 전적으로 믿고 안심하고 맡길 수 있는 관계가 되어야 이상적인 관계이다. 그럼으로써 무슨 일이든 원활하게 진행해나갈 수 있는 원동력이 될 수 있다.

2) 동료와의 관계

인간관계에 있어서 가장 어려운 것이 자기와 같은 수준에 있는 사람이나 직장의 동료들 간의 관계라 할 수 있다. 자기 부서의 종사원뿐만 아니라 타부서의 직원들과도 절대 협조적이어야 하며, 연령이나 직급에 관계없이 누구에게나 호의를 가지고 친절한 태도로 대해야 한다.

식음료부서의 서비스는 타 부서와 복합적인 관계가 있으므로 주방, 캐시어(Cashier), 바(Bar) 등 모든 부서의 종사원이 합심하지 않으면 좋은 서비스를 할 수 없기 때문에 동료간의 인간관계가 극히 중요하다. 그래서 직장 내에서 누구에게서나 저 사람과 같이 일을 하고 싶다고 생각할 수 있는 사람이 되기 위한 노력이 필요하다.

3) 고객과의 관계

우리는 일상생활에서 저 백화점이 좋다, 이 은행이 좋다, 그 상점이 좋다고 선택하는 경우가 있는데, 이것은 대부분 그 장소에서 일하고 있는 점원이나 종사원들의 인상이나 서비스의 좋고 나쁨에 따라 좌우된다.

그러므로 종사원은 그 상점이나 회사의 입장에서 일을 하고 있기 때문에 종사원의 언어, 태도 등은 회사를 대표하는 것이며, 종사원의 해맑은 미소는 궁극적으로 회사와 나의 이익을 증진시킬 수 있다.

일반적으로 고객은 언제나 정당하다는 원칙이 적용되는 호텔서비스에 있어서 천차만별의 성별과 기호를 가진 고객들을 만족하게 서비스한다는 것은 잘 훈련된 종사원으로서도 여간 어려운 일이 아니다.

레스토랑의 시설이나 음식의 조리에 있어서도 고객의 구미에 맞도록 해야 하며, 언제나 만족스럽고 예절이 바르며, 정확성이 있고 세련되며, 신속한 서비스를 하여야 한다.

그리고 서비스를 조직적으로 관리하는 지배인은 고객의 취미나 기호에 맞추어 서비스할 수 있도록 종사원을 뒷받침해주어야 한다.

호텔 · 레스토랑 식음료서비스 실무

제4장

호텔 · 레스토랑 식음료서비스 실무

Hotel & Restaurant Food & Beverage Service

제1절 고객영접 및 안내

1. 영접

식당의 종류와 크기에 따라서 한두 명이 전문성을 띠고 고객을 영접하고 안내하게 되어 있다. 사장을 대신하여, 헤드 웨이터(Head Waiter), 안내원(Greetress)등이 업무를 담당하게 된다.

고객이 식장 안으로 들어오면 접객 담당자는 단정하고도 다정한 자세로 접근하여 미소 띤 얼굴로 정중하게 다음과 같은 절차에 의하여 안내한다.

- 미소 띤 얼굴로 아침 · 점심 · 저녁 등으로 구분하여 시간에 알맞은 인사를 명랑하게 한다.
- 고객의 국적에 맞는 언어를 구사하여 친밀감을 갖게 한다.
- 예약고객일 경우에는 이름을 불러줌으로써 고객으로 하여금 친밀감을 갖도록 하고, 그렇지 않을 경우 고객의 성함을 확인하여 예약 장부를 체크한다.
- "○○○ 선생님, 예약을 하셨습니까[(Do you have a reservation, sir(madam)?]" 라고 예약확인을 하고, 인원수를 확인한다.
- 예약 고객일 경우, 시간, 장소, 테이블, 특별준비 및 사전주문 등을 확인한다. 모든 사항이 준비완료 되었는지 확인한 후 "이쪽으로 오십시오."라고 말하고, 고객을 안내한다.

- 예약하지 못한 고객일 경우, 고객이 원하는 장소 및 테이블의 가능성 여부를 확인하여 가능한 한 고객이 원하는 대로 하여 고객의 의사를 최대로 수용한다. 그렇지 못할 경우 이해를 구하고 테이블을 지정하여, "○○○ 사장님, 이쪽으로 오십시오(Please this way, sir)"라고 하며, 고객보다 한발 앞서서 한다.
- 테이블이 없을 경우 대기실에서 대기하도록 정중하게 말하고, 대기자명단에 기입한 후 어떠한 테이블을 어느 시간 정도 사용할 것인지 상황판단을 하여 고객에게 알려주고, 순서에 따라 좌석을 배정한다.
- 테이블 세팅이 다 되면 주변정돈을 하고 고객에게 "기다려주셔서 대단히 감사합니다. 이쪽으로 오십시오."라고 말하고, 한 발 앞서서 단정한 걸음걸이로 지정된 장소로 정중하게 안내한다. 고객이 앉도록 의자를 빼준다. 여성고객의 착석 시는 두 손과 한 발을 이용하여 의자를 밀어주어 착석을 도와준다. 착석이 완료되면 메뉴를 보여주고, 새 고객이 왔다는 신호를 테이블 담당자에게 알린다.
- 한 테이블에 서로 안면이 없는 고객을 합석시켜서는 안 되고, 합석시킬 경우 먼저 고객에게 양해를 구하여야 한다.
- 안내 담당자는 호텔이나 식장 내의 모든 정보를 제공할 수 있어야 한다. 행사, 공연시간, 각 업장 영업시간 등의 일반적인 안내를 할 수 있어야 한다..
- 안내 담당자는 서비스 구역 내에서 고객에게 밝은 미소로 감사한 마음을 가지고 환송하여 서비스를 마무리한다.
- 고객 불평 시는 담당 지배인에게 즉시 보고하고, 가능한 한 불평을 즉시 해결해야 하며, 고객과 다투어서는 안 된다. ("Never argue with a guest, you'll be lost everything")

2. 안내

고객안내와 좌석을 배정할 때 다음 사항을 참고로 하여 수행하면 고객의 만족도를 충족시킬 수 있다.

- 젊은 남녀 고객은 벽 쪽의 조용한 식탁으로 안내한다.
- 멋있고 호화로운 고객은 식당의 중앙으로 안내하여 다른 고객들로 하여금 자랑스럽게 보이도록 한다.
- 같은 옷 또는 유사한 옷을 입은 사람(특히 숙녀)은 서로 떨어진 좌석으로 안내한다.

- 남녀를 불문하고 혼자 온 고객은 벽 쪽의 전망이 좋은 창가 식탁으로 안내하여야 한다.
- 연로한 고객, 지체부자유한 고객은 입구에서 가까운 테이블에 안내한다.
- 식당 분위기를 흐리거나 다른 고객들에게 좋지 못한 영향을 미치는 고객은 책임자에게 속히 연락하여 적절한 조치를 취한다.
- 서로 잘 모르는 고객끼리의 합석은 원칙적으로 금한다. 부득이한 경우 상호 고객의 양해를 얻어야 한다.
- 내국인 · 외국인을 균형이 이루어지도록 테이블 배정에 신경을 쓴다.

제2절 식당예약 업무

현대사회가 점점 복잡해지고, 정확한 시간계획에 의하여 행동하는 현대인에게 모든 면에서 예약에 대한 의미는 상당한 몫을 차지한다고 할 수 있다. 그 중에서도 고객을 접대하거나 사업상 또는 인간관계를 나눔에 있어서 인간생활의 커다란 한 부분을 차지한다고 할 수 있는 식당의 이용에 있어서 예약의 의미는 더욱 중요하다고 할 수 있다.

사전예약을 함으로써 고객은 시간 · 계획 등 차질 없이 즐길 수 있는 여유를 가지며, 담당자는 예약고객에 대한 사전준비를 철저히 함으로써 양질의 서비스를 제공 할 수 있다.

① 내방객에 의한 직접 예약

밝은 미소와 적극적이고 반가운 마음 자세로 "어서 오십시오, 무엇을 도와드릴까요?" 또는 "기다리게 해서 죄송합니다." 라고 말한 후 좌석에 안내하여 음료수를 접대한다.

- 예약 가능한 날짜 · 시간 · 장소 · 테이블 모양 등을 염두에 둔다.
- 장소의 분위기 · 메뉴 등 특징적인 사항을 안내함으로써 예약을 잘하였다는 안도감과 예약의 중요성을 인식시켜준다.
- 예약한 사항을 다시 한번 확인한다(예약서 발급). 경우에 따라서 예약을 받음으로써 메뉴가격, 고객의 기호음료 등을 사전안내 또는 예약받음으로써 매출증진을 도모하고, 고객이 만족하고, 즐거운 모임이 되도록 최선을 다한다.
- 취소통보는 하루 전에 반드시 취소하는 사람의 성명 · 연락처 · 취소일자 · 시간을 기재함으로써 예약운영에 오차가 없도록 최선을 다한다.

- 예약된 장소와 테이블은 예약된 시간으로부터 1시간 이상이 경과하면 필요에 따라 다른 고객에게 판매해도 된다. 그러나 이러한 점에 대해서는 예약시 예약하는 고객에게 반드시 알려주어야 한다.

② 전화에 의한 예약

모든 면에서 세일즈맨십(salesmanship)과 서비스 정신을 살려서 적극적인 자세로 임하여야 한다.

- 첫 번째 벨이 울릴 때 전화를 받아야 하며, 고마운 마음으로 기다렸다는 듯이 적극적인 마음으로 상대방에게 전한다. "감사합니다.(식당명), ○○○입니다"
- 날짜 · 요일 · 시간 · 인원을 물어서 테이블이나 장소의 사용 등 가능 여부를 확인한다.
- 그 외의 특기사항, 또는 준비사항 등을 사전에 알려준다.
- 연락처 · 성함을 받고, 다시 한번 모든 것을 확인한 후 "○월 ○일 ○시, ○분을 ○○장소로 예약해놓겠습니다. 전화해주셔서 감사합니다."
- 착오를 방지하기 위하여 19는 열아홉, 20은 스물, 21은 스물하나 등으로 하고, 가능하면 요일도 기입하여 정확한 예약이 되도록 재확인한다.
- 예약취소는 최소한 하루 전에 하며, 반드시 취소일자 · 시간 · 성명 · 연락처를 명기한다.
- 전화 중에 다른 전화가 걸려왔을 때 : (무엇이든지 도와줄 수 있다는 감정이 상대방에게 느끼도록) "지금 통화 중이신데 잠시만 기다려주시겠습니까? 끝나는 대로 곧 바꿔드리겠습니다"
- 전화예약 언어 : "감사합니다. ○○○(식당명) ○○○(예약자 성명)입니다."
- 성명 : 예약하시는 분 성함을 알려주시겠습니까?
- 일자 : 원하시는 날짜를 알려주시겠습니까?
- 시간 : 몇 시에 오시겠습니까?
- 인원 : 몇 분이 오십니까?
- 연락처 : 연락처를 알려주시겠습니까?

  "다시 한번 확인하여 알려드리겠습니다."

  "○월 ○일 ○요일, ○시 ○분, ○ ○장소(table)로 예약해 놓겠습니다. 예약해 주셔서 감사합니다."

  "저는 ○○○(식당명)의 ○○○입니다."

제3절 전화응대 요령

전화는 식당의 이미지를 가장 대표하는 창구라 할 수 있다. 또한 통화자의 음성 하나로 모든 것을 전달하는 중요한 매개체라 할 수 있다. 고객이 보이지 않지만 눈앞에 있다는 생각으로 밝은 미소와 명랑한 음성으로 무엇이든지 도울 수 있다는 마음이 상대에게 전달되도록 해야 한다.

보통 대화는 의사전달의 부족한 점을 표정이 보충해주지만, 전화는 목소리의 표현이 유일한 전달수단이므로 전화를 받는 사람의 말씨 · 음성만으로 상대의 이미지가 결정되어 버린다. 항상 정중하고 상세하게, 적극적인 말씨를 쓰도록 통화하는 태도에 정성을 기울여야 한다.

① 벨이 울리면

- 벨이 울리면 즉시 전화를 먼저 받는다.
- 기다리지 않게 하는 것이 최고의 예우를 하는 것이다.
- 세번째 벨이 울릴 때부터 상대는 안절부절 못하기 시작한다.
- 시간이 걸렸을 경우는 "기다리게 하여 대단히 죄송합니다." 라고 양해를 구한다.

② 수화기를 들면 우선 호텔명, 또는 식당명 · 직책명 · 이름을 알려주고, 손님의 성함과 용건을 듣는다.

- 이해하기 어려운 것이 있을 경우 납득이 갈 때까지 정중히 물어보고, 들은 용건을 반드시 메모하여 복창 확인 한다. 특히 시간 · 요일 · 고객성명 · 금액 등 중요 사항들은 잘못 들으면 큰일이 생길 수가 있다(고객을 잃을 수도 있다.)
- 수화기를 들면 항상 메모와 필기구를 준비하여 메모하는 습관을 가져야 한다.

검토하고 시간이 걸릴 일을 의뢰 받았을 경우 일단 전화를 끊고, 가능한 한 신속하게 고객에게 그 내용을 알려준다.

③ 말하는 법

- 말은 분명하고 또한 정중하게 한다. 대화시에는 목소리의 크기(중얼중얼, 툭툭), 목소리의 고저(들뜬 목소리, 음청한 목소리), 목소리의 속도(빠른 말, 너무 느린 말)에 특히 주의한다.
- 혼동하기 쉬운 표현, 상대방이 이해하기 어려운 전문용어를 사용하지 않도

록 한다.

- 상사나 동료에게 질문할 때는 수화기를 반드시 아래로 향하게 하고, 손바닥으로 잘 막아야 한다. 상사나 동료와 의논할 때도 고객이름은 경칭을 사용하여 실수를 예방한다.

④ 메시지를 전달할 때

다른 사람에게 어떤 내용을 전달하여 알려달라는 부탁을 받았을 경우 손님이름과 용건, 전화번호 등을 정확히 메모하여 용건의 전달여부를 점검하도록 한다.

통화가 끝나기 전에 본인의 이름, 전화번호를 다시 한번 분명히 이야기한다.

- "책임을 지고, 분명히 하겠습니다."라는 의미를 심어주어 상대방에게 안심을 주도록 한다.

⑤ 업무를 중단할 때

- 자기가 담당하고 있지 않은 업무내용에 관한 전화를 받았을 때는 용건을 충분히 확인한 후 정확히 담당자에게 인계한다. 담당자가 부재시, 또는 분명치 않을 경우 담당자를 확인한 후 정확히 인계한다.
- 전화를 돌리는 행위는 절대로 하지 말아야 한다.

⑥ 전화를 끊을 때

- 전화를 끊을 때는 상대방이 전화를 끊은 후 조용히 수화기를 놓는다. 용건이 끝나자마자 바로 "찰칵"하고 난폭하게 내려놓는 것은 상대방을 무시하는 큰 실례를 범하는 것이다.
- "감사합니다"라고 전화를 향하여 인사하는 것은 부끄러운 일이 아니므로 이쪽의 성의있는 행동이 그대로 목소리에 나타날 수 있도록 한다.

⑦ 통화할 때

- 전화를 할 때에는 사전에 전화번호를 확인한다.
- 전화를 잘못 걸었을 때는 상대방에게도 실례가 되고, 시간과 경비가 소비된다.
- 상대가 나오면(받으면) 바로, 식당명, 업장명, 담당자이름을 말한다.
- 용건은 간단 명확하고 순서 있게 전한다.

⑧ 개인용무의 전화

- 근무중의 개인전화는 가급적 제한해야 한다.
- 개인전화는 무의식중에 마음이 해이해지고, 자연히 말이나 자세가 흐트러지게 되어 직장 분위기를 해치게 된다. 개인전화가 꼭 필요한 경우에는 직장에서 걸고 있다는 사실을 잊지 말고 간단 명확하게 용건만 조용히 전한다.

⑨ 말씨

고객에 대한 직원들의 태도가 아무리 훌륭하다고 해도 말씨가 그에 미치지 못하였을 경우 고객에 대한 서비스의 마음이 전해지지 않을 경우도 있다. 평소에 꾸준히 훈련하여 품위 있고 아름다운 말씨와 바른 경어가 자연스럽게 입에서 나오도록 하여야 한다.

본인의 말투는 기분에 의해 표현되므로 용어와 대화에 충분한 주의와 정성을 곁들여야 한다.

⑩ 알기 쉬운 말

- 고객이 이해하기 어려운 식당의 전문용어나 외국어 등은 절대로 사용해서는 안된다. 부득이 사용할 때에는 용어를 잘 풀어서 고객이 쉽게 이해하도록 한다.
- 평소 많이 사용하고 알아듣기 쉬운 말을 사용한다.

⑪ 적당한 말의 속도

- 말이 빠르면 고객이 알아듣지 못한다.
- 말이 너무 느리면 고객이 지루해하고, 너무 크거나 작은 목소리는 짜증이 나게 한다.
- 이 모든 말투가 자기 자신은 알지 못하므로 동료끼리 서로 주의하도록 알려주어야 한다.

⑫ 명확한 발음

- 말끝을 분명히 하고, 밝고 뚜렷하게 발음한다.
- 발음을 아름답게 하기 위해서는 입을 크게 움직이는 것이 요령이다.

제4절 분실물 습득 서비스

* How to handle lost & found items(고객의 분실물 처리 방법)

Step 1 Items left behind 분실물

- 휴대폰, 자켓, 우산, 서류, 지갑 등.

Step 2 Pick up the item 분실물 습득하기

- 물건에 손상이 가지 않도록 세심한 주의를 기울인다

Step 3 Report lost and found 분실물 신고하기

- 업장의 지배인, 부지배인, 캡틴, 리셉셔니스트

Step 4 Contact the guest 고객과 연락하기

- 고객의 전화번호를 확인하기 위하여 예약장부를 참고한다
- 투숙 고객의 경우, 객실번호를 확인하기 위하여 예약 장부와 컴퓨터를 참고한다
- 물건이 고객의 것인지 확인
- 고객께서 물건을 찾으러 오시는 시기 확인
- 즉시 물건을 하우스키핑으로 보낸다

Step 5 Record lost and found 기록하기

- 날짜, 시간, 아이템명, 물건을 발견한 사람, 물건이 발견된 장소를 정확히 기록한다

Step 6 Store the item 분실물 보관하기

- 하우스키핑 사무실에 물건과 함께 발견된 날짜 및 시간
- 이때 찾으러 올 고객의 명함이 있다면 함께 보관하도록 한다.
- 고객께서 앉으신 테이블 번호
- 물건을 발견한 직원 이름

장부에 자세히 기록을 하는 이유는 분실품과 관련, 정확한 기록을 유지하고 고객문의에 빠르고 효율적으로 답변하기 위함이다.

CHAPTER 05 식당서비스

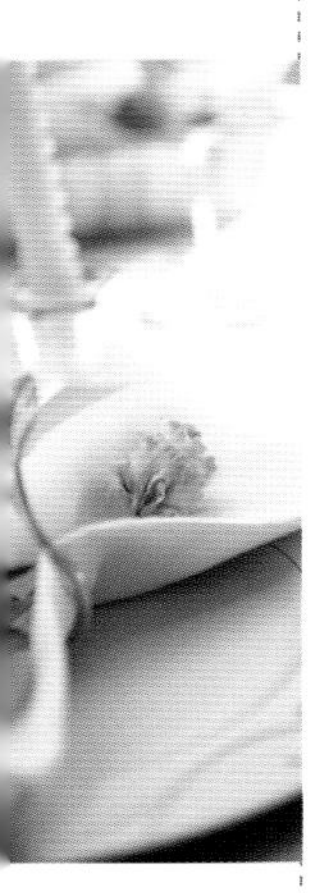

제5장
식당서비스

Hotel & Restaurant
Food & Beverage Service

제1절 식당서비스의 원칙 및 기법

1. 기본원칙

1) 요리서비스 원칙은 뜨거운 요리는 뜨겁게, 차가운 요리는 차게 서비스해야 한다.

2) 접시에 준비된 요리와 식료는 우측에서 서비스한다. 빵, 샐러드 등 좌측에 놓이는 것은 좌측에서 제공한다. platter(타원형의 큰 접시) 서비스인 경우에는 좌측에서 한다.

3) 요리가 준비되는 시간, 주방에서 테이블까지 운반할 때 걸리는 시간, 고객이 식사할 때의 시간을 체크해둔다.

4) 요리를 운반할 때는 신속하게 걷고 테이블 가까이 오면 조용하고 품위 있게 서비스한다.

5) 고객이 손을 사용해야 하는 뼈나 껍질이 있는 요리를 제공할 때는 핑거 볼(Finger Bowl)을 우측에 제공하거나 물수건을 내도록 한다.

6) 요리를 제공한 후 소스나 필요한 것을 빠진 것이 없는지, 얼음물이나 와인(Wine)은 충분한지를 점검한다.

7) 재떨이는 깨끗한지 점검한다.

8) 식사가 끝나면 우측에서 조요히 치우고(빵, 접시, 샐러드 접시는 좌측에서 치운다.)

테이블을 crumbing한다.

9) 테이블클로스(Table Clothes)에 소스나 음식물로 더럽혀진 경우는 테이블클로스와 같은 색의 냅킨을 깔아드린다.

10) 물 (오차, 얼음물)을 한 번 더 점검한다.

11) 디저트가 끝나면, 테이블 위의 빈 용기는 모두 치운다.(물, 와인, 재떨이 제외)

12) 커피를 다 드신 고객에게는 추가 커피를 여쭈어 보고 원하시는 대로 드린다.

13) 디저트나 커피를 제공한 후 계산을 마감하도록 한다.

14) 고객의 요청이 있을 시에만 테이블에 계산서를 갖다드리고, 손님을 초대한 경우는 손님들이 합계금액을 눈치 채지 못하게 조용히 주최자에게 알려드린다.

15) 고객의 착석, 입석을 도와드린다.

16) 뚜껑이 있는 그릇이나, 상표가 들어 있는 접시 혹은 무늬가 들어 있는 그릇은 마크 등이 고객의 정면에 오도록 한다. Plate Rim(접시의 테) 안쪽으로 엄지손가락이 닿지 않도록 한다.

17) Red Wine은 Glass의 3/4 White Wine은 2/3 정도로 채워서 직접 따라 마시는 일이 없도록 한다.

18) Host와 고객을 구별할 수 있을 때는 화이트와인을 여성고객부터 서브한다.

19) 필요한 경우 레드 와인은 디캔팅을 한다. 침전물이 있는지를 확인한 후 와인을 주문한 호스트부터 우선 서빙한다.

20) 테이블에서 직접 조리되는 요리일 때는 고객의 취향을 확인해서 고객의 기호에 맞게 조리한다.

2. 서비스 방법

1) 주문한 요리를 동시에 잘 서브할 수 있도록 한다.

2) 평소 훈련을 통한 Show Man Ship을 길러야 한다.

3) 모든 고객의 VIP화를 통한 심리적 욕구충족을 유도한다.

4) 주문한 요리를 제공할 때는 "주문하신 ○○요리가 준비 됐습니다."라고 말을 하고 "맛있게 드십시오." 라고 꼭 인사를 한다.

5) 서비스 종사원은 항상 무엇을 어떻게 하면 고객이 즐거워할까? 라고 항상 염두해 두어야 한다.

6) 자주 접근해서 고객의 기호 파악 및 즐거움을 주도록 노력해야 한다.

3. 서비스 순서

서비스 순서	서비스 동작	사용언어	영어
대기 착석을 돕는다.	양손을 앞으로 가볍게 모으고 바른 자세로 대기한다. 양손으로 의자 윗부분을 잡고 무릎을 사용하여 가볍게 민다.(여자 – 먼저)	안녕하십니까? 어서 오십시오. 여기 앉으십시오	Good evening, sir? Welcome to here, sit down Pease.
Aperitif Order Taking	왼쪽에서 서서 주문을 받는다.	식전에 음료 한잔 드시겠습니까? 기다리시는 동안 음료 한잔 드시겠습니까?	Would you like something to drink before you meal? (while you are waiting)
Hors D'oeuvre Serve	오른쪽에서 오른손으로 드린다. 왼손은 가볍게 뒤로한다.	실례하겠습니다. 저희 주방장이 드리는 오드볼입니다.	Excuse me. This is a complimentary from the chef.
Aperitif Serving	오른쪽에서 드린다.	실례하겠습니다. 주문하신 ○○입니다.	Excuxe me, sir. This is a ○○ you order– ed.
Menu Presentation	오른쪽에서 드린다.	메뉴를 준비하겠습니다. 메뉴 보시겠습니까?	Here's your menu, sir. Would you like to see the menu, sir?
Food Order Taking	왼쪽에 서서 주문을 받는다. 시계 방향으로 돌면서 차례로 받는다.	주문하시겠습니까? 무엇으로 드시겠습니까?	May I take your order, sir?

Food Order Taking		○○은 어떠시겠습니까? 아주 좋은 것을 고르셨습니다. 주문해 주셔서 감사합니다.	What would you like to have for...? It's nice selection. Thank you very much for your order.
Wine List Presentation	오른쪽에서 드린다	식사와 함께 Wine을 드시겠습니까? Wine List 여기 있습니다.	Would you care for some wine with your meal? Please See the wine list.
Wine Order taking	왼쪽에서 서서 주문을 받는다.	White Wine으로 드시겠습니까? Red Wine으로 드시겠습니까?	What would you like white or red, sir?
Butter dish Serving	왼쪽에서 좌측 편에 놓는다.	실례하겠습니다.	Excuse me, sir.
Bread Serving	Cart를 왼쪽에서 놓고 왼쪽에서 여쭙는다.	빵은 ○○, ○○가 있습니다. 어느 것으로 드시겠습니까?	Excuse me. We have... What kinds of bread would you like, sir?
White wine Serving	Label 이 보이도록 왼손에 놓고 왼쪽에서 보여 드린다.	주문하신 White Wine입니다	Here's your... Vintage is...
Red Wine	Open 여부를 여쭙는다. 오른쪽에서 따른다.	주문하신 Red Wine입니다.	Here's your... Vintage is... May I open wine now?
Ice Water Serving	시계방향으로 돌면서 차례로 한다.	실례하겠습니다. 생수를 드리겠습니다.	Excuse me. We are serving Mineral water, sir.
Appetizer Serving	오른쪽에서 드린다.	실례하겠습니다.	Excuse me.
Empty dish Take away	오른쪽에서 뺀다. 왼손에 접시를 포갠다.	실례하겠습니다. 치워 드려도 괜찮겠습니까?	Excuse me. May I take away your dishes?
Soup Serving	Soup Bowl은 오른쪽에서 놓는다. Soup Treen은 왼쪽에서 드린다. 왼발은 Table 가까이 놓는다.	실례하겠습니다. 주문하신 ○○Soup입니다.	Excuse me. This is a .... Soup you ordered.

Empty dish Take out	오른쪽에서 뺀다. 왼손에 접시를 포갠다.	실례하겠습니다. 수프는 맛있게 드셨습니까?	Excuse me, sir. Did you enjoy your soup?
Fish Serving	오른쪽에서 드린다.	실례하겠습니다. 주문하신 ○○생선요리입니다. 맛있게 드십시오	Excuse me, sir. Your ordered... I hope you will enjoy your meal.
Empty Dish Take out	오른쪽에서 뺀다.	실례하겠습니다. 치워드려도 괜찮겠습니까?	Excuse me, sir. May I take away your plate?
Sherbet	오른쪽에서 드린다.	실례하겠습니다. 오늘은 ○○샤벳을 준비하였습니다.	Excuse me. sir. This is... sherbet sir.
Sherbet Take out	오른쪽에서 뺀다.	실례하겠습니다	Excuse me sir.
Red Wine Serving	오른쪽에서 따르다. Cork Presentation은 왼쪽에서 한다.	Wine taste를 하시겠습니까? 아주 좋은 Wine을 고르셨습니다. 감사 합니다.	Will you taste your red wine? Thank you, sir.
Entree Serving	오른쪽에서 드린다.	주문하신 ○○입니다. 맛있게 드십시오.	your ordered... I hope you will enjoy your meal.
Emply all dish Take out	Entree dish는 오른쪽에서 뺀다. (기타는 왼쪽).	식사는 즐겁게 드셨습니까?	Did you enjoyed your meal, sir?
Table Cleaning	왼쪽에서 한다.	실례합니다. 잠깐 치우겠습니다.	Excuse me, sir. I will Clean your Table.
Salad Serving	오른쪽에서 드린다. Dressing은 왼쪽에서 드린다.	실례합니다. ○○ ○○드레싱이 있습니다. 무엇으로 드시겠습니까?	Excuse me, sir. We have... Dressing. Which dressing would. you like?
Centerpiece Take out	왼쪽에서 뺀다	실례합니다.	Excuse me, sir
Cheese Order taking	Cheese Cart를 왼쪽에서 놓는다.	Cheese를 드시겠습니까? 불란서산 스위스산 등 좋은 Cheese가 많습니다.	Would you like cheese, sir? We have a lot of French cheese, swiss cheese .
Cheese Serving	Setting 후 오른쪽에서 드린다.	맛있게 드십시오.	Please, enjoy your cheese, sir

Cheese dish Take out	왼쪽에서 뺀다.	실례하겠습니다. 접시를 가져가겠습니다.	Excuse me, sir. May I take out the dish?
Dessert menu Presentation	오른쪽에서 드린다.	Desser menu 여기 있습니다. 맛있는 Dessert가 많이 있습니다.	Here's dessert menu,sir
Dessert order taking	왼쪽에 서서 주문받는다.	Flambee를 해드릴까요?	Would you care for your flambee, sir?
Dessert serving	오른쪽에서 제공한다.	감사합니다. 제가 최선을 다해서 만들었습니다. 맛있게 드십시오.	Thank you very much, I will do my best, I hope you like your dish.
Dessert dish take out	왼쪽에서 뺀다.	실례하겠습니다. 접시를 가지고 가겠습니다.	Excuse me, Sir. Did you enjoy your dessert?
Coffee or Tea order taking	왼쪽에서 주문을 받는다.	커피를 드시겠습니까? 홍차를 드시겠습니까?	Which do you prefer coffee or Tea?
Cigar service	고객이 잘 보이는 곳에서 showin	Cigar준비가 되어 있습니다.	We have good cigar.
After dinner drink order taking & serving	Liqueur cart를 왼쪽에 놓는다.	식사 맛있게 드셨습니까? cognac을 한잔 하시겠습니까?	Did you enjoy your meal, sir? Would you care for a glass of cognac?
Petitis Fours	테이블 중앙 또는 여성 고객앞에 놓는다.	초콜릿을 드시지요. 대단히 감사합니다.	Please, have chocolate, Thank you very much.
환 송	의자를 빼드린다. 인사한다.	즐거운 시간 보내셨습니까? 다음에 또 뵙겠습니다.	Did you have a nice time? I hope see you again soon.

〈식음료서비스의 기본 사이클〉

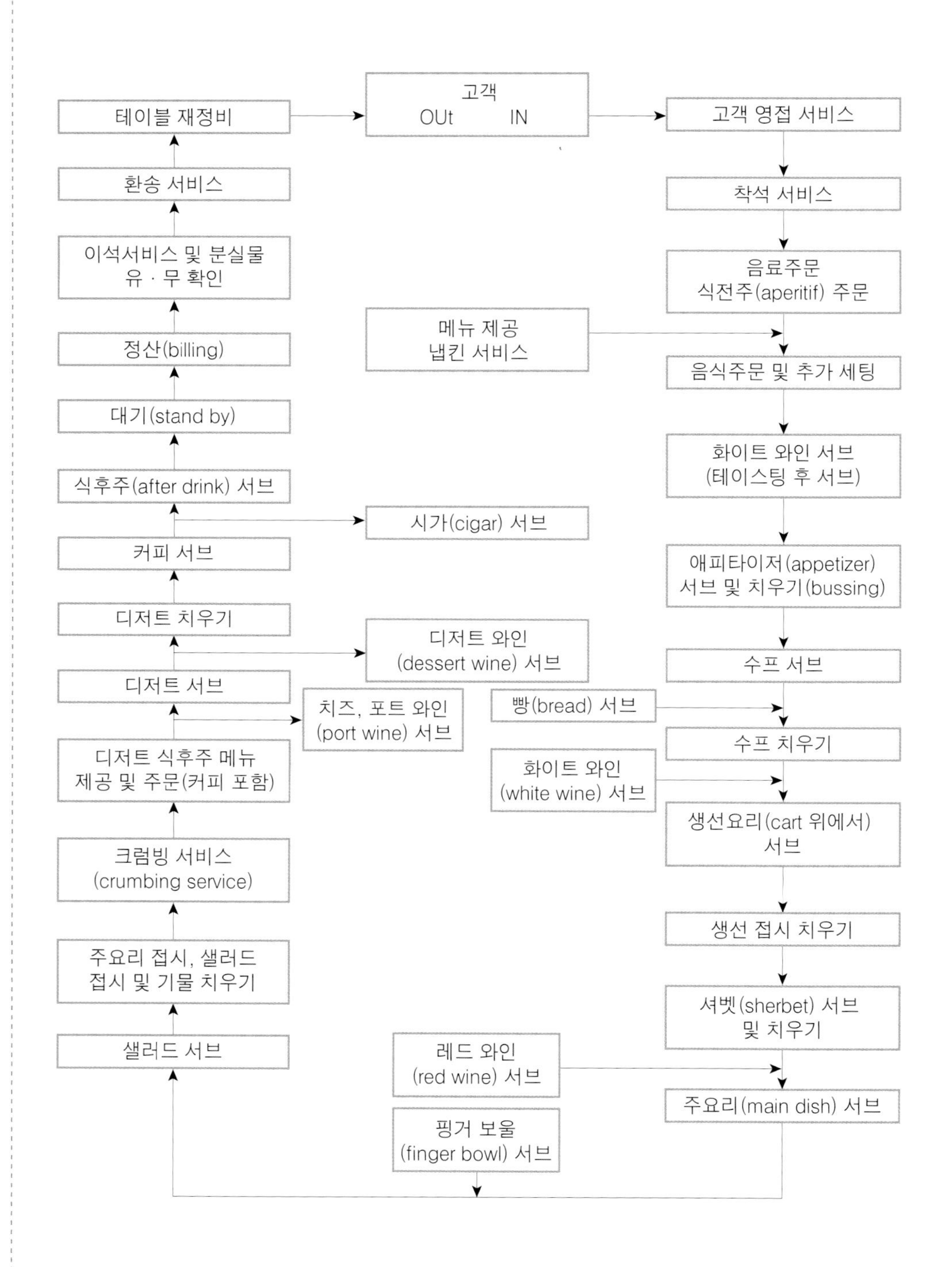

제2절 영업 전 준비(Mise-En-Place)

종사원이 레스토랑에서 고객에서 식사를 제공할 때는 다음과 같은 사전준비가 완전하게 이루어져야 한다.

① 업장의 정리정돈과 고객용 소모품의 확보
② 충분한 공급량의 서비스기물
③ 당일의 제공될 메뉴의 숙지
④ 지배인 및 캡틴에 의한 최종 점검 등이며 이중 어느 한 가지라도 소홀히 취급된다면 아무리 훌륭한 요리사가 제공되더라도 요리의 가치는 떨어지게 되므로 각별히 유의한다.

1. 영업개시 전의 업무

보통 오전 업무를 말하며 이때 업장의 전반적인 확인 및 준비, 관리 등을 다음과 같이 실시하게 된다.

① 출근과 동시에 업장의 열쇠를 수령하여 시건을 푼다.
② 업장의 구석구석을 전반적으로 살핀다.
③ 전일의 저녁영업 결과를 확인한다.
④ 전일의 저녁영업 종료 후의 업무 미비를 보충한다. 참고적으로 예약테이블의 배치와 꽃 확인, 업장의 청소, 전화, 음향기, 제빙기, 환풍기 등의 동작여부 확인, 비품, 집기, 소모품의 확인 및 배치
⑤ 준비가 완료된 뒤 출근 종사원의 회의
⑥ 영업장의 개방(예, 호텔, 일반식당 등)

2. 영업종료 후의 업무

1) 점심종료 후의 업무

점심영업의 종려시간 이후 사인보드(Sign−board)를 저녁영업 시간으로 교체한다. 호텔이나 식당영업 종료시간 후에도 고객이 있다면 영업은 진행되며 고객이 퇴장했을 때, 비

로소 영업이 종료되는 것이다. 이후 업무는 다음과 같다.

① 테이블의 청소
② 업장의 소등
③ 바닥 청소(진공청소기)
④ 테이블 준비
⑤ 냅킨 정리
⑥ 집기, 물품, 소모품의 수령 및 배치
⑦ 설탕체크
⑧ 테이블 소스체크
⑨ 꽃 정리
⑪ 고객불평 및 의견일지 작성
⑫ 이용객 수 및 매상기록관리
⑬ 테이블 세팅
⑭ 린넨 반납 및 수령
⑮ 각종 서비스 기물세척 및 정리
⑯ 조미료 세트 체크
⑰ 알코올 준비 등이 있다

2) 저녁 영업 종료 후의 업무

저녁 영업의 종료시간은 ○○이며, 종료 시간 후에도 고객이 모두 퇴장할 때까지는 영업이 진행되어야 한다.(업장의 형태에 따라 정한다)

종료 후의 업무는 다음과 같다.

① 사인보드 교체(예, 호텔)
② 테이블의 나머지 음식과 세팅 수거 및 청소
③ 테이블 세팅
④ 알코올 수거
⑤ 고객 불평 및 의견일지 작성
⑥ 이용객 수, 매상, 기록 관리(Log Book 작성)
⑦ 업장의 최종점검
⑧ 업장의 자물쇠 채움
⑨ 열쇠의 반납

제3절 주문받는 요령

1. 주문의 정의

주문이라 함은 고객으로부터 취향에 맞게 우리가 판매 가능한 상품을 제공하기 위한 고객과의 계약행위라고 할 수 있다. 이 과정에서 서비스 종사원이 취할 자세 및 예의, 행동 혹은 사용하는 언어는 고객의 입장에서 생각할 때 가장 훌륭한 방법으로 이루어지지 않으면 안 된다. 따라서 우리 모든 서비스 종사원은 아래의 판매 심리학을 습득해서 항상 자신의 몸가짐, 예의, 사용하는 언어, 상품지식 등이 고객의 입장에서 판단할 때"매우 세련되었다"라는 평판을 받을 수 있도록 항상 연구하고 배우는 자세를 갖도록 해야 한다.

① 고객에서 상품(요리, 음료)을 팔기 전에 자신을 먼저 팔아야 한다.(Be Accepted by the Guest)
② 항상 웃음으로서 서비스와 친절(Hospitality)을 판다는 것을 잊어서는 안 된다.
③ 가격을 팔지 말고 가치를 팔아야 한다.(Sell Value, Not Price)
④ 분위기를 팔아야 한다.(Sell Atmosphere)

2. 주문받는 기법

주문의 행위는 크게 나누어서

자세-상품추천-복창주문-추가주문

1) 자세

서비스 종사원이 고객으로부터 고객의 취향에 맞는 상품이나 의도적으로 판매코자 하는 상품을 판매하기 위해서는 기본적으로 갖추어야 할 자세가 있다.

첫째로, 고객이 자기 식당을 찾아 주신데 대한 감사표시로 서비스 종사원은 인사를 빼놓을 수 없다. 그러면 과연 어떻게 하는 인사가 가장 예의 바르고 정중하게 인사를 했는지를 판단할 때 서비스 종사원이 인사하는 인사가 진심으로 우러나서 하는 인사라는 느낌이 들 수 있도록 노력해야 한다. 물론 회사에서의 인사는 "30도 각도로 머리를 숙여서 한다"라고 일반적으로 교육시키고 있지만 인사는 머리를 숙이는 자체로 끝나서는 절대 안된다. 인사는 사람이 진심으로 고객에게 대한 감사 혹은 환대의 마음이 전달되지 않으면 안 된다.

둘째로, 인사가 끝나고 주문 받는 행위를 할 때 서비스 종사원은 어떤 자체를 취하는 것이 고객으로부터 자유롭고 편안한가를 염두에 두면서 서비스 종사원은 주문을 받아야 한다. 다음과 같다.

① 고객의 왼쪽에서 주문 받는다.(예외적으로 그렇지 않을 경우도 있다.)
② 판매원은 항시 볼펜과 메모 용지를 준비하고 있어야 하고 주문 받을 시는 메모 용지에 받아 적어야 한다.
③ 주문 받는 순서는 고개인 여성, 고객인 남성,Hostess, Host의 순으로 주문 받는다.
④ 주문 받을 시는 똑바로 선 자세에서 고개를 약간 숙여서 받는다.
⑤ 주문은 정확하고 잘 알아볼 수 있도록 기록하고 복창하여 재확인한다.
⑥ 당일 특별메뉴 및 준비가 안 되는 요리는 매일 점검하고 정확히 알고 있어야 한다.
⑦ 우리의 상품인 요리나 음료의 내용을 충분히 설명할 수 있도록 상품지식에 대해 평소 부단히 노력해야 한다.
⑧ 자주 오시는 꾸준한 고객은 Guest History Card 에 의해서 고객의 기호를 미리 파악해 둔다.
⑨ 간단하고 정확하게 메뉴를 설명해야 한다.
⑩ 요리에 사용하는 재료 및 소요시간 등을 알고서 정확히 대답해야 한다.
⑪ 요리 주문 후에는 꼭 음료 주문을 받아야 한다.
⑫ 주문을 다 받은 후 "감사합니다." 라고 꼭 감사를 표한다.

Tip

서울의 특급호텔 중 국내호텔은 보다 정중한 인사, 서비스를 추구하며, 대부분을 차지하는 외국계 체인호텔은 그보다는 편하고, 친근감 있는 서비스를 추구한다.

2) 추천

고객에게 요리(식사포함)나 음료를 추천할 경우 모든 서비스 종사원은 자기 스스로가 식당을 대표하는 서비스 종사원이라는 자부심을 갖고 자기가 담당한 고객의 주문 여하에 따라서 그날의 매상이 결정된다고 생각하며 요리 및 음료를 주문 받아야 한다. 그러나 매상을 너무 의식한 나머지 고객에게 고가품을 강매하는 인상을 주어서도 안 되므로 서비스 종사원은 항시 고객의 입장과 회사의 매상을 염두에 두면서 가장 합리적으로 주문을 받도록 해야 하며 추천하는 요령은 다음과 같다.

① 고급 고객이나 Business 고객인 경우 고가품부터 추천한다.
② 친지나 일반 가족 고객인 경우 중간 가격 상품부터 추천한다.
③ 단골 고객인 경우 기호 파악을 잘해서 고객의 기호에 맞게 추천한다.
④ 금일의 특별요리나 계절별 특산품을 추천한다.
⑤ 새로 입하된 식, 재료 메뉴를 추천한다.

3) 확인

모든 서비스 종사원은 상품을 추천하거나 고객이 주문한 상품에 대해서는 철저히 확인하는 습관을 갖도록 해야 한다. 왜냐하면 고객이 서비스 종사원에게 상품을 주문할 경우 서비스 종사원은 회사를 대표해서 고객의 요구사항을 이행하지 않으면 안 되므로 확인은 회사를 아는 서비스 종사원과 상품을 주문하는 고객과의 예약내용을 확인시켜줌으로서 차후 질이나 수량에 대한 문제 발생을 사전에 예방하고 양질의 서비스를 제공하고자 하는데 그 의의가 있다.

4) 추가주문

상기 서술한 서비스 종사원의 ①자세 ②추천 ③확인까지 서비스 종사원이 모든 행위를 했다 해서 판매가 끝난 것은 결코 아니다. 고객이 주문한 상품이 제대로 준비되고 있는지 혹은 질이나 양이 주문한대로 되는지를 철저히 살피고 고객이 주문한 내용대로 완벽히 상품이 제공되었다 할지라도 더 필요한 것은 없는가 혹은 부족하지 않은가를 염두에 두면서 추가 주문 행위를 하지 않으면 안 되겠다. 효과적으로 추가 주문을 받는 요령은 서비스 종사원의 노력여하에 따라서 좋은 서비스를 제공한다는 측면과 사라질 수 있는 매출을 올릴 수 있다는 점에서 매우 중요하다. 올바른 추가 주문을 받는 요령은 다음과 같다.

Step 1 Check the guest's needs. **고객의 필요한 사항을 확인한다.**

- 음료가 1/3정도 남아 있을 때
- 고객이 두리번 거릴 때

Step 2 Greet the guest **인사하기**

- 진심어린 미소를 짓고

- 정중히 다가가기
- 시선을 마주치며
- 바른 자세 유지하기

Step 3 Suggest a second drink 추가 음료 권하기

"Would you like to have another bottle of beer / wine Sir / Madam?"

맥주 / 와인 한잔 더 준비해드릴까요?

- 밝고 명확하게
- 적당한 크기
- 프로모션 음료/음식을 제안한다
- 자세히 설명
- 천천히 명확하고 자신있게 말한다
- 웅얼거리지 않는다
- 고객 말을 경청
- 시선을 마주친다

Step 4 Perform a suggestive selling 업 셀링 하기

"Mr./Ms. Smith, Would you care for some cheese platter with your wine?"

주문하신 와인과 함께 신선한 치즈는 어떠십니까?

- 음료/음식에 대한 충분한 지식
- 주문 가능 여부 확인
- 절대 "강요하지 않는다."

Step 5 Leave the table 테이블을 떠나며

- 진심어린 미소를 짓고 "즐거운 시간 되십시오."

memo

제4절 서비스 자세 및 고객불평 처리법

다양한 욕구를 가지고 있는 여러 고객들과 노동집약적인 호텔이라는 장소간에는 예측하기 어려운 수많은 변수들이 존재하게 된다.

결국 이러한 상황 속에서 고객들의 다양한 불만사항은 발생하고 있다.

하지만 불만을 효과적으로 처리하게 된다면 오히려 고객의 신용을 얻을 수 있는 좋은 기회가 되기도 한다.

다음은 올바른 고객불평 처리하는 5단계이다.

* How to properly apologize when mistakes occur
Handle the mistakes(실수에 대처하기)

Step 1 Attention 경청

- Greet the guest and identify yourself 신분을 밝힌다
- Listen attentively 경청한다
- Use appropriate body language 적절한 바디 랭귀지
- Take notes 메모한다

Step 2 Apologize 사과

- Apologize professionally 프로패셔널하게 사과한다
- Empathize 공감을 표시
- Thank the guest 지적에 대한 감사 표시

Step 3 Acquire 확인

- Take the guest aside(if necessary)
  필요 시(주위 고객들의 시선주목을 피하기 위해)고객을 다른 장소로 모신다
- Ask the right question 불만 사항을 정확히 확인

Step 4 Action 실행

- Follow up on the action promised 약속이해
- Try to solve the problem promptly 신속한 문제 해결

- Offer alternatives 필요 시 대안 제시
- Agree on a course of action 해결 방법에 대해 고객의 동의 구하기
- Inform your supervisor/manager (where necessary) 필요 시 지배인에게 알린다

Step 5 Aftermath 사후 확인

- Check that the action is carry out 문제가 해결 되었는지 확인
- Consider what changes are possible to prevent s similar complaint in the future 재발 방지책 강구하기

* What we shouldnt' do 하지 말아야 할 행동

- Offer excuses 변명하기
- Question the fairness 정당성 따지기
- Argue about who is right 고객과 논쟁하기
- Take the complaint personally 고객 불만 사항을 사적으로 받아들이기
- Do not try to teach guests 고객 가르치려 들기
- Never use "hotel policy" as an excuse 호텔의 규정을 핑계대기

* What do we need to ensure

- Find out what is wrong with the order 주문 받은 사항 중 잘못된 점 찾기
- Take ownership 주인 의식 갖기
- When taking with the guest we never blame anyone, only rectify the situation 동료 또는 타 부서에 책임 전가하지 않기

Tip

호텔의 상품 및 서비스에 만족한 8명은 2명에게 추천을 하고, 불만족한 2명은 8명에게 소문을 낸다. 또한 20%에 해당되는 고객이 전체 매출액의 80%를 차지한다는 말이 있다. 이를 2:8 법칙이라 한다.

이 외에 10-1=0이라는 공식이 있다.

10명의 종업원이 잘해도 1명의 종업원이 잘못하면 고객만족은 없다는 것이다.

CHAPTER 06 테이블 세팅

제6장
테이블 세팅

Hotel & Restaurant
Food & Beverage Service

제1절 영업준비

종사원이 레스토랑에서 고객에게 식사를 제공할 때는 다음과 같은 사전준비가 완전하게 이루어져야 한다.

- 업장의 정리정돈과 고객용 소모품의 확보
- 충분한 공급량의 서비스 기물
- 당일 제공될 메뉴의 숙지
- 지배인 및 캡틴에 의한 최종점검

이 중 어느 한 가지라도 소홀히 취급된다면 아무리 훌륭한 요리가 제공되더라도 요리의 가치는 떨어지게 되므로 각별히 유의해야 한다.

제2절 테이블 세팅의 원칙

테이블 세팅은 고객이 식사하는데 있어서 가장 편안함을 느낄 수 있는 관점에서 식사를 할 수 있도록 식탁이나 기물을 정확하게, 사용하기 편리하게 배열해야만 성의 있는 식당으로 평가받게 된다. 따라서 테이블 세팅은 다음과 같은 기본원칙을 준수하여야 한다.

1. 테이블 세팅의 기본원칙

(1) 테이블 및 의자

테이블은 움직이지 않아야 하며, 의자는 제 위치에 있어야 하고, 깨끗하고 흔들리지 않아야 한다. 식탁과 식탁간의 간격은 정확히 유지되어야 한다.

(2) 테이블클로스 및 냅킨

테이블클로스(Table Cloth)는 깨끗해야 하고, 구멍 뚫린 곳이 없어야 하며, 깨끗하게 다림질이 되어 있어야 한다. 또한 냅킨은 깨끗하게 접혀져 있어야 하고, 테이블클로스와 잘 조화되어야 한다.

(3) 쇼 플레이트

항상 깨끗하게 닦여져 있어야 하며, 실버 플레이트(Silver Plate)인 경우는 광택이 나야하고, 차이나웨어(Chinaware)는 파손된 곳이 없어야 한다.

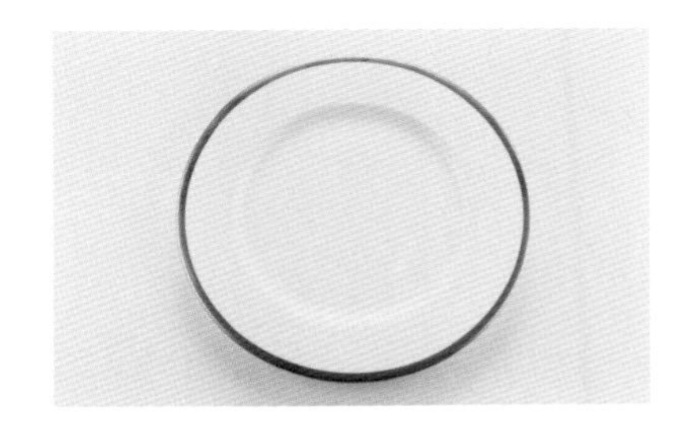

(4) 메인 나이프

칼날은 안전하게 안쪽으로 향하게 하여 수직으로 놓고, 쇼 플레이트(Show Plate) 오른쪽 가장 안쪽에 놓아서 고객이 오른쪽으로 사용하기 편리하도록 한다. 메인 나이프(Main Knife)도 쇼 플레이트같이 테이블 테두리에서 1인치 정도 떨어지게 놓는다.

(5) 메인 포크

메인 포크(Main Fork)는 나이프와 균형을 맞추어 한쪽으로 치우치지 않게 적당한 간격으로 왼쪽에 보기 좋게 음식이 닿는 부분이 위로 향하게 하여 수직으로 놓는다.

(6) 피시 나이프와 포크

피시 나이프(Fish Kife)를 세팅할 때는 디너 나이프에 붙여서 세팅하고, 디너 포크의 끝 열에 피시 포크 중간 열을 맞춘다.

(7) 샐러드 나이프와 포크

샐러드 나이프(Salad Knife)와 포크(Fork)는 샐러드를 먹기 위해서 사용하는 기물로 피시 나이프와 포크에 붙여서 세팅한다.

(8) 수프 스푼

수프 스푼(Soup Spoon)은 음식을 떠먹는 부분이 위로 향하게 하고, 오른손으로 사용한다. 오른쪽에 세팅할 나이프와 동일한 방법으로 세팅한다.

(9) 애피타이저 나이프와 포크

애피타이저(Appetizer)를 먹는 용도로 세팅의 가장 외부에 위치하고, 세팅의 요령은 다른 코스의 나이프와 포크의 세팅 방식과 같이 세팅한다.

(10) 브레드 플레이트와 나이프

브레드 플레이트(Bread Plate)는 왼쪽의 포크를 세팅하는 가장 외부의 기물과 접하게 세팅하고, 포크 상단에 휘어진 부분에 브레드 플레이트를 걸쳐서 세팅한다.

브레드 나이프는 브레드 플레이트의 1/4 정도 되는 위치에 오른쪽으로 다른 나이프와 동일한 방법으로 세팅한다.

(11) 디저트 스푼과 포크

디저트 스푼(Dessert Spoon)과 포크는 쇼 플레이트 상단에 위치하도록 세팅한다. 디저트 스푼은 손잡이가 오른쪽으로 오게 하여 오른손으로 손잡이를 잡게 한다.

디저트 포크는 손으로 잡는 부분이 왼쪽으로 향하게 하고, 스푼이 포크의 위쪽으로 향하게 하는데, 이것은 왼쪽보다는 오른쪽이 먼저라는 통념에 따라서 스푼이 위로 오고 수평으로 세팅한다.

(12) 글라스류

유리컵(Glassware)은 얼룩진 곳이 없이 항상 깨끗하게 닦여져 있어야 하며, 루즈자국, 깨진 곳이 없어야 한다. 글라스를 취급할 때에는 항상 목 아래 부분을 잡도록 한다.

유리컵을 세팅할 때에는 육안으로 잘 보이지 않는 얼룩이 있으므로 유리컵을 들어서 밝은 곳을 향하여 바라봄으로써 얼룩진 부분을 확인하도록 한다.

(13) 캐스터 세트(Castor Set)

소금과 후추는 항상 내용물이 차 있어야 하며, 특히 습도가 높은 장마철에는 응고되어 있지 않는가를 수시로 확인하여야 하고, 구멍이 막히지 않았는가를 점검하여야 한다.

(14) 기타 테이블용 기물류

꽃병은 항상 깨끗하게 닦여져 있어야 하고, 시들지 않은 꽃이 담겨 있어야 한다.

2. 테이블 세팅의 순서

- 테이블 및 의자를 점검한다.
- 테이블클로스를 편다.
- 쇼 플레이트(Show Plate)를 놓는다.
- 메인 나이프(Main Knife)와 포크를 가지런히 놓는다.
- 피시 나이프(Fish Kife)와 포크(Fork)를 가지런히 놓는다.
- 수프 스푼(Soup Spoon)과 샐러드 포크를 가지런히 놓는다.
- 애피타이저 나이프(Appetizer Knife)와 포크(Fork)를 가지런히 놓는다.
- 브레드 플레이트(Bread Plate)를 놓는다.
- 버터 나이프(Butter Knife)를 놓는다.
- 디저트 스푼(Dessert Spoon)과 포크를 플레이트 위쪽에다 놓는다.
- 워터 고블렛(Water Goblet) 및 화이트, 레드 와인 글라스(White & Red Wine Glass)를 놓는다.
- 캐스터 세트(Castor Set)를 놓는다.
- 냅킨을 편다.
- 테이블 세팅 전체를 점검한다.

CHAPTER 07 식당기물의 종류와 취급법

제7장 식당기물의 종류와 취급법

Hotel & Restaurant
Food & Beverage Service

제1절 식당의 은기물류

은기물(silverware)은 음식을 자르거나 먹는데 사용되는 순은제, 은도금제, 스테인레스 제품들을 총칭하여 말하며, 가격이 비싸고 관리가 어렵기 때문에 호텔에서는 순은제보다 은도금을 많이 사용하고 있다. 일반 레스토랑에서는 가격이 싸고 보관 및 관리가 쉬우며 내구성이 뛰어난 스테인레스 기물을 많이 사용하고 있다.

1) 은기물류 취급방법

(1) 은기물류는 항상 청결하게 하지 않으면 안 된다. 이물질이 묻는다든가 습기가 찬다든가하면, 사용할 수 없을 정도로 녹이 쓴다. 이때에는 자신이 디스탄(distan)을 이용하여 직접 닦든지, 아니면 세척을 내보내야 한다.

(2) 기물손상 방지를 위해 은기물과 스테인레스 기물은 따로 구분하여 모은다.

(3) 수거한 기물은 세척기로 씻은 후 종류별로 분류하여 모은다.

(4) 왼손으로 적당량의 은기물 손잡이를 쥐고 용기의 뜨거운 물에 담근 후 핸드 타올로 기물의 손잡이를 감싸 쥐고 오른손으로 음식이 닿는 부분에서부터 손잡이 쪽으로 닦는다.

(5) 나이프는 칼날이 바깥쪽으로 향하도록 하고, 핸드 타올이 칼날에 찢어지지 않도록 주의하여 닦는다.

(6) 여러 종류의 기물을 한꺼번에 닦을 때는 포크부터 닦고, 변색된 기물은 광택제로 윤을 낸다.

(7) 은기물은 서로 부딪쳐 흠이 생기기 쉬우므로 던져 넣거나 한꺼번에 쏟아 넣지 않도록 하고 일정한 곳에 모아 놓는다.

(8) 닦은 기물은 종류별로 가지런히 모아 기물함 또는 규정된 보관장소에 비치한다.

(9) 운반할 때는 소리 나지 않도록 츄레이(tray)를 사용한다.

(10) 깨끗하게 준비된 기물로 테이블 셋팅을 할 때는 음식이 닿는 부분을 잡지 않고 손잡이 옆부분을 잡는다.

(11) Knife를 취급할 때는 주의하고 특히 고객의 앞에서는 주의를 기울여 조심스럽게 취급해야 한다.

2) 은기물류의 종류

Tip 식사중 기물류의 사용법

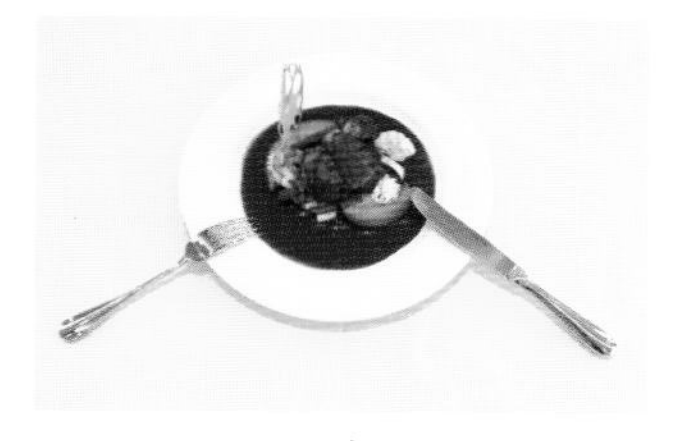
식사중

식사 마침

제2절 도자기류

1) 도자기류(China Ware) 취급방법

① 금이 갔는지, 깨졌는지, 오물이 남아 있는지, 항상 확인한다.
② 부딪치지 않도록 조심하고 한꺼번에 많은 양을 운반하지 않는다.
③ 접시를 잡을 때는 테두리 안쪽으로 손가락이 들어가지 않도록 한다.
④ 접시를 들고 운반할 때는 몸 안쪽으로 접시를 밀착하여 들고, 접시를 든 팔을 흔들지 않고 전후좌우를 살피며 운반해야 한다.

2) 운반하는 방법

(1) 깨끗한 Plate를 운반하는 방법

손가락이 Plate 안으로 들어가서는 안 된다. 하나하나의 Plate를 다룰 때는 엄지손가락을 사용한다. 많은 양의 Plate를 운반할 때에는 왼손에 Arm Towel을 깔고 위에 올린 다음 왼쪽 허리춤에 기대어 오른손으로 받쳐 들고 운반하거나 Gueridon을 이용하여 안전하게 운반한다. 무리하게 운반하다 Breakage를 발생하는 일이 없도록 한다.

(2) 음식물이 담긴 Plate를 운반하는 방법

뜨거운 Plate는 Arm Towel로 손을 보호하며 운반한다. 고객 앞에 뜨거운 Plate를 내려놓을 때는 특히 조심하여야 하며 뜨겁다는 말을 해야 한다. 손가락 사이에 끼어서 운반한다.

〈여러개의 접시 드는 법〉

제3절 글라스류

- 글라스류 취급방법

글라스류(Glass Ware)는 서비스 기물 중에서 가장 많이 고객의 입에 닿는 물건 중의 하나이다. 많이 사용하는 만큼 많이 깨지고 이가 빠진 글라스가 고객에게 제공될 경우 위험하므로 각별히 주의해야 한다.

① 원통형 글라스는 밑부분을 잡고, 손잡이(stem)가 있는 글라스는 손잡이부분을 잡으며, 윗부분이나 글라스 안에 손가락을 넣어 잡지 않는다.

② 원통형 글라스는 트레이로 운반하며, 미끄러지지 않도록 트레이에 매트 또는 냅킨을 깔고 무게가 한쪽으로 쏠리지 않도록 가장자리부터 글라스를 붙여 놓는다.

③ 손잡이가 있는 글라스를 손으로 운반할 때는 손잡이 부분을 손가락 사이에 끼워서 윗부분이 아래쪽으로 향하도록 거꾸로 들고, 글라스와 글라스들이 부딪치지 않도록 하며, 놓을 때는 맨 마지막에 끼운 글라스부터 역순으로 내려놓는다.

④ 일시에 많은 양의 글라스를 운반하거나 세척을 할 때는 용도에 맞는 글라스 랙(glass rack)을 사용한다.

⑤ 금이 갔거나 깨진 것이 있는지 확인한 후, 용기에 담긴 뜨거운 물의 수증기에 한 개씩 쏘여 닦는다.

⑥ 수증기를 쏘여 닦아도 얼룩이나 물자국 등이 닦이지 않을 때는 뜨거운 물에 담궜다 닦는다.

⑦ 냅킨을 펼쳐 잡은 후 한 쪽 엄지손가락과 냅킨을 글라스 안쪽에 넣고, 나머지 손가락은 글라스 바깥부분을 쥐며, 다른 한 쪽 손은 글라스 밑바닥을 냅킨으로 감싸 쥐고, 무리한 힘을 가하지 않으면서 가볍게 돌려 닦는다. 윗부분 안팎을 닦은 후 손잡이 부분과 밑바닥 순으로 닦는다.

⑧ 마지막으로 얼룩이 남아 있지 않고 선명하게 닦였는지 점검한다.

〈여러 개의 글라스 드는 법〉

〈글라스 놓는 법〉

제4절 린넨류

1) 테이블클로스

테이블클로스(table cloth)는 식탁의 청결함을 돋보이게 하기 위해 보통 면직류, 또는 마직류로 만든 흰색 클로스를 많이 사용한다. 그러나 최근에는 각 레스토랑의 컨셉에 맞게 다양한 소재와 색상의 클로스를 사용하고 있다.

*** 테이블클로스의 특징**

① 백색 린넨(Linen)을 사용하는 것이 원칙이다.
② 사용한 클로스는 린넨실을 통해 세탁소로 보내어 세탁한다.
③ 테이블 위에 펼 때는 접었던 선이 식탁의 가로 세로와 평행이 되도록 씌운다.
④ 테이블에서 늘어진 길이는 의자의 밑판 끝부분에 맞춘다.
⑤ 늘어진 클로스는 의자와 직각이 되어야 한다.
⑥ 얼룩이나 구멍 등 흠이 있는 것은 절대 사용을 금한다.
⑦ 업장 분위기를 고려하여 창가 쪽으로는 톱 클로스(Top cloth)를 사용하고 있다.

2) 언더 클로스

언더 클로스(Under Cloth)는 스폰지 같은 재질의 천 또는 두꺼운 플랜넬(flannel)을 사용하며, 테이블클로스보다 크지 않게 테이블 규격과 같이 부착하거나 움직이지 않도록 고정시켜 사용한다. 보통 사이런스 클로스(Silence Cloth)나 테이블 패드(Table pad)라고도 부른다.

*** 언더 클로스의 특징**

① 식탁 위의 소음을 줄여준다.
② 테이블클로스의 수명을 연장시켜 준다.
③ 움직이지 않게 고정시킨다.
④ 테이블클로스의 밖으로 보여서는 절대 안 된다.

3) 미팅 클로스

미팅 클로스(meeting cloth)는 회의, 세미나 등의 행사 때 테이블에 덮는 천으로 무늬가 없는 단일 색상의 촉감이 부드러운 털로 다져 만든 클로스를 말한다.

4) 냅킨

(1) 냅킨의 특징

① 식탁의 마지막 장식이라 할 수 있다.
② 모양의 다양성과 정돈된 상태는 수준 높은 분위기의 변화와 좋은 첫인상을 주게 된다.
③ 빠르고 쉽게 또한 위생적이고 아담하고 단정하게 접는다.
④ 접어진 냅킨은 서비스 플레이트나 식탁 위에 그냥 세워 놓는다.
⑤ 규격은 50cm×50cm, 60cm×60cm, 67.5cm×67.5cm 등의 종류가 있다.
⑥ 청결한 느낌을 주기위해 백색을 원칙으로 하나 테이블클로스와 잘 어울리는 색깔을 사용하기도 한다.
⑦ 재질은 부드러운 린넨을 사용한다.
⑧ 접는 방법은 다음과 같이 구분된다.

(2) Napkin 접는 방법 및 종류

① **부채형**

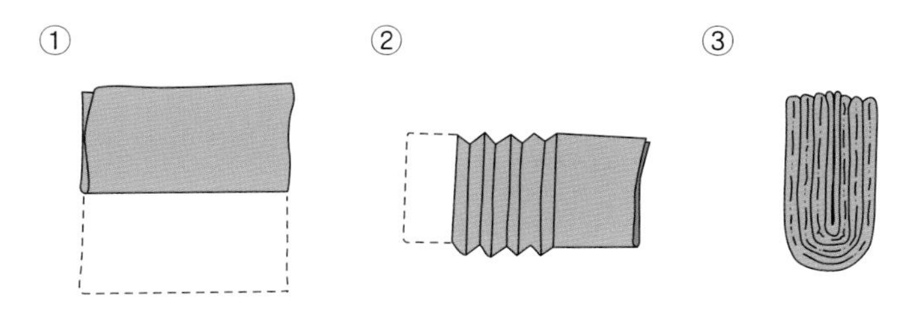

1. 반 접어 올린다.
2. 왼쪽 부분을 주름지게 접으면서 우측 부분을 조금 남긴다.
3. 주름지지 않은 부분이 주름 안쪽으로 들어가도록 반으로 접는다.
4. 주름을 잡지 않은 부분을 반 접어 내린다.
5. 꼬리 부분이 바깥쪽으로 향하고 주름 연결 부분을 밀착시켜 부채모양이 되도록 펼쳐서 세운다.

② 주교모자형

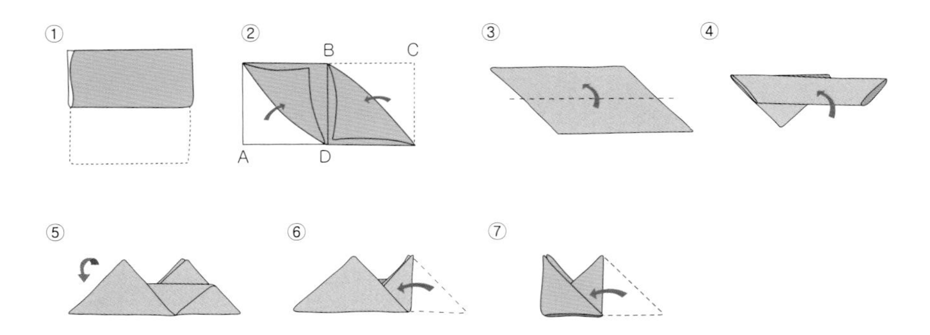

1. 반을 접는다.
2. A에서 B로, C에서 D로 가운데를 향하여 반씩 접는다.
3. 뒤집는다.
4. 아래 부분을 윗부분과 만나도록 접어 올린다.
5. 위 부분을 잡고 뒤집는다. 오른쪽 삼각부분이 나타난다.
6. 오른쪽 부분을 반으로 접어서 안쪽으로 넣는다.
7. 뒤집어서 나머지 부분도 6번과 같이 반복한 다음 둥글게 손질하여 곧게 세운다.

③ 왕관형

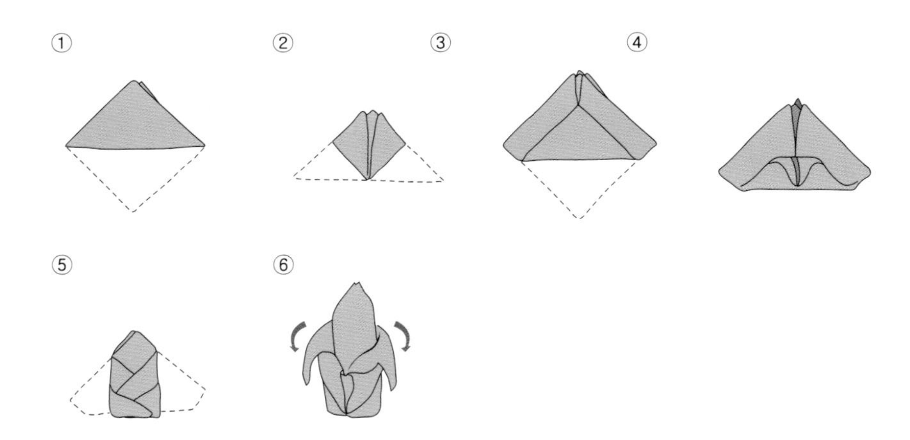

1. 냅킨을 다이아몬드형으로 펼친 다음 반으로 접는다.
2. 좌우 끝부분을 윗모서리와 만나도록 각각 접어 올려 다이아몬드형이 되게 한다.
3. 위에서 3cm 정도 아래까지 아랫부분을 접어 올린다.
4. 위에서 접어 올겼던 부분을 아래 끝부분까지 접어 내린다.

5. 뒤집어 양쪽 모서리 부분을 잡은 다음 한쪽을 안으로 끼운다.
6. 돌려서 둥글게 손질하여 곧게 세운 다음 양쪽 모서리부분을 날개 모양으로 펼친다.

④ 정장 모자형

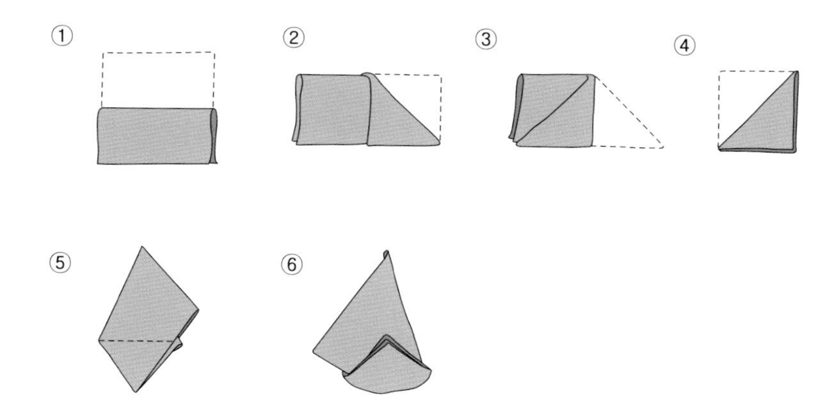

1. 반을 접어 내린다.
2. 가운데를 기준으로 오른쪽 부분을 반 접는다.
3. 가운데를 왼족으로 접으면서 주름지지 않도록 한다.
4. 왼쪽 나머지를 접어 내린다.
5. 아래쪽 귀퉁이를 몸쪽으로 향하도록 약간 돌려서 점선부분 만큼 꺾어서 접어 올린다.
6. 둥글게 손질하여 곧게 세운다.

⑤ 워쉬 클로스

워쉬 클로스(wash cloth)는 기물이나 집기류 등을 닦을 때 사용하는 면직류로 냅킨이나 기타 클로스와 색상이나 모양을 달리하여 사용하기 편리하고 구분하기 쉽게 만든 것을 사용한다.

5) 린넨류의 취급방법

① 식기를 취급하는 것과 마찬가지로 위생과 밀접한 관련이 있으므로 청결한 사용과 보관이 필요하다.

② 종류에 따라 용도가 다르므로 그 외에 다른 목적으로 사용되지 않도록 한다.

③ 흠집, 얼룩 또는 찢어진 린넨(linen)은 사용하지 않는다.

④ 운반할 때는 음식물로 인해 얼룩이 생기지 않도록 조심해서 다루고, 이쑤시개 및 기타 오물 등은 깨끗이 제거한 후, 일정하게 접는다.

⑤ 사용이 끝난 린넨은 반드시 린넨 카트(cart)로 수거한다.

⑥ 세탁된 린넨은 지정된 장소에 종류별로 구분하고, 구겨지거나 먼지가 묻지 않도록 깨끗하게 보관한다.

CHAPTER 08 메뉴 코스별 서비스

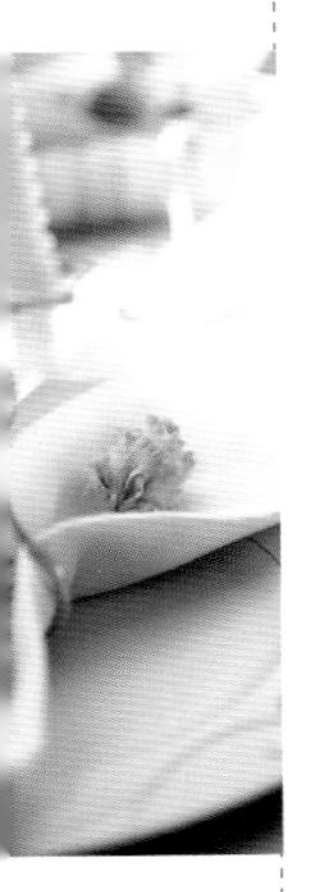

제8장
메뉴 코스별 서비스

Hotel & Restaurant
Food & Beverage Service

제1절 전채요리(Appetizer ; Hors d'oeuvre)

1. 전채요리의 정의

전채요리는 제일 먼저 제공되는 요리로서 불어로 "Hors d'oeuvre"라고 한다. "Hors"는 앞(前)이라는 뜻이고 "oeuvre"는 작업 즉 식사를 의미한다. 본 요리를 먹기 전 식욕을 돋워 주기 위한 목적으로 제공하기 때문에 모양이 좋고, 맛이 있어야 하며 분량이 적어야 한다.

훈제연어말이

전채요리는 크게 찬 전채(Cold Appetizer)와 더운 전채(Hot Appetizer)로 구분되며 형태와 맛이 그대로인 Plain Appetizer와 조리사에 의해 가공된 Dressed Appetizer로 나눈다. 전채요리의 특징은 주요리를 맛있게 하기 위하여 타액의 분비를 촉진하여 식욕을 증진시키는 신맛과 짠맛이 곁들여진다. 한 입에 먹을 수 있는 소량으로 맛과 향을 갖추고 계절감과 주요리와의 조화도 이루어야 한다.

2. 전채(Appetizer ; Hors d'oeuvre)의 종류

전채요리는 가공하지 않은 재료 그대로의 생 전채(Plain Appetizer)와 조리과정을 거쳐 만들어진 가공된 전채(Dressed Appetizer)로 분류되며, 온도에 따라 찬 전채(Cold Appetizer)와 더운 전채(Hot Appetizer)로 구분한다. 전채요리 중에서 세계에서 애용되는 3대 전채는 철갑상어알(Caviar), 거위간(Foie Gras), 송로(松露)버섯(Truffle)이다.

1) Cocktail

Shrimp, Lobster, Crabmeat와 Fruits, Vegetable Juice 등을 이용하여 만든 요리로서 칵테일 글라스를 사용한다.

2) Canape

빵을 여러 모양으로 잘라 튀기거나 토스트 하여 버터를 바른 다음 여러 가지 재료(엔쵸비, 야채, 치즈, 소시지, 카비아, 훈제연어 등)를 얹어 작은 모양으로 만든 요리이다.

3) Barquette

밀가루를 반죽하여 작은 배모양을 만들어 그 안에 생선알이나 고기를 넣어서 만든 것이다.

4) Bouche

밀가루 반죽을 얇게 하여 치즈나 계란을 넣어 만두같이 만든 요리이다.

5) Appetizer Salads

Pickled Hering, Smoked Fish, Stuffed Eggs 등을 적은 양의 야채와 양념을 겯들인 요리이다.

6) Broch

육류, 생선, 야채 등을 꼬치에 끼운 요리를 말한다.

7) Relish

약간 깊은 유리 Bowl이나 글라스에 분쇄한 얼음을 채우고 무, 샐러리, 당근, 오이 등을 꽂아 놓은 것을 말한다.

8) 스트라스 보우그오스(stras bourgeoise)

거위간을 갈아서 파테(Pate) 형으로 만든 것이다.

제2절 수프(Soup ; Potage)

해산물 수프

수프는 육류, 생선, 닭 등의 고기나 뼈를 야채와 향료를 섞어서 끓여낸 국물(Stock)을 재료로 하여 만든다. 스톡은 수프와 소스의 기본이며 모든 요리의 맛을 결정하는 매우 중요한 역할을 한다.

1. 수프의 분류

(1) 스톡(Stock) White Stock(Fond Blance)

Brown Stock(Fond Brun)

Fish Stock(Fond de Poisson)

(2) 부용(Bouillon) Potage Clear(Consommé)

Thick Soup(Potage Lie)...Creme, Purée, Veluté

(3) 부일리(Bouilli) Entrée(Boiled Beef)

2. Stock(Fonds)

(1) White Stock(Fond Blanc)

송아지나 소의 무릎뼈나 정강이뼈에 야채와 향료를 넣어 서서히 끓여 걸러낸 국물이다.

(2) Brown Stock(Fond Brun)

소뼈를 짧게 잘라 야채와 함께 기름에 볶아 갈색이 되었을 때 물을 부어 끓인 후 양념하여 걸러낸 국물이다.

(3) Fish Stock(Fond de Possion)

생선의 뼈와 머리, 지느러미 등을 야채와 함께 갈색이 되도록 볶은 후 물을 넣고 1~2시간 끓인 후 소금 후추, 레몬 껍질을 넣고 끓인 다음 찌꺼기를 걸러낸다.

(4) Poultry Stock(Fond de Volaille)

가금류나 조류의 뼈나 날개, 목, 다리에 야채와 향료를 넣고 끓인 후 White Wine, 소금과 후추로 양념하여 걸러낸 것이다.

(5) Bouillon

White Stock를 기본으로 하여 뼈 대신 고기를 크게 잘라 넣고 끓여 받쳐낸다.

3. Bouillon(부용), 맑은 수프(Clear Soup ; Potage Claire)

맑은 수프, Consomme를 말하는 것으로 주재료를 소나 닭, 생선 중 한 가지 재료만 사용한다.

맑은 조개 수프

콩소메는 Bouillon을 맑게 한 것이다. 부용이 맑고 맛을 잃지 않도록 하기 위해 지방분이 제거된 고기를 잘게 썰어 양파, 당근, 백리향, 파슬리와 함께 서서히 끓이면서 계란 흰자를 넣고 빠른 속도로 젓는다.

1~2시간 천천히 끓인 포도주나 Sherry Wine을 넣어 완성시킨 후 천을 대고 걸러내어 이중 용기에 넣어 식지 않게 한다. 조리된 콩소메는 첨가된 재료에 따라 그 이름이 달라지므로 그 종류가 400여 가지가 넘는다.

4. 진한 수프(Thick Soup ; Potage Li)

포타지 리에는 진한 수프를 말한다. 종류는 다음과 같다.

(1) 크림수프(Cream Soup: Potage Cream)

부용에다 밀가루를 버터에 볶아 우유를 넣고 만든 수프로서 스톡을 사용한다.

그린피(green pea) 수프

(2) 퓌레수프(Puree Soup : Potage Purée)

야채를 잘게 분쇄하여 부용(Bouillon)과 혼합해서 조리한 수프이다.

(3) 포타지 벨루떼(Potage Veloute)

부용에다 밀가루를 버터에 볶아 넣은 것을 기본으로 하고 여기에 달걀과 야채를 섞어 만든 것이다.

(4) 차우더(Chowder)

조개, 새우, 게, 생선류 등과 감자를 이용하여 만든 수프이다.

(5) 비스크(Bisque)

새우, 게, 가재 등으로 만든 진하고 걸쭉한 어패류 수프이다.

비스크(Bisque)

(6) 보르시치(Borsch)

러시아식 고기국물로 Sour Cream, 시금치 뿌리, 주스 Pirogs(고기를 넣고 만든 떡)를 곁들여 제공한다.

(7) 치킨검보(Chicken Gumbo)

부용에 닭고기와 okra(야채 이름) 를 잘게 썰어 넣은 수프이다.

(8) 어니언 수프(Soup a L'oignon ; Onion soup)

양파 수프를 말한다.

5. Cold Soup(Potage Froid)

(1) 콜드 콩소메(Cold Consomme)

Hot Consommé를 가벼운 젤리상태가 될 때까지 식힌 후 쉐리와인과 Pimento, Tomato Concasse 등으로 장식한 수프이다.

(2) 콜드 포테이토 수프
(Cold Potato Soup: Vichyssoise)

감자, 양파, 부추를 버터로 볶아 스톡과 크림을 넣어 만든 수프이다.

콜드 포테이토 수프

(3) 안달루시안 가즈파쵸
(Andalusian Gazpacho)

토마토, 양파, 마늘, 식초, 샐러드유를 이용해 만든 수프이다.

(4) 콜드 피어 앤 워터크레스 수프(Cold Pear and Watercress Soup)

배, Chicken Broth, Puree, 레몬주스, 휘핑크림, Watercress 잎을 이용한 수프이다.

6. 국가별 특이한 수프

(1) Bouillabaisse

프랑스 수프로서 생선스톡에 여러 가지 생선과 바다 가재, 야채 올리브유를 넣어서 끓인 수프이다.

(2) Olla Podrida

스페인 수프로 콩, 양파, 샐러리, 마늘, 쌀 등을 이용한 수프이다.

(3) Ox-Tail Soup

영국의 수프로서 소꼬리, 베이컨, 토마토 퓨레 등을 사용한 수프이다.

제3절 생선요리(Fish ; Poisson)

1. 생선요리의 특성

생선은 육류보다 육질이 연하고 열량이 적으며 맛이 담백하고 소화가 잘 되며, 단백질, 지방, 칼슘, 비타민 등이 풍부하여 건강식으로 선호도가 높은 식품이다. 종교적인 이유로 금요일에 생선요리를 즐기기도 한다. 생선요리에는 바다생선(Sea Fish), 민물 고기(Fresh Water Fish), 조개류(Mollusca), 식용개구리, 달팽이 등이 있으며, 저장방법에 따라 생선, 얼린 생선, 절인 생선(Cured fish), 통조림 등이 있다.

프로슈토를 곁들인 적도미 요리

2. 생선(Fish)의 종류

(1) 바다생선

대구(Cod), 멸치(Anchovy), 민어(Cracker), 바다장어(Eel), 고등어(Mackel), 도미(Red Snapper), 청어(Herning), 정어리(Sardine), 참치(Tuna), 넙치(Halibut), 광어(Turbot), 홍어(Skate).

(2) 담수어의 종류

뱀장어, 농어(Perch), 송어(River Trout), 연어(Salmon), 잉어(Carp), 메기, 개구리 다리, 철갑상어(Sturgeon)

(3) 갑각류의 종류

게(Crab), 가재(Cray Fish), 바다가재(Lobster), 새우(Shrimp)

(4) 조개류

굴(Oyster), 홍합(Mussels), 대합(Clam), 전복(Abalone), 가리비(Scallop), 달팽이(Snail)

(5) 연체류

오징어(Cattle Fish), 문어(Octopus)

3. 캐비어(Caviar)

상어를 잡은 후 한 시간 내에 알을 추출하여 찬물에 3~4회 씻어 알무게의 3% 정도의 소금을 넣어 절인 것으로 26~30°F의 냉장고에 보관하며 일주일 후면 맛이 들고 6개월이 지나면 맛이 저하된다. 요즘은 어획량이 줄어서 상어알 대신 대체 캐비어를 많이 쓴다.

*** 캐비어(Caviar)의 특징과 관리**

캐비어는 고단백, 고지방 식품으로 알의 크기가 크고 색깔은 은회색 빛이 연할수록 질이 좋고 알의 색이 균일하고 둥글고 윤기가 있는 것이 좋다. 캐비어는 부패 속도가 빠르므로 항상 냉동상태로 보관하여야 한다.

제4절 육류요리(Meat ; Viande)

1. 육류요리의 특성

육류는 Main Dish(주요리)로 칼로리, 단백질, 지방, 무기질, 비타민이 풍부한 음식으로 조리하는 방법에 따라 독특한 맛을 낸다. 육류를 조리함에 있어 각국마다 대표적인 조리방법이 있는데 프랑스에서는 버터, 이탈리아에서는 올리브유, 독일에서는 라드(Lard), 미국에서는 샐러드유로 고기를 구우며, 중국 및 일본에서는 장유로 조리는 방법으로 독특한 맛을 내고 있다.

육류에는 소(Beef), 송아지(Veal : Calf), 돼지고기(Pork), 양고기(Lamb)가 주로 사용되고 그 외의 가금류(닭, 칠면조), 엽조류(메추라기, 꿩, 들오리), 엽수류(사슴, 멧돼지, 토끼) 등이 있다.

2. 육류요리의 종류

Meat - Beef(소), Veal(송아지), Lamb(양), Pork(돼지)

식용으로 사용할 수 있는 소로는 새끼를 낳지 않은 암소나 거세한 수소가 좋다. Steak나 Roast용으로는 2~3세의 어린 것이 좋으며, 쇠고기는 밝은 선홍색이 좋으며, 고기는 단단하고 고깃결이 매끄러워야 한다.

비프스테이크는 쇠고기를 두껍게 잘라서 구운 것으로 고기의 부위에 따라 명칭이 달라진다.

포도주 소스를 곁들인 안심 스테이크
(Tenderloin Steak})

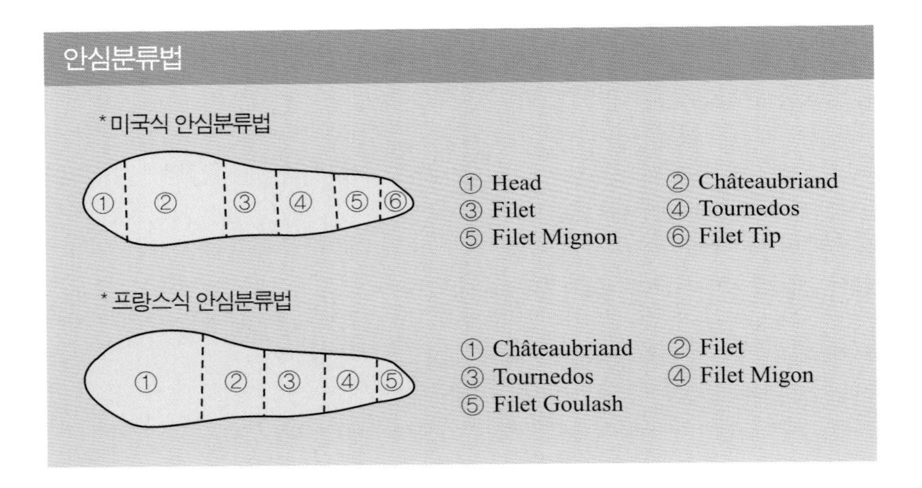

(1) 안심(Tenderloin) 부위별 스테이크 명칭

- Chateaubriand : 등뼈 양쪽에 붙어있는 가장 연한 안심의 머리부분
- Fillet : 안심 스테이크로 쓰이는 부분
- Tournedos : 안심부위의 중간 뒤쪽부분의 스테이크이다.
- Fillet Mignon : 안심부위의 뒷부분으로 만든 스테이크이다.
- Fillet Goulash : 안심의 맨 끝쪽 조각 부분

① 샤토브리앙(Chateaubriand)

소의 안심 부위 중 가운데 부분을 두껍게 4~5cm로 잘라서 굽는 스테이크로 최고급 스

테이크이다.

② 투르느도(Tournedos)

안심의 중간 뒷부분을 이용 베이컨을 감아서 구워내는 요리이며 1855년 파리에서 처음 시작된 것으로, 투르느도란 "눈 깜박할 사이에 다 된다"는 의미이다.

③ 필렛 미뇽 스테이크(Fillet Mignon Steak)

소형의 아주 예쁜 스테이크라는 의미로 안심의 뒷부분으로 만든 스테이크이다.

(2) Sirloin Steak(등심 스테이크)

이 스테이크는 영국의 왕이었던 찰스 2세가 명명한 것으로 이 등심스테이크를 좋아하여 스테이크에 남작위를 수여했다고 한다. 그후 "Loin"에 "Sir"를 붙여서 "Sirloin"이라고 하였다.

(3) Porter House Steak

이 스테이크는 Short Steak로 안심과 뼈를 함께 자른 크기가 큰 스테이크다.

(4) T-Bone Steak

Short Loin으로 Port House Steak를 잘라낸 다음 그 앞부분을 자른 것으로 Port House Steak보다 안심부분이 작고, 뼈를 T자 모양으로 자른 것이다.

(5) Rib Steak

갈비 등심 스테이크로 Rib Eye Steak, Rib Roast 등이 있다. Rib Roast는 총 13개의 갈비 중 6번째부터 12번째까지 7개의 갈비로 사용한다.

(6) Round Steak

소 허벅지에서 추출한 스테이크이다.

(7) Rump Steak

소 궁둥이에서 추출한 스테이크이다.

(8) Flank Steak

소의 배부분에서 추출한 스테이크이다.

3. 스테이크 굽는 정도

- Rare(Blue) : 스테이크 속이 따뜻할 정도(52℃)로 익혀 자르면 피가 흐르도록 겉부분만 살짝 굽는다. 조리시간은 2~3분 정도.
- Medium Rare(Sagnant) : Rare보다는 좀더 익히고 Medium보다는 덜 익혀 자르면 피가 보이도록 굽는다. 조리시간은 3~4분 정도이며, 고기 내부의 온도는 55℃ 정도.
- Medium(a Point) : 절반 정도 익히는 것으로 자르면 붉은 색이 되어야 한다. 조리시간은 5~6분 정도이며, 고기 내부의 온도는 60℃ 정도
- Medium Well-done(Cuit) : 거의 다 익히는데 자르면 가운데 부분만 붉은색이 있어야 한다. 조리시간 8~9분 정도이며, 고기 내부의 온도는 65℃ 정도.
- Well-done(Bien Cuit) : 속까지 완전히 익힌다. 조리시간 10~12분 정도, 고기 내부의 온도는 70℃ 정도.

4. 송아지 고기(Veal ; Veau)

Veal은 3개월 미만의 송이지 고기를 말한다. 우유로 사육하며 조직이 매우 부드러우며 밝은 회색의 Pink색을 띤다. 지방이 적고 수분을 많이 함유하여 맛이 연하고 부드럽다. 3~10개월 정도 된 송아지는 Calf라 부르며 조직은 붉은 Pink색을 띤다.

송아지 안심요리

5. 돼지고기(Pork)

돼지고기는 주로 중국 식당에서 많이 제공되며 뷔페식당에서 많이 제공된다.

돼지 등심요리

- Pork Chop : 돼지갈비 부분을 1~1.5cm 두께로 자른 후 소금, 후추를 뿌린 다음 바베큐 소스와 함께 제공한다.
- Pork Cutlet : 돼지고기를 얇게 저민 후 소금 후추를 뿌린 다음 가루를 입혀 튀겨낸다.

6. 양고기(Lamb ; Agneau)

양고기 커틀릿

가장 좋은 양고기로는 Hothouse로 생후 8~15주된 어린 양이며, 그 다음은 3~5개월 된 Spring Lamb이 있다. 일반적으로 사용하는 양고기는 생후 1~2년 미만의 것으로 색이 검붉은 색이다. 1~5년생의 양에서 얻은 고기(Mutton)는 3~4년생의 것이 좋다.

7. 가금류(Poultry ; Volaille)

오리가슴살 요리

가금류는 닭, 오리, 칠면조, 비둘기, 거위 등 집에서 사육하는 날짐승을 말한다. 가금류의 요리는 앙뜨레로 제공될 수 있는 요리로서 영양이 풍부하고 지방이 많다. 오리, 거위 칠면조 등은 통째로 조리해서 제공되기도 한다. 요리방법에는 Broiled, Roasted, Fried가 있다.

8. 엽수류(Game animals)

사냥을 통해 얻은 사슴, 멧돼지, 토끼 등과 같은 들짐승으로 육질은 사육동물과 비슷하나 사육 고기에 비해 연하고 영양가가 높다.

제5절 샐러드(Salad ; Salade)

1. 샐러드의 정의

해산물 샐러드

샐러드의 어원은 라틴어의 "Herba Salate"로서 그 뜻은 소금을 뿌린 향초(Herb)이다. 즉 샐러드란 신선한 야채나 향초 등을 소금만으로 간을 맞추어 먹었던 것에서 유래한다. 샐러드는 싱싱한 제철 야채의 잎, 뿌리, 줄기, 열매, 식물의 싹, 향료(Herbs), 계란, 고기, 해산물 등에 각종 드레싱(Dressing)을 혼합하거나 곁들여 제공함으로 지방분이 많은 주요리(Main Dish)의 소화를 돕고 비타민과 무기질, 섬유질을 섭취하여 건강의 균형 유지에 큰 역할을 한다. 샐러드를 크게 나누면 순수 샐러드(Simple Salad)와 혼성 샐러드(Compound Salad)로 구분된다.

2. 샐러드의 종류

1) 순수 샐러드(Simple Salad)

- Green Salad : Lettuce, Chicory, Endive, Romaine 등 녹색 야채를 한입 크기로 잘라 만든 샐러드
- Leaf Salad : Lettuce : 여러 가지 야채의 잎으로 만든 샐러드. Lettuce, Chicory, Endive, Watercress, Cabbage 등
- Vegetable Salad : 여러 가지 야채를 섞어서 만든 샐러드. Carrot, Celery, Pimento, Radish, Mushroom 등

2) 혼성샐러드(Compound Salad)

- Fruit Salad : 여러 가지 과일과 야채를 혼합하여 만든 샐러드.
- Seafood Salad : 생선살이나 통조림을 이용하여 야채와 혼합한 샐러드.
- Meat Salad : 야채와 육류를 함께 섞어 만든 샐러드.
- Poultry Salad : 야채와 가금류를 혼합하여 만든 샐러드.

3. 야채의 종류

Artichoke, Asparagus, Beans, Brocoliy, Brussels Sprout, Green Cabbage, Cauliflower, Celeriac, Celery Stalks, Chicory, Endive, Chinese Cabbage, Fennel, Garlic, Lettuce, Leek, Shallot, Black Salsify, Beets, Savoy Cabbage, Parsnip, Red Cabbage, Onion Potato, Parsley, Corn, Mushroom, Spinach, Carrot, Tomato, Egg Plant, Cucumber, Squash, White Truffle, Turnip, Watercress, Dill, Endive .

제6절 후식(Dessert)

1. 후식의 유래와 정의

후식은 식사의 마지막을 장식하는 요리로써 그 모양이 화려하고, 기름지거나 너무 달지 않고 산뜻한 맛을 주는 것이 특징이다. 디저트는 후식으로 입 안에 남아있는 기름기를 없애주고 소화 작용을 돕는 음식이다.

티라미수

프랑스어로 디저트를 나타내는 앙트레머(Entremets)라는 단어가 있는데, 이 용어는 Entree와 Mets가 결합한 합성어이다. 후식에는 과일류, 케이크류, 치즈류, 더운 후식(Hot Dessert), 찬 후식(Cold Dessert), 얼음과자(Ice Dessert)로 구분할 수 있다.

2. 후식(Dessert)의 종류

찬 후식(Cold Dessert : Entremet Froid), 더운 후식(Hot Dessert), 얼음과자(Ice Dessert), 치즈(Cheese)

홍차무스

1) 찬 후식(Cold Dessert)

① 바바리안 크림(Bavarian Cream)
② 푸딩(Pudding)
③ 무스(Mousse)
④ 젤리(Jelly)
⑤ 샬럿(Charlotte) – 비스켓을 손가락 모양으로 둥글게 만들어 그 속에 바바리안 크림이나 무스 크림을 넣어 차갑게 응고시킨 것이다.
⑥ Stewed Fruit Compote – 주재료인 과일을 설탕시럽과 콘스타치(cornstarch)로 약한 불에 삶아서 조리한 것이다.
⑦ Fresh Fruits
⑧ Cake & Pie
⑨ 얼음 디저트(Frozen Dessert)

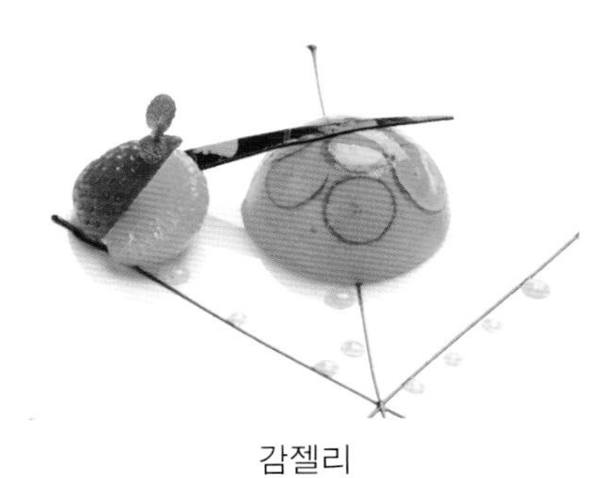

감젤리

2) 더운 후식(Hot Dessert ; Entremet Chaud)

후식을 오븐에 익히거나 더운 물 또는 기름에 튀기거나 삶아내는 방법이 있고, 알코올에 Flambée하거나 팬에 익혀내는 후식을 말한다.

바닐라 수플레

① 핫 수플레 그랑마니에(Hot Soufflé Grand-marnier) – 계란, 우유, 밀가루, 버터, 설탕, 그랑마니에를 재료로 하여 오븐에 익혀낸 것으로 분말 설탕과 바닐라 소스로 장식한다.
② 베이네(Beignet ; Fritter) – 과일에 반죽을 입혀서 튀겨낸 것을 베이네라고 하고, 튀긴 후 설탕과 계피가루(Cinnamon Powder)를 묻혀서 럼 소스, 계피소스를 곁들

여 제공한다. 사과, 배, 복숭아, 파인애플을 주로 사용한다.

③ 팬케이크(Pan Cake : Crepe) – 프랑스 정통의 후식으로 밀가루, 계란, 우유, 설탕 등 혼합물을 후리아팬에 종이처럼 얇게 익힌 것으로 과일, 브랜디, 리큐어 등으로 만든 소스를 곁들여 만든 것이다.

크레페 수제트

④ 그라탱(Gratin) – 얇게 구운 크레프 위에 설탕, 레몬주스에 삶은 과일을 잘게 썬 것을 올려 놓고 Savayon소스를 끼얹어 오븐에 구워낸 것이며, 그 위에 아이스크림을 얹어서 제공하기도 한다.

⑤ 세버리(Savoury) – 치즈를 재료로 한 입에 먹을 수 있도록 만든 요리이다.

3. 치즈(Cheese)

우유, 양유, 염소젖 등을 이용하여 젖 속의 단백질과 지방을 젖산균 및 응유효소로 작용시켜 응고현상이 일어난 것을 가열, 압착, 숙성과정을 거쳐 만들어진 것을 치즈라 한다.

프랑스에서는 요리(주로 고기류)를 시켜 포도주와 함께 먹을 때, 본요리를 끝내고 나면 남은 포도주와 함께 곁들이도록 치즈를 많이 권한다. 이러한 이유 때문에 많은 사람들이 치즈는 적포도주와 잘 어울린다고 생각한다. 그러나 분명한 것은 더 많은 치즈들이 백포도주와 잘 어울린다는 사실이다.

치즈와 포도주의 관계는 그들의 역사만큼이나 오랜 전통을 지니고 있다. 천연 음식으로써 발효의 과정을 통해 얻는다는 공통점들을 가지고 있다.

포도주를 마시면서 함께하는 치즈는 포도주의 맛과 향을 돋우며 훌륭한 동반자 역할을 한다. 이렇듯 서로의 조화가 특별한 요인에는 둘의 조화성 외에 편이성이라는 또 다른 한 가지가 있다. 아무런 준비나 요리 등의 절차가 필요하지 않고 그대로 먹으면 최상의 선택이 되기 때문이다.

① 체다치즈와 영국식 치즈 – 드라이한 레드와인, 까케르네 쇼비뇽이나 멜롯 와인 종류

② 스위스 치즈, 귀레치즈와 유사한 종류 – 피노누아

③ 블루치즈 – 소테르네, 드라이한 레드나 아주 드라이한 피노 쉐리 탄닌산이 강한 까베르네와 같은 레드와인은 블루 치즈와 어울리면 때로는 이상한 금속성 냄새가 날 수 있다.

④ 잘 숙성된 까멘베르 치즈와 브리치즈 – 풍부하고 버터 맛이 나는 샤르도네와 샴페인

⑤ 딱딱한 치즈로 팔미지안, 레지아노, 로마노 등 – 드라이한 이태리산 레드와인으로 끼안띠, 바롤로

1) 치즈의 종류

(1) Very Hard Cheese

- Romano Cheese(산양유로 만든 이탈리아산 치즈)
- Parmesan Cheese(이탈리아산 조미용 치즈)
- Sapsago Cheese(Clover잎 분말이 혼합된 스위스산 치즈)

(2) Hard Cheese

- Chedder Cheese(영국이 원산지나 지금은 여러 나라에서 만듬)
- Gouda Cheese(네덜란드산 치즈)
- Edam Cheese(네덜란드 에담마을에서 생산)
- Gruyére Cheese(스위스, 미국, 프랑스)

(3) Semi-soft Cheese

- Brick Cheese(미국산)
- Limberger Cheese(소젖으로 만듬. 독일, 네덜란드, 오스트리아, 미국)
- Roquefort Cheese(프랑스산 치즈)
- Stilton Cheese(영국산)
- Musenster Cheese(독일산)
- Gorgonzola Cheese(이탈리아산 Blue Cheese)
- Tomme de Savoie Cheese(회적색의 부드럽고 연고체인 프랑스산)

(4) Soft Cheese

- Camembert Cheese(냄새가 강한 프랑스산 치즈)

- Brie Cheese(흰곰팡이를 생육 숙성시킨 프랑스산 치즈)
- Mozzarella Cheese(물소젖으로 만든 이탈리아산 치즈)
- Hand Cheese(독일에서 손으로 여러 모양으로 만든 치즈)

(5) Special Cheese

- Process Cheese(여러 종류의 치즈를 분쇄하여 만든 치즈)
- Coon Cheese(톡쏘는 풍미가 있고 Blue–Green색을 띤다.)
- Whey Cheese(Mysost Cheese 스칸디나비아산, Ricotta Cheese이탈리아산)
- Smoked Cheese(훈제한 치즈)
- Spiced Cheese(향신료 첨가한 치즈)

제7절 커피(Coffee)

1. 커피의 역사

커피의 어원은 분명하지 않으나 아랍어에 그 뿌리를 두었다고도 하고, 에티오피아의 지명에서 나왔다고도 한다. 에티오피아에는 지금도 야생으로 자라는 커피나무가 우거진 곳이 있는데 지명이 'Kaffa'인 것으로 보아 신빙성이 있다고 본다. Kaffa라는 말은 '힘'을 뜻하는데, 에티오피아를 여행하던 아라비아인이 커피를 발견하고 그 나무에 감사의 뜻으로 'Kaffa'라는 이름을 지어 주었다고 한다.

이것이 다시 아라비아로 건너가 카화(Qahwa)로, 터키에서는 '카붸(Kahve)'로 변하였고 영국에 커피가 전해진 10여년 뒤인 1950년경에 불런트 경이 처음으로 'Coffee'라는 말을 사용하였다고 전해지고 있다.

2. 커피의 주요 생산지

주요 산지는 아프리카지역(에티오피아, 케냐, 우간다, 탄자니아, 아이보리코스트), 중남미지역(브라질, 콜롬비아, 코스타리카, 과테말라, 멕시코, 엘살바도르, 온두라스), 아시아 · 태평양지역(인도네시아, 파프아뉴기니, 필리핀, 사우디아라비아, 인도), 서인도 제도(자메이카, 도미니카, 하이티)로 나눌 수 있다.

3. 품종의 종류 및 특성

커피는 원종에 따라 아라비카, 로브스타, 리베카로 분류된다. 그러나 리베카는 거의 생산되지 않고 아라비카에서 분류된 마일드(Mild)와 브라질(Brazil), 로브스타가 커피의 3대 원종으로 구별되고 있다.

1) 리베리카(Liberica)

아프리카 라이베리아가 우너산인 품종으로 재배역사는 아라비카종보다 짧다.

꽃, 잎, 열매는 아라비카종이나 로부스타종보다 크며, 병충해에 강하고 환경적응력도 강하다. 향미는 아라비카종에 비해 떨어지며 쓴맛이 강해 소량만 생산한다.

이탈리아 남부 같은 강한커피를 선호하는 경향이 있어 주로 유럽으로 수출된다.

2) 로부스타(Robusta)

아프리카 콩고가 원산지로 병충해에 강하고 저지대에서도 잘 자라기 때문에 아라비카종을 재배하기에 기후가 부적합한 동남아시아나 아프리카 등지에서 재배된다. 그러나 카페인의 함량이 높고 나무 같은 향과 매우 쓴맛이 나는 등 아라비카종에 비해 품질이 떨어지기 때문에 주로 인스턴드커피처럼 저렴하고 대량생산되는 커피에 사용되고 있다.

3) 아라비카(Arabica)

로부스타, 리베리카종과 함께 3대 커피원종을 이루는 품종으로 3종 중에서 품질이 가장 좋다.

아프리카 에티오피아 산으로 세계 커피 생산량의 약 70%를 차지하며 남미와 일부 아프리카 고지대에서 재배된다. 기후와 토양의 선택성은 강하지만 병충해에 약한 단점이 있다.

아라비카종은 커피나무의 성질이 예민해 생산지의 환경에 따라 톡특한 개성을 지니므로 같은 아라비카종이라 해도 생산지에 따라 그 맛이 천차만별로 다르다.

제8절 소스(Sauce)

*** 소스의 특성**

소스는 본래 요리의 향기를 유지하면서 맛을 좋게 해주는 것으로 요리의 가치와 질을 결정해 주는 중요한 역할을 한다. 소스의 어원은 라틴어의 "Sal(소금)"에서 유래한 것으로 소금을 기본으로 한다는 의미로 전해졌다고 한다. 소스는 주재료를 이용한 스톡(Stock : Fond)과 소스로서의 형태를 갖추게 하는 Liaison의 결합으로 이루어지며, 부재료의 첨가에 따라 여러가지 소스가 만들어진다. 소스는 수백여 종류가 있으나, 기본적으로Tomato, Béchamel, Veloute, Espagnol, Hollandaise 등 다섯 가지 모체가 되는 소스가 있다.

제9절 드레싱(Dressing)

1. 드레싱의 역할

참치 타르타르

드레싱은 주로 야채샐러드에 혼합하거나 곁들여서 제공하는데 맛과 풍미를 더하여 음식의 가치를 돋보이게 하며, 소화를 돕는 역할을 한다. Dressing은 Vinaigrrette, Mayonnaise, Cooked or Boiled Dressing으로 크게 3가지로 나눌 수 있다. 여기에 부재료를 가미하여 여러 종류의 드레싱이 만들어진다. Vinaigrrette와 Mayonnaise는 기름(Oil)이 기본이 되고 Boiled Dressing은 약간의 버터를 사용한다.

2. 드레싱의 종류

① 프렌치 드레싱(French Dressing ; Vinegar: 식초성)
② 아메리칸 프렌치 드레싱(American French Dressing)
③ 이탈리안 드레싱(Italian Sauce)
④ 러시안 드레싱(Russian Dressing)
⑤ 사우전 아일랜드 드레싱(Thousand Island Dressing)
⑥ 블루치즈 드레싱(Blue Cheese Dressing)
⑦ 하우스 드레싱(House Dressing)
⑧ 잉글리시 드레싱(English Dressing)
⑨ 에시듀레이트 크림(Acidulated Cream)
⑩ 마요네즈 드레싱(Mayonnaise Dressing)
⑪ 머스타드(Mustard)
⑫ 비네그레이드 드레싱(Vinaigrette Dressing)

메뉴 관리

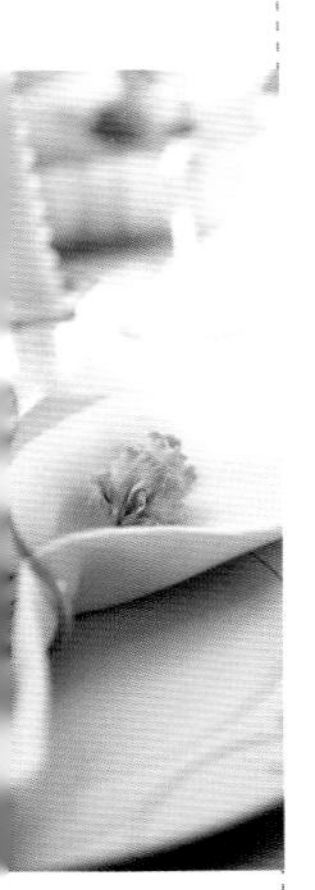

제9장
메뉴 관리

Hotel & Restaurant
Food & Beverage Service

제1절 메뉴의 개념

1. 메뉴의 역사

메뉴의 어원은 라틴어의 "Minutus"에서 유래한 말로 아주 작은 표(Small List)라는 뜻이다. 1948년경 프랑스 귀족의 아이디어에서 비롯되었으며, 1540년 프랑스의 "브랑위그" 후작이 자기집에 손님을 초대하여 준비한 음식의 내용을 순서대로 메모하여 식탁 위에놓고 차례로 제공함으로써 손님들로부터 좋은 평을 받아 귀족간에 유행하게 되었고, 차츰 유럽의 식사 차림표로 사용하게 되었다. 그 후 19세기에 이르러 파리에 있는 팰리스 로열(Palace Royal)에서 명칭이 일반화되어 사용되었다고 한다.

2. 메뉴의 정의

"Webster's Dictionary"에서는 "식사로 제공되는 요리를 상세히 기록한 목록(A Detailed List of The Foods Service at A Meal)" 으로 설명하고 있고, "Oxford Dictionary" 에서는 "연회나 식사에서 제공되는 요리의 상세한 목록"으로 설명되어 있다. 우리말로는 "차림표" 또는 "식단"이라고 부르는데, 이는 "판매상품의 이름과 가격 그리고 상품의 조건과 정보를 기록한 표"로써 단순히 상품의 안내에만 그치는 것이 아니라 고객과 식당을 연결하는 판매촉진의 매체로서 기업이윤과 직결되며, 식당의 얼굴과 같은 중요한 역할을 한다.

'메뉴'란 고객이 알아보기 쉽도록 식음료의 품목과 가격을 작성 기록하여 고객이 식음료를 주문하는데 필요한 정보를 제공하여 고객과 호텔간의 식음료 제공을 약속하는 '차림표'라 할 수 있다. 또한 상품의 원가관리, 투자범위, 매출액의 예상, 소요 인력 등을 산출할 수 있는 근거가 된다. 현대 호텔경영에 있어서 메뉴란 단순히 품목과 가격을 기록한 것에 그치지 않고 고객과 기업체를 연결하는 판매촉진의 모체로서 판매원의 역할을 한다. 더불어 고객에게 식음료 상품을 판매하는데 있어서 설명을 해주는 설명서의 역할을 겸하고 있으므로 현시대의 호텔 식음료 경영에 있어서 메뉴는 매우 중요한 부분인 것이다.

제2절 메뉴의 역할

1. 메뉴의 기능

메뉴는 판매도구이다. 메뉴에는 영업품목과 가격, 서비스 제공방법이 상세히 기록되어 있기 때문에 웨이터의 상세한 서비스보다 메뉴를 대함으로써 그 식당의 분위기와 영업행위를 파악할 수 있다. 따라서 메뉴는 고객의 욕구를 충족시켜줄 수 있는 방향으로 구성되어야 하며, 내용이나 가격설정에 있어서도 고객의 입장에서 세심한 관찰이 이루어져야 한다.

메뉴는 식당의 얼굴이며 상징이다. 식당경영은 메뉴를 개발하고 세분화하여 시장차별화 전략을 통해 고객의 욕구를 충족시키고, 이윤을 창출하는 마케팅 행위가 중요하다. 식당은 메뉴로 통하듯이 메뉴는 간판이며, 상징체계로서 의미를 갖는다. 메뉴는 경영자와 고객을 연결해주는 커뮤니케이션 수단이다. 메뉴는 식당의 분위기를 말해준다. 메뉴의 형태, 색채, 크기, 문자구성 등이 식당의 분위기와 조화를 이루면서 균형을 유지하도록 노력하여야 한다.

2. 메뉴의 구성요소

메뉴는 구매하여야 할 식재료를 지시한다. 메뉴는 서빙되는 식음료의 영양분 내용을 지시한다. 메뉴는 주방 및 업장 종사원의 기술수준을 의미한다. 메뉴에 따라 구입해야 할 주방기기가 결정된다. 메뉴는 주방 및 업장의 디자인과 설계에 영향을 준다. 메뉴는 업장에서 필요한 종사원을 결정한다. 메뉴에 따라 업장의 실내 디자인 및 인테리어가 결정된다. 메뉴는 원가통제 절차를 결정한다. 메뉴는 생산에 필요한 상황을 지시한다. 메뉴는 서빙방법을 지시한다.

제3절 메뉴의 종류

메뉴는 일반적으로 식사내용, 식사시간, 조리특성, 국가별로 나눌 수 있다.

1. 식사내용에 의한 분류

1) 정식메뉴(Table d'hôte Menu)

이것은 여행객들의 이동에 따라 숙박은 할 수 있으나 식사를 제공받지 못하여 식량을 가지고 다녔으나 여행객들이 크게 불편을 느끼게 됨에 따라 숙박자의 편의 도모와 숙박시설의 영업적인 면을 고려하여 숙박과 식사를 함께 제공하는 풀 팡숑(Full Pension ; Full Board)에서 이 정식(Table d'hte)이 발생되었다고 볼 수 있다. 정식메뉴란 풀코스 메뉴(Full-course Menu)로 요리의 종류와 순서가 미리 구성되어 있다. 그러나 고객의 기호에 따라 맞지 않는 품목은 빼고 구성한 세미 타블도트메뉴(Semi-Table d'hôte Menu)를 고객의 편의를 위해 제공하고 있다. 점심(3~4코스), 저녁(4~5코스), 연회(6~7코스) 등 어느 때든지 사용할 수 있으며, 미각, 영양, 분량을 참작한 한끼분의 식사로 고객의 선택이 쉽다.

〈'H' hotel 양식당 코스요리 메뉴〉

DINNER SET MENU

Crab Cake with Tomato and Fennel Fondue, Sauce Aioli
토마토와 휀넬을 곁들인 아이올리 소스의 게살 케익
or
Escargot in Aromatic Butter
허브향 버터의 달팽이 구이
or
Parfait of Foie Gras and Chicken Liver, Onion Marmalade and Toasted Sour Dough
사우어 도어를 곁들인 양파 마마레드의 닭간과 오리간

~~~

Soup of the Day
오늘의 수프

~~~

Lobster and Grilled Tenderloin of Black Angus Beef,
Mashed Potatoes and Sauteed Mushrooms
다진 감자와 버섯을 곁들인 안심 스테이크와 바닷가재

~~~

Cherries and Cream
신선한 체리와 크림
or
Valrhona Chocolate Cake with Panna Cotta Ice Cream
초코렛 케익과 파나코타 아이스크림
or
Vanilla Creme Brule, Raspberries and Lemon Sable
바닐라 크림 부루리

~~~

Coffee or Tea
커피 또는 차

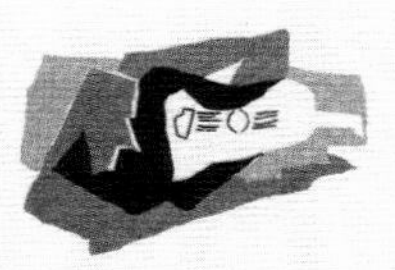

No Tipping Please. 10% Service Charge & 10% Tax will be added.
개인팁은 사양합니다. 10% 봉사료와 10% 세금이 추가됩니다.

일반적 요리 순서는 다음과 같다.

(1) 요리의 순서와 메뉴구성

① 전채(Hors d'oeuvre, Appetizer) ② 수프(Soup : Potage) ③ 생선(Possion : Fish) ④ 야채(Salad) ⑤ 주요리(Main Dish : Entree) ⑥ 치즈(Cheese : Fromage) ⑦ 후식(Dessert) ⑧ 음료(Beverage : Boissin) ⑨ 식후 생과자(Pralines)

(2) 연회의 정식 메뉴(Table d'hôte Menu)

① 전채(Hors d'oeuvre, Appetizer) ② 수프(Soup : Potage) ③ 생선(Possion : Fish) ④ 주요리 야채(Main Dish : Entree(Salad)) ⑤ 후식(Dessert) ⑥ 식후 음료(Beverage : Boissin)

(3) 정식 메뉴의 특성

① 메뉴작성이 쉽다.
② 조리과정이 일정하여 노력과 인건비가 적게 든다.
③ 서브가 단조로워서 단시간에 많은 고객을 서비스 할 수 있다.
④ 고객의 입장에서 선택이 용이하다.
⑤ 원가와 인건비 감소로 판매가격이 저렴하다.
⑥ 매상고가 높다.
⑦ 가격이 조정되어 있어 회계가 쉽다.
⑧ 재고가 감소된다.

2) 일품요리(A La Carte)메뉴

이 메뉴의 구성은 정식메뉴의 순서로 되어 있으며, 각 코스별로 여러 가지 종류를 나열해 놓고 고객이 선택하여 먹을 수 있도록 만든 메뉴다. 이 메뉴는 한 번 작성하면 장기간 사용하게 되므로 재료구입과 요리준비는 능률적이지만, 원가상승에 의한 판매수익 감소와 고객의 구매력의 감소를 초래할 수 있기 때문에 계절이 바뀔 때에는 계절에 맞는 메뉴계획이 이루어져야 한다.

(1) 일품요리의 내용

① 냉전채(Cold Appetizer) ② 수프(Soup) ③ 온전채(Hot Appetizer) ④ 생선(Fish) ⑤ 주요리(Main Dish) ⑥ 더운 앙뜨레(Hot Entrée) ⑦ 찬 앙뜨레(Cold Entrée) ⑧ 로스트 요리

(Roast) ⑨ 더운 야채요리(Hot Vegetable) ⑩ 샐러드 (Salad) ⑪ 더운 후식(Warm Dessert) ⑫ 찬 후식, 아이스크림(Cold dessert & Ice cream) ⑬ 생과일 및 조림과일(Fresh Fruit or Stewed Fruit) ⑭ 치즈(cheese) ⑮ 식후음료(Beverage)

3) 뷔페

뷔페(Buffet)는 찬 요리와 더운 요리 등으로 분류하여 진열해 놓은 음식을 고객이 일정한 가격을 지불하고 직접 자기의 기호에 맞는 음식을 운반하여 양껏 먹는 식사이다. 1) 오픈 뷔페 오픈 뷔페(Open Buffet)는 불특정다수를 대상으로 일정한 요금을 지불하면 마음껏 골라 먹을 수 있는 방식으로 일반적인 뷔페식당이다.

'C'호텔 뷔페 식당

Tip 특급호텔의 뷔페영업시간 및 이용금액

아침 06:30 ~ 10:30 / 성인 40,000원, 어린이 24,000원 (48개월 ~ 초등학생)

점심 12:00 ~ 15:00 / 성인 80,000원, 어린이 42,000원 (48개월 ~ 초등학생)

저녁 18:00 ~ 21:30 / 성인 90,000원, 어린이 45,000원 (48개월 ~ 초등학생)

* 주말 및 공휴일 점심 2부제 운영

1 부 : 11:30 ~ 13:20 / 2 부 : 13:40 ~ 15:30

* 주말 및 공휴일 저녁 2부제 운영

1 부 : 17:30 ~ 19:30 / 2 부 : 20:00 ~ 22:00

4) 클로즈드 뷔페(Closed Buffet)

사전에 이용객 수와 요금이 정해지면 각종 모임이나 파티시 이용하는 뷔페식당은 말한다. tip 1. 특급호텔의 경우 클로즈드 뷔페를 이용 시 통상 최소인원은 50명정도, 이용가격은 1인당 5만 원 정도부터 이용이 가능하다. (결혼식, 약혼식, 돌잔치, 백일잔치, 연말파티, 사은회, 동창회 등)

2. 식사시간에 의한 분류

1) 아침식사(조식)

일반적으로 아침식사(Breakfast)라고 하면 식당에서 판매하는 아침식사의 정식 메뉴이다. 양식의 아침식사에는 다음과 같은 종류가 있다.

(1) 미국식 조식(American Breakfast)

계란요리와 주스(Juice), 토스트(Toast), 커피(Coffee)를 위시해서 핫케익(Hot Cake), 햄(Ham), 베이컨(Bacon), 소시지(Sausage), 콘플레이크(Cornflake), 우유 등을 선택하여 먹는 식사이다.

– 미국식 조식 : ①주스류 ②곡물요리 ③달걀요리 ④빵 ⑤커피, 티

미국식 조식

(2) 대륙식 조식(Continental Breakfast)

대륙식 조식 이라고도 하는 유럽에서 성행하고 있는 아침식사 형태로서 달걀요리가 제공되지 않고 주스, 빵, 커피 정도로 간단히 먹는 아침식사를 말한다.

대륙식 조식

(3) 비엔나식 조식(Vienna Breakfast)

계란요리와 롤(Roll) 정도에 커피가 제공되는 식사를 말한다.

(4) 영국식 조식(English Breakfast)

대륙식과 구별하여 잉글리시 조식이라 하며, 미국식 조식에서 생선요리가 추가된 식사이다.

(5) 헬스조식(Health Breakfast)

현대인들의 생활양식이 변함에 따라 건강식으로 만드는 식사이다.

성인병 예방을 위한 미네랄과 비타민이 풍부한 고단백질 저지방인 식품으로 구성한 것으로 저지방 우유, 화이트 스크램블, 생선요리, 생과일 주스, 플레인 요구르트, 과일, 빵, 커피와 같은 아이템들로 구성된다.

2) 브런치

대륙식 조식이라고도 하는 유럽에서 성행하고 있는 아침식사 형태로서 달걀요리가 제공되지 않고 주스, 빵, 커피 정도로 간단히 먹는 아침식사를 말한다.

Tip

특급호텔의 경우 양식당에서 주로 토,일요일 오전 10:30~2:30 에 이루어지고 있다. 이용 가격은 점심 뷔페가격정도이다.

3) 런치와 런천

런치와 런천은 점심을 뜻하는데, 영국사회에서는 아침과 저녁사이에 먹는 식사를 런천이라고 말하며, 미국사회에서는 아침과 저녁사이에 먹는 식사를 말한다.

4) 애프터눈 티

영국의 전통적인 식사습관으로서 밀크티나 멜바토스트를 함께 하여 점심과 저녁사이에 먹는 간식을 말한다.

Tip

특급호텔의 경우 1층에 위치한 lobby lounge에서 오후 3시경부터 이루어지고 있다.
주로 각종 차 종류와 샌드위치, 쿠키, 과일 정도가 뷔페로 차려져 있다.

5) 저녁

저녁식사를 뜻하는데 저녁식사는 세계적인 식생활 습관에 따라 충분한 시간을 가지고 내용적으로 충분한 식사를 즐긴다. 일반적으로 4~6코스의 요리가 제공된다.

6) 만찬

원래 격식 높은 정식 만찬(Supper)이었으나, 이것이 변화되어 최근에는 늦은 저녁에 먹는 간단한 밤참으 의미로 사용되고 있다.

3. 특별 메뉴(Daily Special Menu ; Carte du Jour)

특별 메뉴는 원칙적으로 매일 시장에서 특별한 재료를 구입하여 주방장이 최고의 기술을 발휘함으로써 고객의 식욕을 돋우게 하는 메뉴이다. 이것은 기념일, 명절과 같은 특별한 날이나 장소에 따라 감각에 어울리는 특별한 메뉴이다. 계절에 따른 계절 메뉴(Seasonal Menu)도 있다.

4. 메뉴의 변화에 의한 분류

1) 고정 메뉴(Static Menu)

고정메뉴는 정식요리 메뉴, 일품요리 메뉴, 그리고 콤비네이션 메뉴를 모두 포함하는 것으로 고객에게 제공될 아이템을 메뉴상에 인쇄하여 일정기간동안 같은 아이템을 반복하여 제공하는 메뉴를 말한다, 매일 변화하지 않는 메뉴로서 정기 메뉴(full-time menu)라고도 한다.

고정메뉴의 특징은 다음과 같다.

*** 높은 생산성과 재고감소 및 원가 절감**

주어진 기간 동안 같은 메뉴만을 반복하여 사용하기 때문에 원가가 절감되고 생산성이 높아진다.

즉, 같은 아이템을 반복하여 제공하기 때문에 구매와 저장 그리고 생산지점(주방)의 관리가 용이하여 원가가 절감되고 생산성이 높아지게 된다.

*** 용이한 메뉴의 관리**

일정 기간 동안 같은 메뉴만을 반복하여 제공하기 때문에 메뉴의 관리가 용이하다.

*** 신속한 생산, 서비스로 인한 높은 좌석회전율의 가능성**

일정기간 동안 같은 아이템만을 생산하고 서빙하기 때문에 쉽게 숙달될 수 있어 빠른 서비스가 가능하다.

*** 원가와 음식 패턴의 변화에 유연성 있게 대처할 수 없다.**

인쇄된 같은 메뉴를 일정 기간 동안 반복하여 제공하기 때문에 원가의 상승으로 인한 가격변화와 고객의 기호를 시의적절하게 반영하지 못한다. 그러나 이러한 문제는 특별메뉴의 형태를 빌어 쉽게 해결 할 수 있다.

2) 사이클 메뉴(Cycle Menu)

특정기간(계절별, 분기별)을 주기로 하여 교체하고 적용하는 메뉴로 순환적 메뉴(Revolving Menu)라고도 한다.

여러 호텔 레스토랑, 외식업체 및 단체급식을 취급하는 카페테리아, 병원, 구내식당, 군대 등에서 이용하고 있다.

사이클 메뉴의 특징은 다음과 같다.

- 계절별, 월별, 일별로 변화 가능하고, 잔여음식의 처리가 용이하다.
- 새로운 메뉴 아이디어 시장의 무한한 잠재력이 있다.
- 메뉴의 권태로움이 없다.
- 고정 메뉴 계획 후 메뉴 개발에 많은 시간을 투자할 필요가 없다.
- 주방기기의 효율적 사용이 가능하다.
- 고도의 숙련된 인력이 필요하다.
- 노동비가 증가된다.
- 메뉴 인쇄비 및 잡비용이 증가한다.
- 재고 및 재고사항이 증가하고, 통제력이 결여된다.

제4절 메뉴의 계획

메뉴계획이란 식당의 기본적이고 핵심적인 판매물인 메뉴를 기본으로 하여 고객만족을 통한 이익의 극대화라는 조직의 목표를 달성할 수 있도록 준비하는 일련의 기획과정을 의미하며, 이를 위하여 업종 및 업태별 특성과 영업방법에 따라 고객에게 제공 되어지는 음식의 종류와 가격을 결정하는 과정을 거치게 된다.

또한, 메뉴계획은 레스토랑의 성공적인 운영을 위해 레스토랑을 관리하는 관리자가 관리하여야 할 가장 중요한 관리대상 중의 하나이다. 그러므로 메뉴는 고객의 필요와 욕구를 충족시키고 조직의 목표를 달성할 수 있도록 계획, 관리되어야 한다.

일반적으로 사용되는 메뉴계획이란 어디서, 누구에게, 무엇을, 어디서 구매하여, 얼마나 다양하게, 어떻게 조리하여, 언제, 얼마의 가격에, 얼마나, 어떻게 제공하여야 하는가 등을 고려하여 고객이 원하는 아이템, 조직의 목표를 달성할 수 있는 가장 이상적인 아이템과 아이템의 수, 그리고 다양성을 결정하는 것이다.

1. 메뉴 개발 시 고려할 사항

(1) 고객의 욕구 파악

메뉴가 누구를 대상으로 계획되고 있으며, 그들이 좋아하는 것은 무엇인가를 분석해야 한다. 그러기 위해서는 시장조사가 선행되어야 할 것이다.

(2) 원가와 수익성

아무리 훌륭한 메뉴라 할지라도 지나치게 높은 원가로 인하여 이용고객에게 부담이 클 경우 그 메뉴는 효율성이 떨어지게 된다. 원가의 목표율을 염두에 두고 계획함으로써 적절한 이윤과 매출을 동시에 얻을 수 있을 것이다.

(3) 식재료 구입

메뉴계획자는 메뉴에 사용되는 식재료를 파악하고 구입이 가능한 품목과 재고량을 활용하도록 하며, 구매자는 시장조건에 대한 정보를 메뉴 계획자에게 제공하여야 한다.

구매자는 시장정보를 받아 계획하여야 한다.

(4) 조리기구 및 식당의 수용능력

메뉴 계획 시 계획자는 주방에서 사용 가능한 기구와 시설, 인력 등을 감안하여 계획을 세우도록 한다.

(5) 다양성과 매력성

음식의 다양성은 색깔, 모양, 구조, 향기, 온도 등의 특성을 이용하여 조리방법을 다양하게 변화시켜 여러 가지 방법으로 조리한다. 야채를 곁들이거나 육류와 조화 있게 조리해서 고객의 선택 폭을 넓히기 위해 다양한 품목을 개발하여 호기심과 식욕을 돋울 수 있는 매력이 있어야 한다.

(6) 영양적 요소

영양에 대한 고객들의 관심이 높아지므로, 기본적인 영양소 탄수화물, 단백질, 지방, 무기질, 섬유소 등을 골고루 갖춘 균형있는 식사가 되도록 계획한다.

(7) 예산

메뉴계획자는 메뉴계획 시 반드시 예산을 인지해야 한다. 그렇지 못할 경우 이익을 창출 할 수 없으며 예산범위 내로 생산가를 낮추지 않으면 비용을 최소화 할 수 없다.

(8) 인력

종업원의 수나 조리능력은 어떤 메뉴상품을 사용 할 것인가를 결정하는데 미리 전제되어야 한다. 메뉴계획자가 조리사의 능력을 초과한 품목을 메뉴상품화 할 경우 많은 문제점이 발생 될 수 있다.

(9) 음식 수준의 기준

모든 메뉴품목은 레스토랑 운영기준에 적합하여야 한다. 메뉴계획자는 적절한 질(quality)을 유지하여 준비 할 수 없는 아이템이 메뉴에 포함되지 않도록 하여야 한다.

(10) 저장고 및 재고상황

충분한 저장 공간이 필요하며, 메뉴계획 과정에서 공급시장의 상황과 저장고의 재고상황을 반드시 고려해야 한다.

이 외에 업소의 형태, 위치, 경쟁업소의 메뉴파악 역시 메뉴계획 시 고려해야 한다.
일반 레스토랑, 카페테리아, 그릴, 휴게소 식당 등과 같이 각기 다른 고객층을 수용하게 되는 각각의 본질적인 특성 및 입지적인 차이점 또한 메뉴계획 시 고려해야 하는 사항들이다.

2. 메뉴 작성 시 기본원칙

메뉴작성은 일반적으로 요리장에 의해 이루어질 수도 있고, 식음료 제품의 공급과 고객만족이라는 마케팅 차원에서 메뉴 개발조직에 위해 전략적으로 이루어질 수도 있다. 이러한 경우 메뉴 개발조직은 마케팅 부서장, 객장 지배인, 주방장, 원가 관리자, 식자재 구매 부서장으로 구성된다.

마케팅 부서장은 이 조직의 책임과 역할을 맡으며, 신메뉴 개발의 필요성 제기부터 메뉴의 완성, 상품의 촉진까지 모든 부분을 책임지고 이끌어 나아가야 한다.

객장 지배인은 고객의 욕구와 기호가 어떻게 변화하고 있는가를 가장 잘 파악하고 있어 이에 대한 조언이 필요하고, 주방장은 조리사의 문제점에 대해서 조언을 할 수 있고, 원가 관리자는 원가계산으로 그 메뉴 품목의 상업성 여부를 판단할 수 있으며, 식자재 구매 부서장은 식자재의 원할한 수급과 가격 안정성에 대하여 조언을 할 수 있다.

즉, 메뉴 개발은 레스토랑의 영업유형이나, 입지조건, 고객의 욕구 등 다양한 요소에 의해 영향을 받는다는 측면에서 마케팅 요소를 고려하여 고객만족과 원가절감의 차원에서 세심한 주의가 요구된다. 다음은 메뉴를 개발할 때 고려해야 할 원칙이다.

- 같은 재료의 요리를 중복시키지 않는다.
- 같은 색의 요리를 반복시키지 않는다.
- 비슷한 소스(Sauce)를 중복해서 사용하지 않는다.
- 같은 조리방법을 두 가지 이상의 요리에 사용하지 않는다.
- 요리 제공의 순서는 경식(輕食)에서 중식(重食)순으로 한다.
- 요리와 곁들여지는 재료(Garniture)와의 배합과 배색에 유의한다.
- 계절과 용도별 성격, 특산물 등을 고려하여 작성한다.
- 메뉴의 표기문자는 요리의 내용에 따른 각국의 고유문자를 사용하나, 양식인 경우 불어표기를 원칙으로 하며 나라명, 지방명, 사람의 이름 등 고유명사는 대문자로 표기한다.
- 영양적으로 균형있게 메뉴를 구성한다.

3. 메뉴 개발방법

메뉴 개발은 식음료와 조리방법, 서비스 방법 등에 대한 지식만 요구되는 것이 아니라 음식에 대한 이해와 영양가, 디자인, 색상감각, 심지어 경영관리 감각, 특히 마케팅 감각까지도 필요로 한다.

메뉴상품 개발과정 모형은 다음과 같다.

* 아이디어 채택과정 – 상품개발과정 – 시장도입과정

아이디어 채택과정	시장기회의 탐색– 목표시장 분석– 기존상품분석 – 아이디어 창출, 채택– 메뉴상품전략 개발 – 수요예측, 정보수집
상품개발과정	메뉴상품의 설계 – 식자재 제공자와 협상– 마케팅믹스 전략 수립
시장도입과정	시장테스트– 상품화– 출시

현대의 식음료 경영은 과거와는 달리 고객만족에서 한걸음 나아가 고객 감동을 필요로 하는 시기이다. 때문에 고객의 욕구에 맞는 메뉴가 계획되어야 한다. 그 다음 원가, 이미지, 구입 불가능한 식재료, 부적절한 조리기구, 부적절한 조리기술 및 조리사, 품질유지의 어려움 등을 고려하여 최대한 고객의 욕구를 만족시키는 방향으로 나아가야 한다.

CHAPTER 10

레스토랑의 종류와 서비스

제10장
레스토랑의 종류와 서비스

Hotel & Restaurant
Food & Beverage Service

1. 프랑스 식당(French Restaurant)

1) 프랑스 요리의 개요

1550년 이탈리아 메디치가의 공주가 프랑스 Henri 2세에게 시집오면서 데리고 온 궁중요리사들에 의해 요리기술이 프랑스 요리사들에게 전파되면서 새로운 발전을 이루게 되었다. 17세기 말에는 차, 커피, 코코아, 아이스크림의 출현과 샴페인이 발명되었으며, 프랑스 요리는 서양요리를 대표하는 요리로 세계적인 요리로 발전되었다. 지형적으로 유럽의 중심에 위치하여 문화의 교류가 활발하였고, 풍부한 식재료와 포도주의 제조기술의 발달로 음식문화의 발전에 중요한 요소가 되었다.

프랑스 요리의 특징은 수백종에 이르는 와인(Wine)과 리큐어(Liqueur)등을 이용한 수없이 많은 소스의 종류를 사용하여 요리의 맛을 내며, 가급적 재료의 순수한 맛과 영양을 그대로 살릴 수 있는 조리법을 개발하였다.

2) 프랑스 식당서비스

(1) Flambee Service

Flambee란 조리하고자 하는 생선, 고기, 과일 등의 좋지 않은 냄새를 제거하고 술의 향을 가미하여 음식의 향과 맛을 좋게 하고, 고객의 앞에서 조리하는 방법으로 Pan에 술을 부어 술에 함유된 알코올을 점화시켜 불꽃 Showing을 하는 것을 말한다. 조리방법의 예를 들어본다.

* Lobster Bisque Flambee

① Burner에 pan을 가열한 후 버터를 녹인다.
② Lobster Meat를 넣고 살짝 익힌 다음 pan을 몸쪽으로 당기고 Brandy를 팬 가장자리에 1oz정도 부어 Flambee한다.
③ 불을 약하게 조절한 후 다진 양파를 넣고 Saute한 다음 Mushroom과 피망을 넣고 같이 Saute한다.
④ Flambee 할 때에는 Burner의 불꽃이 Brandy에 빨리 접촉되도록 pan을 약간 들어서 기울인다.
⑤ Lobster Bisque를 넣고 끓을 때까지 천천히 저으며 맛을 확인하고 소금과 후추로 간을 한다.
⑥ 조리가 끝나면 먼저 불을 끄고 준비된 뜨거운 Soup Bowl에 8부 정도 담은 후 Wipped Cream을 1 tea spoon 얹고 Sesame과 paprica를 띄워서 서브한다.
⑦ Flambee 할 때에는 술을 많이 넣으면 맛을 잃게 되므로 적정량 넣는다.

* 카빙(Carving) 서비스

주방에서 준비된 요리를 고객의 테이블 앞으로 운반하여 Cart에 준비된 접시에 음식이 식지 않도록 올려 놓고, 고객의 요리를 쉽게 먹을 수 있도록 Carving Knife와 Fork, Serving Gear를 이용하여 생선의 뼈와 껍질 등을 제거하고 큰 덩어리의 음식을 잘라서 뜨거운 접시에 담아 제공한다.

카빙 서비스 방법

가. 넙치(Sole Meunier)

① 머리를 왼쪽으로 향하게 놓고 머리 부분을 Serving Spoon으로 누른 후 Serving Fork로 머리를 잘라내고 잘라낸 머리 부분을 따로 준비한 Side Plate에 옮긴다.
② Fork 뒷면으로 Sole을 고정시키고 양옆에 붙어 있는 뼈를 완전히 제거하고 잘라낸 뼈들은 Side Plate에 옮긴다.
③ 포크로 생선을 누르고 Serving Spoon으로 중심뼈를 따라서 금을 긋는다.
④ 뼈를 떼어내기 위해 윗부분의 살을 양쪽으로 벌린다.

⑤ 포크로 꼬리부분을 고정시키고 중심뼈와 밑쪽의 살 사이에 스푼을 넣어 머리쪽에서 꼬리부분까지 뼈와 살을 분리시킨다.
⑥ 스푼과 포크로 뼈를 절단하여 Side Plate에 옮긴다.
⑦ 준비된 뜨거운 접시에 형태에 맞추어 담고 머리부분이 고객의 왼쪽으로 오도록 하여 레몬과 함께 서브한다.

나. 양갈비 구이(Rock of Lamb)

① 갈비뼈 사이를 포크로 찔러서 덩어리를 고정시키고 살있는 부분을 고객쪽으로 향하게 하여 뼈와 뼈사이를 한 토막씩 자른다.
② 마지막 갈비뼈 사이에 포크로 찌르고 토막을 낸다. 덜 익었을 때에는 준비된 pan에 Gear를 이용하여 알맞게 굽는다.
③ 준비된 뜨거운 접시에 보기 좋게 담아 놓고 Mint Jelly를 함께 제공한다.

다. 연어 구이(Steak of Grilled Salmon)

① Salmon의 배 부분이 접시 왼쪽으로 향하게 놓고 스푼으로 살을 고정시키고 포크를 껍질 사이에 끼운다.
② 포크 창을 돌려가면서 껍질을 감아 제거한다.
③ Service Gear로 몸통 중간의 뼈를 제거한다.
④ 준비된 뜨거운 접시에 형태로 담고 레몬과 같이 제공한다.

라. 안심 스테이크(Filet)

① 고기의 결에 따라 고기즙이 빠지지 않도록 자른다.
② 주문한 온도보다 덜 익었을 경우에는 준비된 pan에 도마를 놓고 뒤집으면서 알맞게 굽는다.
③ 알맞게 익은 스테이크는 준비된 뜨거운 접시에 담고 소스와 같이 서브한다.

2. 이탈리아 식당(Italian Restaurant)

1) 이탈리아 요리의 개요

이탈리아는 반도 국가로 우리나라와 지형이 비슷하여 산이 많아 목축지가 많고 쌀, 보리, 밀, 옥수수 등이 주로 생산된다. 이 나라는 북부와 남부로 나누어서 요리를 구별할 수 있는데, 남부지방에서 생산되는 밀은 pasta의 좋은 원료로 사용되며, 옥수수를 이용한 polenta와 쌀을 이용한 risotto는 북부 지방의 대표적인 요리이다.

또한 북부지방은 강과 바다에서 잡은 각종 어물과 갑각류 등으로 만든 생선요리와 포도주와 양념을 이용한 육류요리가 다양하다. Campania지방의 유명한 Napoles는 남부지방의 중심지로 세계적으로 널리 알려진 Pizza요리가 유명하다. 북쪽지방의 pasta요는 변형하지 않고 넓적한 모양으로 만들어서 버터에 익히는 반면에, 남부 지방은 향신료를 많이 쓰고 올리브유를 이용한다.

2) 메뉴구성

(1) 피자(Pizza)

피자는 Napoles 사람들이 빵을 만들고 남은 반죽을 이용하여 만들어졌다. 토마토소스와 여러 가지 야채, 치즈를 넣고 벽돌로 된 오븐에 장작을 피워 구웠으나 현재는 전기오븐에 넣어 구워낸다. 반죽의 두께는 0.5~1cm 정도가 적당하며 내용물이 반죽밖으로 흘러나오지 않도록 만들고 치즈가 완전히 녹을 때까지 굽는다. 이탈리아의 가장 대중적이며 세계적으로 알려진 유명한 요리이다.

(2) 파스타(Pasta & Pane)

파스타는 Drum Wheat(밀)로 만들며 씨눈을 이용한다. 파스타의 요리중 세계적으로 유명한 것은 스파게티(Spaghetti), 마카로니(Macaroni), 카넬로니(Canelloni), 라쟈냐(Rasagne), 라비올리(Ravioli) 등이 있다.

① 라자냐(Lasagne)

밀가루 반죽에 곱게 간 시금치를 넣고 얇게 밀어서 정사각형으로 잘라 삶아서 소스와 함께 제공한다.

② 라비올리(Ravioli)

잘라서 양념한 고기를 밀가루 반죽으로 싸서 고기 단자로 만들어 토마토 소스와 치즈를 뿌려 오븐에 익히는 만두요리이다.

③ Pane(Bread)

밀과 이스트만을 사용하여 만들은 바게트 빵으로 소금과 버터를 전혀 쓰지 않고 만들어 요리와 함께 먹는다.

④ 리조토(Risotto)

쌀을 이용한 요리로 버터에 쌀을 볶은 다음 뜨거운 수프를 넣어 익혀서 만든다.

⑤ 뇨끼(Gnocchi)

감자, 밀가루, 옥수수가루를 분쇄하여 계란 밀가루에 반죽하여 모양 있게 잘라서 끓는 물에 삶거나 튀겨서 소스와 치즈를 곁들여 제공한다.

⑥ 폴렌타(Polenta)

옥수수가루를 이용하여 빽빽해질 때까지 끓여서 식힌 다음 튀기거나 요리해서 소스와 제공한다.

⑦ Antipasti(Appetizer)

해산물을 이용한 절임, 다진고기를 소스와 버무린 육회, 햄, 살라미를 주재료로 한 요리이다.

⑧ Insalate(Salad)

야채샐러드 종류이며 특이한 것으로는 밥, 닭고기, 야채를 혼합한 Chicken & Rice Salad 등 주요리로 제공되는 것도 있다.

⑨ Zupa(Soup)

이탈리아에서는 수프를 파스타 요리와 함께 제공하지 않는데, 이유는 파스타를 이용하여 수프를 만들기 때문이다. 수프의 종류에는 Dumbling(아무것도 넣지 않은 수프), 계란 노른자를 넣은 Consomme와 소고기와 닭을 재료로 야채, 살, 파스트 등과 함께 만든 수프

등 다양하다.

생선수프를 제외한 모든 수프에 Pamrmesan Cheese를 뿌려서 먹는다.

- 야채수프 : Zuppa di Verdura
- 크림수프 : Zuppa di Panna
- 생선수프 : Zuppa di Pesco이라고 한다.

⑩ Carme(Meat)

이탈리아에서 가장 인기있는 육류는 송아지요리(Vitello da latte)로 6~9개월 된 것으로 로스트해서 먹는다. 어린양을 꼬챙이에 끼워 굽는 요리(Abbacchio), 마디를 잘라서 조리하는(Young Lamb Joint) 요리가 유명하다. 그밖의 돼지, 닭, 오리, 거위, 칠면조 요리가 있다.

⑪ Vegetale(Vegetable)

이탈리아 야채요리(샐러드)에 사용하는 양상치와 비슷한 Radicchio로 만든다. 또한 야생 양송이(Funghi)와 송로과 버섯(Truffle)을 많이 쓴다.

⑫ 식후 음료(After Dinner Drink)

식후로는 주로 그라빠(Grappa)와 삼부카(Sambuca)를 마시며 Sambuca를 서브할 때에는 Cordinal Glass에 커피Bean을 서너게 띄운 다음 불을 붙여서 제공한다.

3. 일식당(Japanese Restaurant)

1) 일본요리의 특성

어패류를 재료로 하는 요리가 발달하였고 날것으로 먹는 생식 요리가 발달하였으며, 조리법도 재료가 갖고 있는 맛을 최대한 살릴 수 있는 조리법을 사용하였다. 계절감과 요리담는 식기의 기물이 다항하고 예술적이며 시각적으로 색상의 조화를 중요시한다. 또한 요리의 양이 적다.

사시미

2) 일식요리의 분류

형식에 따라 본선요리(本膳料理), 회석요리(懷席料理), 차회석요리(茶懷石料理), 정진요리(精進料理), 보채요리(普茱料理) 등으로 분류할 수 있다.

*** 혼젠요리(본선요리 ; 本膳料理)**

상이 화려하여 정식 향연요리에 이용하고 격식을 차려야 할 중대한 연회나 혼례요리 등에 이용한다.

*** 가이세끼요리(회석요리 ; 懷席料理)**

연회석에서 차리는 요리로 음식을 한꺼번에 내놓는 것이 아니라 손님이 먹는 속도에 따라 한 가지씩 제공하는 형식이다. 요리의 구성은 삼채(三菜)부터 시작하고, 오채(五菜)가 되면 즙물(汁物)은 삼즙(三汁)이 되며 칠채, 구채, 십일채(十一菜) 등의 홀수로 증가된다. 밥은 채(菜)의 가짓수에 포함되지 않는다.

*** 차가이세끼요리(차회석요리 ; 茶懷石料理)**

다도에서 나온 요리로서 차를 들기 전에 내는 요리를 말하며 양은 적지만 요리의 과정이 까다롭다.

*** 쇼진요리(정진요리 ; 精進料理)**

쇼진요리는 동물성을 피하고 식물성인 채소류, 곡류, 두류를 이용해서 만들어진 국 또는 튀김을 말한다.

*** 후까요리(보채요리 ; 普茱料理)**

황벽산 만복사의 법주였던 중이 중국에서 찾아오는 선송승을 대접하기 위해 정진요리를 중국식으로 조리했던 것으로 아직도 남아있다.

4. 중식당(Chinese Restaurant)

1) 중국요리의 특성

중국 대륙에서 발달한 중국요리는 일명 청요리라고도 한다. 풍부하고 다양한 식재료의 선택이 광범위하게 이용, 맛의 다양성, 풍부한 영양, 손쉽고 합리적인 조리법으로 조리

법이 다양하다. 조리기구는 간단하고 사용하기가 쉬우며 기름을 합리적으로 많이 이용하여 볶거나 지지거나 튀기는 요리가 많다. 또한 조미료와 향신료의 종류가 풍부하며 음식의 모양이 화려하고 풍요롭다. 광대한 영토에서 생산되는 다양한 식재료를 바탕으로 수천년 역사 속에서 음식문화의 한 분야로 발전하여 세계적으로 환영받는 요리가 되었다. 또한 넓은 영토를 지닌 중국은 지역적으로 북경요리(北京料理), 남경요리(南京料理), 광동요리(廣東料理), 사천요리(四川料理)로 구분된다.

2) 중국요리의 분류

*** 북경요리(北京料理)**

일명 징차이라고도 하며 베이징을 서쪽으로 타이완까지의 요리를 포함한다. 육류를 중심으로 강한 화력을 이용한 튀김요리와 볶음요리가 특징이며, 오리 통구이인 카오찌이징야쯔와 징기스칸 구이인 카오양로우가 대표적인 요리이다.

*** 남경요리(南京料理)**

중국 중부의 요리로 난징, 상하이, 수쪼우, 양조우 등지의 요리를 말하며 남경요리중 국제적으로 발전한 것은 상하이 요리라 할 수 있다. 장유를 써서 요리를 만들며 간장이나 설탕을 써서 달콤하게 맛을 내며 기름기가 많은 것이 특징이다.

*** 광동요리(廣東料理)**

중국 남부의 요리를 대표하는 광동요리는 광주요리, 복건요리, 조주요리, 동강요리 등이 있으며 흔히 난차이라고 하는데, 광주요리는 재료가 가지고 있는 자연의 맛을 잘 살려서 담백하게 요리하는 것이 특징이다.

*** 사천요리(四川料理)**

사천요리에는 윈난, 꾸에이조우 지방 요리를 총칭한다. 사천지방은 더위와 추위가 심하여 향신료를 많이 쓴 요리가 발달했으며 매운 요리와 마늘, 파, 고추를 사용하는 요리가 많으며 소금에 절인 식품과 말린 식품 등 보존식품이 발달하였다.

5. 룸서비스(Room Service)

1) 룸서비스의 특징

대상이 투숙 고객이므로 24시간 영업하는 것이 특징이며 고객이 주문시 직접 객실까지 운반 서브한다. 주문은 주로 오더 테이커(order taker)가 전화를 통하여 주문을 받아 제공하지만 도어 놉 메뉴에 의해서도 주문되기도 한다.

룸서비스 메뉴는 한식, 일식, 양식, 이탈리아식으로 구성되며 아침 및 야외 도시락은 예약이 가능하다. 야외 도시락은 2시간 전에 주문이 되어야 한다. 외부로부터 과일, 케이크, 음료 등을 주문받아 객실에 제공이 가능하며, 객실에서 칵테일 파티 Bar–Set up이 가능하다. 룸서비스의 형태는 Cart, Tray, VIP Service 등으로 구분할 수 있다.

2) 주문 접수

(1) 전화 주문의 경우

전화벨이 울리면 먼저 감사의 말과 업장의 이름을 밝히고 용건을 듣고 객실번호를 확인하여 기록하고 주문을 받도록 하며 주문이 끝나면 반드시 주문을 반복한 다음 이상이 없는지 확인하고 조리시간을 알려준다. 판매자는 메뉴의 내용과 음료목록, 와인목록에 대한 충분한 지식과 손님의 주문에 대한 적절한 추천을 할 수 있도록 식음료의 해박한 지식과 정보에 밝아야 한다. 통화 시 친절하고 예절바르게 받으며 주문내용은 빠짐없이 Order Sheet에 기록되어져야 한다. 손님이 수화기를 먼저 놓은 다음 수화기를 놓는다. 빠뻔 시간대에 오더테이커는 시간을 적절히 조정하여 서브할 수 있는 시간의 여유를 준다.

(2) 도어 놉 메뉴(Door Knop Menu)에 의한 주문인 경우

투숙객이 다음날 아침 정확한 시간에 식사를 할 수 있도록 각 객실에 비치되어 있는 문걸이형 MENU를 말한다. 객실에 비치된 도어 놉 메뉴를 이용하여 손님이 원하는 시간, 품목을 표기하여 Door Knop에 걸어놓으면 이를 룸서비스 직원이 수거하여 오더테이커가 시간별로 분류하여 Bill을 작성한다.

3) Tray & Trolley 준비

주문에 맞게 트레이 및 트롤리를 선정하고 Set up 한다. Trolley 상태점검과 냅킨과 테이블 크로스, 기물의 상태를 확인한다. 주문받은 내용과 준비된 식사가 정확한지와 손님의 이름을 확인한다.

- 트롤리가 부드럽게 움직이는지, Hot Box의 이상유무를 확인한다.
- Under Cloth를 깔고 가운데 꽃병을 놓는다.
- Salt & Pepper를 중심부분에 놓는다.
- 뜨거운 커피나 차는 보온용기에 넣어서 Setting의 오른편에 놓는다. 1인분의 커피는 3잔 분량, 1인분의 차는 2개의 Tea bag을 서브한다.
- 음식은 찬 음식부터 준비한다.
- 모든 음식은 Food Cover를 씌워서 먼지 등이 들어가지 않게 한다.
- 조심스럽고 안전하게 운반하며 엘리베이터를 사용할 때에는 음식물이 흔들리지 않도록 주의한다.

4) 룸에서의 Service

- Knock는 조용히 두세 번 두드린다. 시간에 맞게 인사를 하고 이름을 불러준 다음 들어가도 좋은지 물어본다.
- 주문한 것에 대한 약간의 설명을 하고 맞는지를 확인하고 커피와 차를 먼저 드실 것을 여쭈어 보고 원하면 따라 드린다.
- Bill에 Sign을 받고 "맛있게 드세요"라고 말한 후 식사가 끝나면 전화를 달라는 말과 좋은 하루가 되기를 바란다는 인사를 한 후에 나온다.
- 식사가 끝난 후 맛있게 드셨는지와 빈그릇은 언제 치우는 것이 좋은지 여쭈어 본다.

*** 빵(Bread)**

빵의 분류(빵의 무게로 분류한다)

- Bread : 빵의 무게 255g 이상의 빵으로 식빵(Plain Bread), Rye Bread, French Bread 등이 있다.
- Bun류 : 빵의 무게 60~255g으로 Hamburg, 샌드위치용, Hot dog Buns, Hamburg Buns 등이 있다.
- Roll : 빵의 무게 60g 이하고 Hard Roll, Soft Roll, Breakfast Roll 등

*** 커피숍에서 사용하는 빵**

- 토스트용 식빵(Toasted Bread)

- 호밀빵(Rye Bread)
- 프랜치 빵(French Bread)
- 크로아상(Croissant)
- 데니시 패스트리(Danish Pastry)
- 도넛(Doughnut)
- 잉글리시 머핀(English Muffin)
- 블루베리 머핀(Blueberry Muffin)
- 베이걸(Bagel)
- 브레이크퍼스트롤(Breakfast Roll)
- 저먼 하드롤(German Hard Roll)
- 핫 비스킷(Hot Biscuit)
- 팬케이크(Pancake)

* 주스

- Fresh Juice
- Can Juice

* 계란요리

1) Boiled Egg

- Soft Boiled Egg(미숙) : 끓는 물에 약 2와 1/2～3과 1/2분 정도 익힌 계란요리
- Medium Hard Boiled Egg(반숙)
- Hard Boiled Egg(완숙) : 끓는 물에 약 8～10분 익힌 계란요리

Tip

1. 주문을 받을 때 cooking 시간을 정확히 물어봐야 한다.(분, 초)
2. 호텔에서 식사 시 특히 미숙이나 반숙의 경우 작은 spoon을 이용, 계란의 한쪽 방향의 껍질을 살짝 두들겨 제거한 후 떠서 즐긴다.

2) 프라이(Fried Egg)

＊ Sunny Side−up

팬(pan)에서 계란을 깨서 한쪽 면만 익힌 계란요리

＊ Over Easy

팬에서 양면을 익히되 노른자는 익히지 않은 상태

＊ Over Medium

팬에서 양면을 익히되 노른자를 약간 익히는 상태

＊ Over hard

팬에서 양면을 익히는 것으로 노른자까지 익히는 상태

3) 포치드(Poached Egg)

소금과 식초를 넣은 끓는 물에 계란을 넣어서 익히는 방법(Soft, Hard)

4) 스크램블(Scrambled Egg)

노른자와 흰자를 섞어서 철판 위에 붓고 휘저어서 익힌 요리

5) 오믈렛(Omelette)

노른자와 흰자를 섞어서 철판위에 붓고 그 위에 각종 야채나 치즈를 넣어서 말아서 익히는 요리 (컴비네이션 오믈렛, 야채 오믈렛, 치즈 오믈렛 등)

6) 에그 베네딕틴(Egg Benedictine)

토스트한 잉글리시 머핀위에 포치드 에그를 올리고, 홀렌다이저 소스를 끼얹어 살라만더로 색깔을 내는 요리

* Corned Beef Hash with Two Eggs Any Style

소고기의 질긴 부분을 소금에 절인 후 삶아서 잘게 다진후 감자, 양파, 샐러리를 넣고 요리하거나 토마토 페이스트를 넣어서 요리하는 방법도 있다.

* Tow Poached Eggs Benedictine

English Muffin 위에 Ham과 Chicken Meat를 얹고 그 위에 Poached Egg를 놓은 다음 Hallandise Sauce를 얹어서 낸다.

* 시리얼(Cereal)

- Hot Cereal : OatMeal(귀리죽), Cream of Wheat(밀죽), Cream beef(쇠고기죽)
- Cold Cereal : Corn Flakes(옥수수 낱알을 얇게 으깬 것), Rasin Bran(건포도와 밀기울을 섞은 것), Rice Crispies(쌀을 바삭바삭하게 튀긴 것), Shredded Wheat(밀을 조각낸 것)

*** 과일(Fruit)**

1) 신선한 과일(Fresh Fruit)

- Half Grapefruit(자몽 반쪽)
- Fresh Fruit in Season(계절과일) : 수박, 딸기, 참외, 감, 사과, 배, 오렌지, 머스크메론, 포도, 밀감, 키위

2) 통조림 과일(Can Fruit)

- Stewed Prune(서양자두), Figs(무화과), Peach(배), Pineapple(파인애플)
- Fruit Compote(Cocktail) 설탕에 과일 절인 것을 섞은 칵테일

*** 아침 음료**

- 커피 : 식사 주문 전에 먼저 제공하여 식사도중 더 원하면 제공한다.
- 홍차 : 작은 접시에 Tea bag en 개와 레몬 두 조각을 Sword Pick에 끼워서 제공한다.
- Hot Chocolate : 뜨거운 우유에 초콜릿 가루를 풀어서 쓴다.
- 인삼차 : 뜨거운 물이든 pot와 접시에 인삼차 2봉지와 꿀 2개를 담아 따로 제공한다.
- 우유
- 설록차
- 율무차

아침식사 서비스 방법

- 커피나 홍차는 식사 주문 전에 먼저 제공하여 메뉴를 보는 동안 커피를 즐길 수 있도록 한다.
- 아침 메뉴는 주스, 과일과 요구르트, 시리얼, 빵과 계란요리, 팬케이크 순으로 제공한다. 보통 과일과 요구르트, 빵과 계란 요리는 같이 서브하는 것이 좋다.
- 계란요리 주문 받을 때에는 Fried Egg의 굽는 정도와 Boiled Egg의 삶는 정도를 정확히 물어 실수가 없도록 한다.
- Omelet 계란요리는 Plain Omelet인지, 속재료(햄, 베이컨, 소시지)를 계란 속에 넣을 것인지 곁들일 것인지를 반드시 확인한다.

6. 연회서비스(Banquet Service)

1) 연회의 개념 및 특성

(1) 연회의 정의

연회란 국어사전에서 잔치, 연찬, 피로연과 같은 의미로 설명하고 "잔치"를 일컬어 기쁜 일이 있을 때에 음식을 차려놓고 여러 사람이 즐기는 일 또는 "축하, 위로 석별 등의 뜻을 표시하기 위하여 여러 사람이 모여 음주(飮酒)를 베풀고 가창무도(歌唱舞蹈) 등을 하는 일"이라고 정의하고 있다.

웹스터 사전(Webster Dictionary)의 정으로는 Banquet의 어원은 프랑스 고어인 "Banchetto"로 그 뜻은 '판사의 자리,' '연회'를 의미했었고 이 단어가 영어화 되면서 지금의 Banquet으로 되었다. 현대적 개념으로 "많은 사람들 혹은 어떠한 사람에게 경의를 표하거나 행사를 기념하기 위해 정성을 들이고 격식을 갖춘 식사가 제공되면서 행해지는 행사"라 하고 있다.

관광호텔 연회 매뉴얼의 정의에는 연회란 호텔 또는 식음료를 판매하는 시설을 갖춘 구별된 장소에서 2인 이상의 단체고객에게 식음료와 기타 부수적인 사항을 첨가하여 모임 본연의 목적을 달성할 수 있도록 하여 주고 그 응분의 대가를 수수하는 일련의 행위를 말한다. 이때 2인 이상의 단체 고객이란 동일한 목적을 위하여 참석하는 일행을 말하며 구별된 장소란 별도로 준비된 장소를 말한다. 부수적 사항이란 고객의 식사 이외의 목적을 달성하기 위한 행위 및 시설 등의 요구를 말한다.

(2) 호텔 연회서비스의 특성

옛날부터 궁궐이나 가정에서 각종 연회가 있었다. 특히 가정에서는 결혼, 회갑, 돌, 백일, 약혼식 등을 가정에서 음식을 장만하여 동네주민들과 손님을 청해 잔치를 벌였다.

회갑연이나 칠순잔치 축하연에는 명창들을 초청하여 가무(歌舞)를 즐기기도 했다. 1970년대까지만 해도 가정에서 이루어지던 잔치가 1970년도 이후 산업개발로 인해 도시화, 산업화, 핵가족화되어 감에 따라 점차 연회시설을 갖춘 호텔이나 규모 있는 식당등을 이용하기 시작하였다.

호텔 연회의 수요가 점차 증가됨에 따라 각 호텔의 연회부가 따로 독립된 부서로서의 기능을 맡고 있으며 연회만을 전문적으로 취급하는 호텔이 출현되고 있다. 무역과 관광으로 세계적인 국제행사, 각종회의, 세미나, 전시회, 개인이나 단체의 모임 등 다양한 연회행사를 치를 수 있는 장소로 발전되었다.

2) 연회의 분류

(1) 기능에 의한 분류

① 식사와 음료판매를 목적으로 한 연회

Breakfast, Luncheon, Dinner, Cocktail Party, Buffet, Tea Party

② 장소 판매를 목적으로 한 연회(Rental Charge)

Exhibition, Fashion Show, Seminar, Meeting, Conference, Symphosium, Press Meeting, Concert, 상품설명회, 강연, 간담회, 연주회

(2) 목적에 의한 분류

- 가족모임: 약혼식, 회갑연, 칠순, 금혼식, 돌잔치, 결혼피로연
- 회사행사 : 창립기념행사, 개점기념행사, 취임식, 사옥이전
- 학교관계행사 : 입학, 졸업축하 파티, 사은회, 동창회, 동문회
- 정부행사 : 외국 국빈의 영접 파티, 사은회, 동창회, 동문회
- 각종 협회행사 : 문인협회, 의사협회, 무역협회, 경제협회 등의 국제적 회의, 심포지엄, 정기총회
- 수상 파티 : 각종 시상식 행사
- 디너 쇼 : 식사와 함께 가수들의 노래와 쇼를 즐기는 것
- 기타 행사 : 소연회, 간담회, 각종 이벤트

(3) 시간별 분류

- 조찬 파티(Break fast Party) : 06:00~10:00
- 브런치 파티(Brunch Party) : 10:00~12:00
- 런치 파티(Lunch Party) : 12:00~15:00
- 디너 파티(Dinner Party) : 17:00~24:00
- 만찬 파티(Supper Party) : 22:00~24:00

3) 연회행사의 종류

연회의 성격과 특성에 따라 종류가 달라지며 국제적 행사의 경우 대규모인 경우가 많다. 그러므로 연회 담당자는 내용과 목적을 파악하여 업무에 필요한 준비와 서비스에 최선을 다해야 한다.

(1) 테이블서비스 파티(Table Service Party)

테이블서비스 파티는 정찬파티로 가장 정식연회로써 사교상 중요한 목적이 있을 때 개최하며 그 비용이 높다. 초대장을 보낼 때는 주빈이 연회의 목적과 성명을 기재하고 복장에 대한 명시를 제시할 수 있다. 정찬파티에는 예복을 입고 참석해야 한다. 특별히 복장에 대한 명시가 없으면 보통 정장을 한다.

연회가 결정되어 식순이 정해지고 참석자가 많을 경우 혼잡을 피하기 위해 연회장 입구에 좌석 배치도를 설치하여 둔다. 연회가 진행되어 후식을 제공한 뒤 주최자는 일어나서 인사말을 하게 되며, 인사말이 끝난 후 커피와 생과자를 서브하고 After Drink를 서브한다.

정찬 파티 Table Setting시 연회장의 크기, 참석인원, 연회의 목적에 따라 테이블의 배치를 해야 하며 좌석의 배열도 참석자의 지위, 연령 등 주최자와 사전에 충분히 협의하여 결정한다. 외국인일 경우 부인을 위주로 하며 대체로 그 방의 상석은 입구에서 가장 먼 내측이 상석이 된다.

(2) 칵테일 파티(Cocktail Party)

칵테일 파티는 각종 주류와 여러 가지 음료를 주제로 하고 오르되브르(Hors D'oeuvre)을 곁들이면서 서서 즐기는 형식으로 행하여지는 연회를 말한다. 칵테일 파티는 비용이 적게 들고 자유로이 이동하면서 대화를 나눌 수 있고 참석자의 복장이나 시간에 제한을 받지 않는 편리한 사교모임의 파티이다. 고객들은 연회장 입구에서 주최자와 인사를 나눈 다음 연회장 내에 차려 있는 칵테일이나 음료를 주문하여 받은 다음 손님들과 어울리게 된다.

서비스맨들은 준비되어 있는 음식과 음료가 많이 소비되어야 하므로 Self Service 형식이라도 고객 사이를 자주 다니면서 재주문 받도록 하며 여자 손님들은 음식 테이블에 자주 가지 않으므로 오르되브르 Tray를 자주 갖고 다니면서 서브한다.

(3) 뷔페 파티(Buffet Party)

① 스탠딩 뷔페(Standing Buffet)파티

양식, 한식, 일식, 중식을 포함한 여러 가지 음식들을 고객의 취향에 맞게 골라서 서서 먹을 수 있으며, 노인과 여자들을 위해 연회장 벽쪽으로 의자를 놓아 편의를 제공하기도 한다.

② 착석 뷔페(Sitting Buffet)파티

고객이 전부 앉을 만한 테이블과 의자를 갖추고 접시와 글라스, 포크, 나이프, 냅킨이 세팅되어야 한다. 음식을 가지런히 진열해 놓고 고객이 음식을 쉽게 가져올 수 있도록 주방요원을 확보해야 한다. 음식은 일정량을 내놓고 자주 채우는 것이 효과적이다.

(4) 출장연회(Outside Catering)

출장연회는 보통요리, 식기, 테이블, 비품, 글라스, 리넨 등 필요한 비품을 준비하여 고객이 원하는 장소에서 연회를 위해 모든 준비물을 운반하여 연회행사를 하는 것을 말한다.

출장전 책임자는 현장을 답사하여 모든 제반사항(규모, 주방시설, 전기시설, 차량대기장소, 엘리베이터 유무)을 점검, 파악하여 행사에 차질이 없도록 한다.

*** 옥외 파티(Entertaining in the Open Air)**

① 바비큐 파티(Barbecues Party) – 야외에서 스테이크류, 소시지, 치킨, 송어 등을 바비큐 하여 즐기는 파티이다.

② 피크닉 파티(Picnic Party) – 야외에서 가족이나 회사동료, 동창모임 등 다양하게 이루어지고 있는 파티이다.

③ 가든 파티(Garden Party) – 쾌적한 날씨를 택하여 정원이나 경관이 좋은 야외에서 칵테일리셉션, 뷔페 파티 등의 연회를 개최하는 것을 말한다.

④ 티 파티(Tea Party) – 티 파티는 칵테일 파티식으로 다과를 놓고 하는 경우와 Table Set-up하는 경우도 있다. 양과와 한과를 섞어서 하는 경우도 있고 양과만을 또는 한과만을 하는 경우도 있고, 음료는 찬 음료와 더운 음료(커피, 홍차, 인삼차 등)를 서브한다.

⑤ 가족파티(Family Party) – 가족의 행사모임을 편리하게 하기 위해 호텔에서 행사를 치르는 가정이 점점 증가하는 추세이다. 약혼식, 결혼식, 생일잔치, 돌잔치, 회갑연, 칠순잔치 등이 있다.

(5) 임대연회(Rental)

① 전시회(Exhibition)

무역, 교육, 산업 등 상품의 전시 및 판매를 위한 대규모 상품진열의 의미하며 회의도 수반하는 경우가 있다.

② 국제회의(Convention)

- Seminar : 교육을 목적으로 하는 회의로 인원수는 40명 내외이다.
- Work Shop : 새로운 기술이나 지식 습득을 위한 회의로 인원수가 30명 내외로 하는 회의이다.
- Clinic : 특정한 주제를 놓고 문제를 해결해 내는 훈련을 하는 소규모 회의 형식이다.
- Conference : 보편적 테마를 풀기 위한 회의 형식이다.
- Forum : 토론 내용이 자유롭고 문제의 평가나 의견교환을 하는 공개토론 형식의 회의이다.
- Symposium : 특정 주제를 놓고 연구 토론하는 전문가들의 모임이다.

Conference

- Panel : 정해진 2명의 연설자가 자기의 요점을 발표한 뒤 전문가들이 다시 토론하는 회의 형식이다.
- Lecture : 전문가들의 강의형식으로 질의 응답형식을 포함하는 모임이다.
- Institute : 학교식으로 가르치는 강습회 형식의 모임이다.
- Collogium : 주제를 놓고 여러 명이 공동으로 토의하는 형식의 모임이다.
- Convention : 국제적으로 열리는 실무회의로 대규모적인 회의이다.
- Congress : 국제적으로 열리는 실무회의로 대규모적인 회의이다.

Convention

③ 기타 문화, 예술, 공연, 체육행사, 패션쇼, 이벤트 등

4) 연회서비스 조직의 업무

연회부(Banquet)는 식음료부(F & B)에 속한다. 호텔연회부는 크게 연회를 판매하는 부문과 연회를 직접 서비스하는 부문, 그리고 연회 예약부문으로 구분할 수 있다. 각 호텔마다 조직은 조금씩 다를 수 있다.

(1) 연회서비스 조직의 업무

- 연회부 과장은 연회부 전반의 모든 운영과 관리, 종사원의 교육 및 인사관리에 책임을 진다.
- 연회부 지배인은 연회서비스의 책임자로서 행사에 필요한 행사준비, 고객서비스, 타부서간의 업무협조 등을 책임진다.
- 연회부 부지배인은 지배인을 보좌하고 종사원의 확보, 종사원의 배치, 식당 배열 및 서비스 계획을 작성하여 연회행사 준비를 확인, 감독한다.
- 캡틴은 연회행사에 따른 서비스 계획에 의하여 식탁 배열과 테이블 세팅, 고객서비스를 책임진다. 기물관리자는 각종 기물, 리넨류 등을 확보, 관리에 책임을 진다.
- 접객원(Waiter, Waitress)은 캡틴을 도와 식탁배열과 테이블 세팅을 하고 지정된 테이블의 고객 서비스를 담당한다.
- 버스보이(Busboy)는 접객원을 도와서 기물을 준비하고 정돈하고 고객서비스를 담당하며 행사 후 기물정리를 책임진다.

(2) 연회 예약

연회판매는 주로 판촉사원에게 의뢰하고 예약담당자는 정보제공, 서류정리, 지로작성 등을 주관하며 판촉사원과 상호 협력하여 예약업무에 착오가 없도록 한다. 예약시에 최상의 상품으로 판매될 수 있도록 충분한 상품의 지식과 친절한 태도로써 고객이 원하는 행사 요구에 필요한 제반사항을 확인하여 예약하는 기술이 필요하다.

연회예약에 필요한 서식류의 종류는 다음과 같다.

*** 예약업무 서식류**

구분	내용
연회예약 장부 (Control Chart)	예약받는 장부를 말하며 보통 1년간의 예약을 받을 수 있도록 예약에 필요한 요소와 연회장이 기록된 장부이다. 예약시 고객이 원하는 시간과 요구에 맞는 연회장의 유무를 반드시 확인하여야 한다. 기재는 반드시 연필로 하여 취소, 변경, 정정시 쉽게 지울 수 있도록 한다. 예약 접수일자, 시간, 주최자명, 인원수, 전화번호, 예약담당자 이름을 반드시 기록한다. 행사가 확정되면 C.D(Confirm, Definition), 미확정되면 T(Tentative)로 표시한다.
견적서 (Quotation)	소요비용을 산출해서 적는 서류
연회행사 통보서 (Event Order)	행사가 결정되면 예약장부를 확인하여 식사의 종류, 메뉴, 서비스방법, 가격, 인원수, 꽃 장식, Ice Carving, 음료, 임대료, 장식, Table Lay-out, 음향 및 조명, 지급조건 등의 기록이 적힌 서류로 관련부서에 통보해야 할 모든 내용이 빠짐없이 기록되어져야 한다. Event Order는 이별, 주별, 월별로 행사통보서를 작성하여 미리미리 계획하고 준비하도록 한다.
VIP 방문 통보서	VIP 참석 여부사항을 통보
가격안내문 (Price Information)	고객의 요구사항에 따라 가격이 결정되지만, 담당자는 고객에게 'Guarantee의 개념을 설명하고 가격을 결정한다.
각 층별 연회장 도면 (Floor Lay-out)	행사의 종류와 성격, 참석인원의 수, 테이블의 배치요구에 따라 연회장의 선택을 할 수 있도록 도면을 참조한다.

*** 예약접수와 준비과정**

- 예약접수(전화, 팩스, 고객내방, 판촉, 직원소개)
- Control Chart 확인하여 이용가능한 연회장 유무 확인
- 예약전표 작성하여 연회예약 대장에 기록
- 견적서 및 메뉴작성
- Event Order 작성 – Event Order 결재 – Event Order 각 부서로 배포
- 외부업무 발주(현수막, 차량, 무대장치, 음악, 연예인, 메뉴인쇄, 사진, VTR, 상차림)
- Chart실의 준비(Sign Board, Name Tag, Seating Arrangement, Place Card)
- Daily Event Order, VIP Report 작성 및 배부

- 연회 준비
  ① 요리 : 각 주방(양식, 한식, 중식, 일식)
  ② 음료 : Banquet Bar
  ③ 방송과 음향 : 전기실과 방송실
  ④ Ice Carving & Decoration : Art Room
  ⑤ Flower : 꽃방
  ⑥ Air Condition

*** 연회예약 접수시 유의사항**

연회예약이란 요금이 정해진 상품을 판매하는 것이 아니라 [연회]라는 상품을 창조하여 판매하는 것으로 예약시 다음 사항을 정확히 확인하여야 한다.

- 일시확인(Date, Time)
- 행사명(Name of Function)
- 주최자와 초청손님(Organizer and Guest Honer)
- 행사 성격(Type of Function)
- 참석 인원(Number of Guest)
- 1인당 예산(Price of per cover)
- 연회 장소(Banquet Room)
- 장식(Decoration)–RHc, Ice Carving, 기타
- 음식의 결정(Food and Beverage Menu)
- 식탁 및 좌석 배치(Table Arrangement)
- 최저지급보증 인정확인(Guaranteed Attendance)
- 연예인 사용여부(Entertainment)
- 기타 특별사항(Other Special Requirement)
- 지급 방법(The Way of Payment)
- 예약금 지급 여부(Deposit)

*** 연회 예약 접수 후에 처리해야 할 사항**

- 연회행사 계약서를 작성하여 쌍방이 서명하여 교환한다.
- 연회예약 접수명세서(Agreement)를 정확히 작성한다.

- 연회행사 지시서(Event Order)를 작성하여 관련부서에 보낸다.
- 예약사항 중 외부로 발주해야 될 것이 있으면 발주 시킨다.

5) 연회서비스

연회서비스는 연회의 성격과 종류에 따라 서비스의 방법이 달라지므로 연회서비스 계획을 세워 행사가 성공적으로 이루어질 수 있도록 해야 한다. 연회의 규모에 따른 서비스 인원의 배치에서 테이블의 배열, 진행순서, 요리의 서비스 방법 등을 점검하여 성공적인 행사가 되도록 한다.

(1) 서비스 인원의 확보

서비스 인원은 서비스 방법에 따라 다소 차이가 있으나, 숙련된 종사원이 접객할 수 있는 인원은 비정규직 파티(Normal party)인 경우에는 접객원이 1명이 10~15명, 정식파티(Formal Party)인 경우에는 접객원이 1명이 4~8명(양식, 중식, 한식, 일식 포함), 파티의 종류와 성격에 따라 서비스 인원의 수가 달라진다.

(2) 연회행사 준비 점검

연회장의 청결상태, 비품의 파손확인, 리넨류의 확보 점검, 테이블 세팅의 점검, Decoration, Ice Carving, 실내온도, 조명, 음향, 음악, 안내판, 꽃, 좌석 배치도, 접수 테이블, Name Card 등을 점검한다.

CHAPTER 11

음료서비스

제11장 음료서비스

Hotel & Restaurant
Food & Beverage Service

제1절 음료의 개념

1. 음료의 정의

우리 인간의 신체구성요건 가운데 약 70%가 물이라고 한다. 모든 생물이 물로부터 발생하였으며 또한 인간의 생명과 밀접한 관계를 가지고 있는 것이 물, 즉 음료라는 것을 생각할 때 음료가 우리 일상생활에 얼마나 밀접한 것인가를 알 수 있다.

음료라는 범주에는 비알코올성 음료만 뜻하는 것이 아니라 '술'이라고 하는 알코올성 음료도 포함된다. 일반적으로 서양에서는 음료의 개념이 우리나라와는 다르며 오히려 어떤 의미에서는 알코올성 음료로 더 짙게 표현되기도 한다.

이러한 의미는 서양인들의 다음과 같은 유머러스한 표현에서도 찾아볼 수 있다. "와인(Wine)이 없는 식탁은 태양이 없는 날과 같다." 즉, 식사를 하는 테이블에는 적어도 한 가지 이상의 와인이 곁들여지지 않으면 좋은 식사를 하였다고 할 수 없으며, 식사를 하면서 와인을 곁들여 마시는 것이 그들의 일상 식생활이라고 할 수 있다.

또한 구미 각국에서는 고객이 방문하였을 때는 제일 먼저 술 한잔을 권하는 것이 인사이며, 고객을 접대하는 것이라 할 수 있다. 우리 나라도 급속한 서구문명을 받아들임과 아울러 국민생활이 높아지면서 중류 이상의 가정에서는 홈 바(Home Bar)에다 각종 음료(특히 주류)를 비치해 놓고 고객 방문시 음료를 접대하는 것이 상식화 되었다.

우리날 주세법에서 주류의 정의는 다음과 같이 규정하고 있다. 법에서 주류라 함은 주정(희석하여 음료로 할 수 있는 것을 말한다)과 알코올 1°이상의 음료(약사법의 규정에 의한 의약품으로서 알코올 6°미만의 음료를 제외한다)를 말한다.

특히 식음료부서에 근무하는 종사원들은 이 음료에 관한 풍부한 지식을 가지고 음료판매에 임하여야 할 것이다. 왜냐하면 “술은 잘 먹으면 약이요 잘목 먹으면 독이다”라는 금언과 같이 우리 서비스를 담당하는 종사원들은 귀중한 고객들에게 몸에도 유익하고 생을 더욱 즐겁게 할 수 있도록 좋은 약으로 술을 마시도록 유도할 의무도 있기 때문이다.

‘쓴맛’이나 ‘시큼한 맛’을 가진 음료는 식욕촉진을 돕기 때문에 식전주(Aperitif Drink)로 좋고, ‘단맛’의 술은 소화촉진을 돕기 때문에 식후주(After Drink)로 적당하다든지, 단술을 마시고 쓴술을 마시면 구토병이 일기 쉽다든지, 또는 식전주로 맥주 같은 포말성 음료를 지나치게 마시면 식욕이 도리어 감퇴된다는 등등 우리들이 생리학적 또는 과학적 사고를 가지고 업무에 임해야 할 것이 많다고 하겠다. 따라서 이 분야에 대한 끊임없는 노력이 요구되는 것이다.

2. 음료의 분류

일반적으로 음료는 알코올이 함유되어 있는 유무에 따라 알코올성 음료와 비알코올성 음료로 구분하고, 알코올성 음료는 제조방법에 따라 양조주, 증류주, 혼성주로 구분하고, 비알코올성 음료는 탄산유무에 따라 탄산음료와 무탄산음료로 나뉘어지는 청량음료, 주스음료와 유성음료로 나뉘어지는 영양음료, 커피와 티와 같은 기호음료, 마지막으로 기능성 음료로 구분한다.

알코올성 음료에는 위스키, 브랜디, 리큐어, 와인, 맥주 등이 있다.

양조주 와인에 대하여 살펴보면 레드와인은 프랑스와 이태리, 화이트 와인은 독일이 유명하며, 그 외의 에스파냐, 미국, 호주, 칠레, 스페인 등과 같이 세계각국에서 제조되고 있다.

맥주는 독일이 유명하고, 그 외 네덜란드, 영국, 미국 등도 유명하다.

증류주인 위스키로는 일반적으로 세계 4대 위스키인 스카치 위스키, 아이리시 위스키, 아메리칸 위스키, 캐나디언 위스키가 있으며 그 외에 기타 국가에서 생산되는 위스키가 있다.

브랜디에는 포도를 재료로 한 꼬냑(코냑), 아르마냑, 사과를 재료로 한 칼바도스, 독일 브랜디 등이 있고, 칵테일의 주재료로 주로 사용되는 진, 럼, 보드카, 데킬라 및 북미유럽의 아쿠아비트 등이 있다.

혼성주는 흔히 리큐어라고 하는데 술에 각종 약초나 향료 등을 첨가한 술을 의미한다.

3. 술의 제조과정

술의 제조과정은 효모(Yeast)가 작용하여 알코올을 발효시키는 것이다. 인간이 주식으로 하고 있는 곡류(Grain)와 과실류(Fruits)에는 술을 만드는데 필요한 기초원료의 전분과 과당을 함유하고 있다.

따라서 과실류에 포함되어 있는 과당에 직접효모를 첨가하면 에틸알코올과 이산화탄소와 물이 만들어지는데 이산화탄소는 공기 중에 산화되고 알코올 성분의 술이 만들어지는 것이다. 그러나 곡류의 전분 그 자체는 적접적으로 발효가 안되기 때문에 전분을 당분으로 분해시키는 당화과정을 거친 후에 효모를 첨가하면 알코올 발효가 되어 술이 만들어지는 것이다.

이와 같이 술의 제조과정에 있어서 알코올은 당분이 변한 것으로 술의 원료는 반드시 당분을 함유하고 있어야 한다. 이와 관련된 술의 제조과정을 알기 쉽게 도식화 하면 다음과 같다.

술의 제조과정

- A 과실류의 과당 → 효모첨가 → 과실주 [포도주, 사과주, 배주] → 증류 → 저장, 숙성 → 브랜디(꼬냑) . 오드비
- B 곡류의 전분 → 전분당화 → 당분 → 효모첨가 → 곡주 [맥주, 청주, 탁주]→ 증류 [진, 보드카, 소주, 아쿠아비트] → 저장, 숙성 → 위스키

4. 알코올 농도 계산법

알코올 농도라 함은 온도 15℃일 때의 원용량 100분중에 함유하는 에틸 알코올의 용량을 말한다. 이러한 알코올 농도를 표시하는 방법은 각 나라마다 그 방법을 달리하고 있다.

*** 영국의 도수 표시 방법**

영국식 도수 표시는 사이크가 고안한 알코올 비중계에 의한 사이크 프루프(Proof)로 표시한다. 그러나 그 방법이 다른 나라에 비해 대단히 복잡하다. 그러므로 최근에는 수출품목 상표에 영국식 도수를 표시하지 않고 미국식 프루프를 많이 사용하고 있다.

*** 미국의 도수 표시 방법**

미국의 술은 프루프(Proof)단위를 사용하고 있다. 주정도를 2배로 한 숫자로 100 proof는 주정도 50% 라는 의미이다.

***독일의 도수 표시 방법**

독일은 중량비율을 사용한다. 100g 의 액체 중 몇g 의 순 에틸 알코올이 함유되어 있는가를 표시한다. 술 100g 중 에틸 알코올이 40g 들어 있으면 40%의 술이라고 표시한다.

칵테일의 알코올 도수 계산법

$$\frac{\{\text{재료 알코올 도수 X 사용량}\} + \{\text{재료 알코올 도수 X 사용량}\}}{\text{총사용량}}$$

제2절 양조주

1. 와인

1) 와인의 정의

와인은 영어로는 와인(WINE), 프랑스어로는 뱅(VIN), 이탈리어어로는 비노(VINO), 독일어로는 바인(WEIN)이라고 한다.

와인은 잘 익은 포도의 당분에 효모를 첨가하여 발효시켜 만든 것으로, 다소간의 알코올과 독특한 향기와 맛으로 오래도록 인류의 사랑을 받아 온 음료이다. 일반적으로 일컫는 와인은 포도로 만든 것을 말하며, 포도 이외의 과일에는 효모작용을 돕기 위해 설탕을 첨가 시킨다.

제조과정에서 물 등은 전혀 사용하지 않는다.

와인은 알코올 함량이 7~13%인데, 유기산, 무기질 등이 파괴되지 않은 채 포도에서 우러나와 그대로 간직되어 있다. 와인의 원료인 포도는 기온, 강수량, 토질, 일조량 등의 포도나무가 자라는 환경적 요인인 테루아(terroir)라 하는 자연적인 조건에 크게 영향을 받으므로 와인 역시 그와 같은 자연요소를 반영하게 된다. 이에 따라 나라마다, 지방마다 와인의 맛과 향이 다르다.

또한 와인의 폴리페놀 성분은 심장병, 동맥경화, 노화방지에도 매우 효과적이다.

한병의 와인 속에는 포도가 자란 지방의 자연의 조화가 함께 실려 있다고 할 수 있다.

2) 포도품종

현재 전세계에 걸쳐 포도의 종류는 대략 8000종이 있으며 실제로 상업적으로 재배되는 것은 약 600여종 정도이다. 이중에서 생식용이나 건포도용 또는 주스용으로 쓰이는 것을 제외하면 실제로는 약 200여 가지 품종밖에 되지 않는다.

포도품종의 특징을 아는 것은 와인의 개성을 알 수 있는 가장 큰 요소이다.

식용 포도로도 와인을 만들 수 있지만 양질의 와인이 되지 못한다. 반면에 양조용 포도는 신맛과 당도가 높으며, 알갱이가 작고, 향과 맛 성분이 농축되어 와인 양조에 적합하다.

(1) 적포도 품종

*** 카베르네 소비뇽(Cabernet Sauvignon)**

세계 각지에서 재배되며 성장력이 강해 포도의 왕이라고 불린다. 자갈 많은 토양과 고온 건조한 기후에 잘 적응하며, 포도의 껍질이 두껍고, 묵직한 느낌을 준다. 이로 인하여 진한 색상과 탄닌의 맛이 강한 것이 특징인데 장기 숙성 후에는 부드러워진다. 이 품종으로 만든 와인은 블랙 커런트향, 체리향, 삼나무향을 느낄 수 있다. 와인의 색이 진하고 강한 적색을 띠나, 숙성하면서 짙은 홍색으로 변해 간다. 치즈나 쇠고기, 양고기에 잘 어울린다.

*** 피노 누아(Pinot Noir)**

프랑스의 부르고뉴 지방과 샹파뉴 지방에서 주로 재배되는 품종이다. 부르고뉴에서는 레드 와인 양조에 사용되나, 샹파뉴에서는 발포성 와인 양조에 사용된다. 최근에는 캘리포니아, 칠레 등 세계 여러 나라에서 재배된다. 기후 변화에 민감해 재배하기 가장 까다로운 품종이다. 포도의 색은 짙은 붉은 색이나 와인이 되면 엷고 맑은 색을 낸다. 껍질은 얇고, 탄닌 함량이 적으며, 산도가 높다. 상큼한 라즈베리, 딸기, 체리 등의 과일 향이 나며, 숙성이 진행됨에 따라 부엽토, 버섯 등 흙을 느끼게 하는 향기가 서다. 모든 육류요리와 잘 조합되고, 붉은 살의 참치나 연어와 같은 생선요리에도 잘 어울린다.

*** 멜롯(Merlot)**

세계 각지에서 재배되며 포도알이 크고, 껍질이 얇기 때문에 상처나기 쉬워 재배가 어려운 결점이 있다. 탄닌 함량이 적고 순한 맛이 특징으로 현대인의 입맛에 잘 맞는다. 서양자두(plum)와 같은 과일향이 풍부하다. 프랑스의 보르도 지방에서는 카베르네 소비뇽과 블렌딩하여 와인을 양조하고 있지만, 최근에는 단일 품종으로 만든 와인이 인기가 높다. 와인의 색은 진한 적색에서 숙성됨에 따라 벽돌색으로 변한다. 모든 요리와 잘 어울린다.

*** 쉬라/쉬라즈(Syrah/Shiraz)**

이 품종은 척박한 땅에서 잘 자라며 포도알이 약간 크고 송이도 길며, 탄닌이 풍부하여 개성이 강한 와인을 생산한다. 기온이 높은 곳에 적합한 품종으로 검은 빛의 진한 적색을 띠고 알코올 도수가 높다. 나무딸기, 블랙커런트(black current)향, 향신료, 가죽냄새로 표현되는 야성적인 향기가 특징이다. 향이 강한 음식과 매콤한 우리나라 음식에도 잘 어울린다.

*** 가메(Gamay)**

포도껍질이 얇아 흠이 생기기 쉽고 과일향이 강하며, 탄닌이 적은 편이다. 가벼운 레드 와인 양조에 이용하는데 햇와인으로 유명한 보졸레 누보에 쓰이는 품종이다. 오랫동안 보관하지 않고 단기간에 마셔야 깔끔하고 풍부한 과일향을 느낄 수 있다. 와인의 색은 자색을 띤 적색이다. 가벼운 모든 음식과 잘 어울린다.

*** 네비올로(Nebbiolo)**

이탈리아에서 가장 많이 재배되는 품종으로 이탈리아의 카베르네 소비뇽이라 불린다. 당분함량이 많고 알코올 도수가 높으며, 산도가 비교적 높은 편이다. 장기 숙성 후 장미향과 체리향, 허브향, 초콜릿향 등의 풍미가 있다. 맛이 진하고 무게감이 있는 와인을 만드는데 사용된다. 와인의 색이 검은색에 가까운 진한 적색을 띤다. 붉은 살 육류의 쇠고기, 양고기에 잘 어울린다.

*** 진판델(Zinfandel)**

미국 캘리포니아의 대표적인 포도품종이다. 적포도 품종이지만 화이트 와인, 로제 와인, 레드 와인에 이르기까지 다양하게 사용한다. 자두, 블랙베리, 향신료, 흙내음 그리고 블러시 와인(Blush wine)은 딸기향을 느낄 수 있다. 맛이 강하고 진하며, 탄닌이 많다. 향신료와 블랙베리의 맛이 난다. 와인의 색은 장미 빛에서부터 검붉은 색까지 여러 가지를 띤다. 바비큐, 기름진 요리를 비롯한 대부분의 음식과도 잘 어울린다.

(2) 백포도 품종

***샤르도네(Chardonnay)**

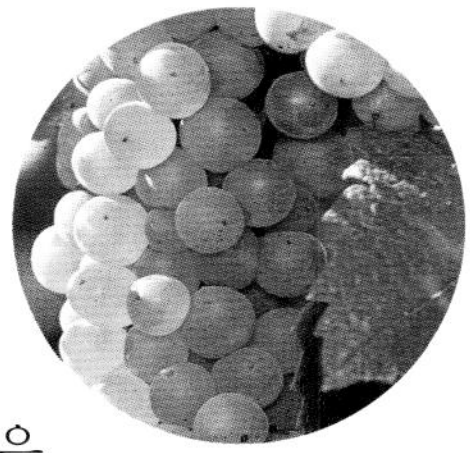

세계 각지에서 재배되며 청포도의 대표적인 품종이다. 시원한 기후를 좋아하며, 껍질과 과육의 분리가 잘 안된다. 사과나 감귤류와 같은 과일의 향기를 느낄 수 있고, 오크통 속에서 숙성이 된 것은 바닐라향이 난다. 와인의 맛은 신맛과 깊은 맛이 조화를 이루고, 고급 와인일수록 숙성에 의해 깊은 맛이 더해진다. 와인의 색은 양조자와 생산지에 따라 여러 가지이다. 흰살 육류의 치킨, 오리고기를 비롯한 굴, 조개류와도 잘 어울린다.

*** 리슬링(Riesling)**

독일의 대표적인 청포도 품종으로 추위에 강하고 수확이 늦다. 껍질이 얇고 연녹색을 띤 드라이한 맛에서부터 달콤한 아이스바인까지 다양한 맛의 와인을 생산한다. 현재는 세계 여러 나라에서 재배되고 있지만 기후조건에 따라 와인의 성격이 다르다. 산도와 당도가 매우 균형있게 조화를 이루어 최고의 드라이하고 상큼한 맛을 내어준다. 사과향과 상큼한 라임(lime)향이 일품이고, 숙성이 진행됨에 따라 벌꿀향과 더불어 복합적인 향기가 더해진다. 훈제한 생선, 게 요리, 매콤한 우리나라 음식과도 잘 어울린다.

*** 소비뇽 블랑(Sauvignon Blanc)**

세계 각지에서 재배되며 산도가 높아 신선하고 상쾌한 향기 그리고 향신료, 풀 향기의 풋풋함이 넘치는 독특한 개성을 갖고 있다. 또한 스모키(smoky)라고 표현하는 연기 향도 섞여 있다. 미국에서는 퓌메 블랑(Fume blanc)이라 불리고 있다. 적당한 신맛의 과일향을 느낄 수 있으며, 드라이한 맛에서부터 단맛이 나는 것까지 그 종류가 다양하다. 푸른 빛을 띤 담황색의 것이 많다. 생선요리, 해산물과 잘 어울린다.

* 세미용(Semillon)

껍질이 얇아 귀부포도가 되는 특이한 품종으로 와인을 만들면 매우 달콤하면서 벌꿀향, 바닐라향, 무화과향이 느껴진다. 드라이한 맛은 감귤계의 향기가 느껴지고 숙성되면서 황색이 황금색이 되지만 귀부와인은 갈색으로 변한다. 드라이한 맛은 생선구이, 닭고기요리와 스위트한 맛은 디저트와인으로 적합하다.

* 게뷔르츠트라미너(Gewürztraminer)

이 품종은 장미와 같은 감미로운 꽃향기와 계피, 후추 등의 향신료 향기가 느껴진다. 황색 빛을 띤 연한 녹색으로 드라이한 맛에서부터 스위트한 맛까지 다양한 와인이 만들어진다. 독일과 프랑스의 알자스 지방에서주로 재배되며, 상당히 긴 일조량이 요구되어 알코올 도수가 높고, 장기 숙성이 가능하다. 향신료의 사용이 많은 요리와 잘 어울린다.

Tip Blending / Assembling

블랜딩이라는 용어는 두 개, 혹은 그 이상의 품종을 동시에 발효시켜 배합하는 것을 일컫는다. 같은 시기에 발효하는 두 품종을 찾기란 쉽지 않기에 여러 품종을 블랜딩한 와인의 대부분은 각각 다른 시기에 발효시킨 여러 포도즙을 같이 섞은 조합(assemblage)의 과정을 거친 것을 일컫는다.

3) 와인의 분류

와인은 세계 여러 나라에 다양한 종류가 있으나 몇 개의 유형으로 나뉘어진다. 즉, 양조법, 색, 맛, 와인의 무게, 용도, 저장기간으로 구분한다.

(1) 양조법에 의한 구분

양조법에 따라 가공되지 않은 스틸 와인(still wine, 비 발포성 와인), 탄산가스를 함유하고 있는 스파클링 와인(sparkling wine, 발포성 와인), 알코올 도수를 높인 포티파이드와인(fortified wine, 주정강화와인), 향기를 낸 플레이버드와인(flavored wine, 가향 와인) 등이 있다. 이와 같이 세계 각국에서생산하고 있는 와인에는 4가지 타입이 있다.

* 스틸 와인

스틸 와인은 포도의 즙이 발효되는 과정에서 발생되는 탄산가스를 완전히 제거한 와인이다. 포도의 품종과 양조 방법에 따라 색이 다르게 되는데 화이트, 레드, 로제 와인으로 분류한다. 이 스틸 와인에 양조상의 기법을 첨가함으로써 서로 다른 맛을 내는 와인을 만들 수 있는데 스파클링 와인, 주정강화와인, 가향 와인 등이다.

'Champagne'과 스페인의 'Cava'

* 스파클링 와인

스파클링 와인은 스틸 와인에 설탕과 효모를 첨가해 2차 발효시켜 탄산가스를 생성, 거품을 내게 한 발포성 와인을 말한다. 프랑스의 샴페인, 이탈리아의 스푸만테(spumante), 스페인의 카바(cava), 독일의 섹트(sekt) 등이 여기에 속한다.

* 포티파이드 와인

포티파이드 와인은 스틸 와인에 브랜디를 첨가해 알코올 도수 16~21%와 보존성을 높인 와인이다. 스페인의 쉐리(sherry), 포르투갈의 포트(port)와 마데이라(madeira)가 있다. 세계 3대 주정강화와인이다. 드라이한 맛과 단맛을 지닌 것 등 여러 가지가 있다.

* 플레이버드 와인

플레이버드 와인은 스틸 와인에 약초, 과즙, 감미료 등을 첨가해 독특한 맛과 향기를 낸 와인이다. 이탈리아의 벌무스(vermouth), 프랑스의 두보넷(dubonet) 등이 있다. 벌무스는 드라이 벌무스(dry vermouth, 드라이한 맛)와 스위트 벌무스(sweet vermouth, 스위트한 맛) 두 종류가 있다.

가향와인 'dry Vermouth'와 'Sweet Vermouth'

(2) 색에 의한 구분

적포도, 청포도의 품종과 양조 방법에 따라 색이 다르게 되는데 화이트(white), 레드(red), 로제(rose)와인 등으로 구분한다.

*** 레드 와인**

레드 와인은 적포도를 사용해 만든다. 적포도의 껍질과 씨를 통째로 발효시킴으로써 x 탄닌과 색소가 추출되어 떫은맛과 붉은색을 띄게 된다.

*** 화이트 와인**

화이트 와인은 적포도와 청포도를 사용해 만든다. 포도를 압착한 후 껍질과 씨를 분리시켜 나온 과즙만으로 발효시킨다. 포도의 껍질과 씨를 사용하지 않고 만들기 때문에 떫은맛이 없고, 상큼한 신맛의 프루티한 감촉이 매력이다.

*** 로제 와인**

핑크빛의 로제 와인은 적포도를 사용해 만든다. 적포도의 껍질과 씨를 모두 사용해 레드 와인과 같은 방법으로 발효시킨다. 발효가 어느 정도 진행되고, 발효액이 원하는 색을 띠게 된 단계에서껍질과 씨를 분리해 과즙만으로 발효시켜 만든다. 일부 제조회사에서는 청포도와 적포도를 섞어서 만들기도 한다.

(3) 맛에 의한 구분

와인의 풍미에 따라 드라이(dry), 미디움 드라이(medium dry), 미디움 스위트(medium sweet), 스위트(sweet) 타입으로 구분한다.

*** 드라이 와인**

드라이는 '달지 않다'는 뜻으로 와인에 단맛이 거의 느껴지지 않은 상태를 말한다. 일반적으로 레드 와인은 대부분 드라이한데, 색이 짙을수록 드라이한 경향이 있다. 화이트 와인은 색이 엷을수록 드라이한 맛을 띤다.

*** 미디움 드라이 와인**

과일향이 풍부하거나 부드러운 풍미로 인해 와인이 덜 드라이하게 느껴지는 경우이다. 대개 캘리포니아, 호주에서 만들어지는 샤르도네 품종의 화이트 와인과 메를로, 진판델, 쉬라즈 품종의 가벼운 레드 와인이 대표적이다.

*** 미디움 스위트 와인**

부드러운 단맛이 약간 느껴지지만 무겁거나 진하지 않은 정도의 감미가 있는 와인이다. 주로 가벼운 화이트, 로제, 스파클링 등에 많다. 독일의 카비네트, 슈패트레제, 이탈리아의 모스카토 품종의 화이트나 스파클링, 프랑스의 로제당주, 미국의 화이트 진판델 등이 대표적이다.

*** 스위트 와인**

와인에서매우 단맛이 나는 것으로, 레드보다는 화이트 와인이 많으며 대개 짙은 노란빛을 많이 띤다. 단맛은 포도즙 내 당분이 완전 발효되지 않고 남게 되는 잔당(殘糖)에 의해 느껴진다. 프랑스의 소테른, 독일과 캐나다의 아이스와인, 독일의 트로켄베렌-아우스레제, 헝가리의 토카이, 신세계와인의 레이트 하베스트(late harvest) 등이 있다.

프랑스 'Sauternes'와인과 독일의 'Eiswein'

와인의 맛을 구성하는 기본요소

- 신맛과 당분: 당분은 발효를 거쳐 알코올로 바뀌지만 일부 남은 당분이 와인의 맛을 달콤하게 만든다.
- 탄닌: 포도껍질, 줄기, 씨에 들어 있는 성분으로써 신맛과 함께 방부제 역할까지 함으로 탄닌이나 신맛이 높은 와인은 병입한 상태로 오래 보관할 수 있다.
- 알코올: 알코올은 강한 신맛을 완화하여 다른 맛과 균형을 이루게 해주며 입안에서 와인의 강도를 느낄 수 있게 한다.

(4) 무게에 의한 구분

혀로 느끼는 와인 전체 맛의 무게를 바디(body)라고 한다. 바디가 있는 와인이란 당분이나 다른 여러 성분 및 알코올 모두를 충분히 함유하고 있다는 것을 의미한다. 가볍고 상쾌한 맛의 라이트 바디(light bodied), 중간적인 무게감을 나타내는 미디엄 바디(medium bodied), 묵직하게 느껴지는 중후한 맛의 풀 바디(full bodied)와인 세 가지로 나뉜다.

*** 라이트 바디**

와인이 입 안에서 매우 가볍게 느껴지는 맛으로 생수보다 약간의 무게감이 있는 정도이다. 단기간 숙성시켜서 만든 보졸레 누보의 햇와인이나 캠벨얼리 품종으로 만든 국산

와인이 대표적이다.

*** 미디움 바디**

산도나 탄닌, 알코올, 당도 등의 요소가 어느 정도 입 안에 무게감을 주는 것으로 진한 과일 주스의 무게감 정도이다.

*** 풀 바디**

전반적인 모든 맛의 요소가 풍부하고 강하게 느껴지며, 입 안이 꽉 차는 듯한 풍만한 느낌과 묵직한 무게감에 해당된다. 일반적으로 알코올 도수가 높거나, 당분이 많은 경우 또는 탄닌이 풍부할수록 묵직하게 느껴진다.

(5) 용도에 의한 구분

식사를 할 때 와인을 언제 마실 것인가에 따라 식전주(aperitif), 식중주(table wine), 식후주(dessert) 와인으로 나누기도 한다. 와인의 특성에 따라 용도를 다양화하기 위해 나누어진 것으로 다음과 같다.

*** 식전주**

식전주는 식사 전에 식욕을 돋우기 위해 마시는 와인이다. 샴페인이나 산뜻한 화이트 와인이 좋으며, 또한 달지 않은 드라이 쉐리와인이나 벌무스 등이 적합하다.

'dry Vermouth'

*** 식중주**

식중주는 식욕을 증진시키고 분위기를 좋게 만들며, 음식의 맛을 한층 더 돋보이게 하는 역할을 한다. 주요리에 맞추어 음식과 잘 조합되는 와인을 선택하는 것이 일반적이다. 화이트 와인은 생선류, 레드 와인은 육류에 잘 어울린다.

*** 식후주**

식후에 디저트와 마시는 달콤한 맛의 와인이 적합하다. 비교적 알코올 도수가 높은 단맛의 포트, 크림 쉐리와인이나 단맛의 화이트 와인, 샴페인이 적합하다.

대표적인 디저트와
독일의 'Eiswein'

(6) 저장기간에 의한 구분

*** 영 와인**

영 와인(Young Wine)이란 1~2년 혹은 길게는 5년 미만의 와인을 칭한다.

*** 중급 와인**

중급 와인(Aged Wine)이란 5~ 15년 미만의 와인을 칭한다.

*** 고급 와인**

고급 와인(Great Wine)이란 15년 이상의 와인을 뜻한다.

Tip 디저트 와인 만드는 대표적인 5가지 방법

1. 모든 당분이 알코올로 바뀌기 전에 발효를 중단하는 것으로, 원심 분리기나 필터만 있으면 된다.
2. Noble Rot (귀부현상)포도로 만드는 방법으로 보트리티스 시네리아(Botrytis Cinerea)라는 회색 곰팡이가 과피를 파괴하여서 수분을 90%이상 증발시켜 당분함유량을 높이게 된다.
3. 발효 중인 Must에 알코올을 첨가하여 효모가 죽어서 발효가 정지되며 많은 당분이 남게 된다.
4. 건조시킨 포도로 만드는 방법으로 포도를 햇빛에 말려서 수분이 증발되어 당도가 높게 된다.
5. 래킹(Racking)을 자주 하는 방법으로 Must의 발효 시 발효조 밑으로 가라앉게 되는 (Lie)라고 하는 껍질, 씨, 불순물 등을 자주 제거함으로서 리(Lie)에 섞여있는 다량의 효모들을 제거함으로서 발효를 멈추게 하는 방법

4) 와인서비스와 관리

(1) 와인 서비스

와인은 식사의 질을 높여주고, 분위기를 살려주는 것으로 풍부한 상품지식과 최고의 서비스를 필요로 한다. 와인은 음식을 결정한 후 주문을 받고 훌륭한 식사가 될 수 있도록 조합한다. 먼저 주문된 와인을 셀러(cellar)에서 가져와 와인 병의 상표를 호스트(host)에게 보여드린다. 호스트는 라벨(label)을 주의 깊게 살펴 주문한 와인이 맞는지를 확인한다. 이 절차가 끝나면 코르크 마개를 뽑아 호스트에게 건네준다. 호스트는 코르크 마개가 젖어 있는지를 확인하고 향을 맡는다. 와인의 보관 상태를 확인하기 위한 것이다. 와인 테이스팅(wine tasting)은 호스트가 초대한 고객에게 품질이 낮은 와인을 내놓지 않기 위해서 와인의 맛을 확인하는 절차이다. 와인을 감정하고 평가하는 것이 목적이 아니다. 그리고 와인 테이스팅은 여성보다 남성이 하는 것이 테이블 매너이다. 레스토랑에서 와인

을 글라스에 가득 채우는 것을 흔히 볼 수 있는데, 와인은 공기와 충분히 접촉하여 더욱 깊어지는 풍미를 느낄 수 있어야 한다. 따라서 와인은 조금씩 자주 마시는 것을 규칙으로 하기 때문에 대체로 글라스의 반이 표준이다. 와인서비스는 시계도는 방향으로 레이디 퍼스트(ladies first)가 예절이다.

* 와인 오픈 요령

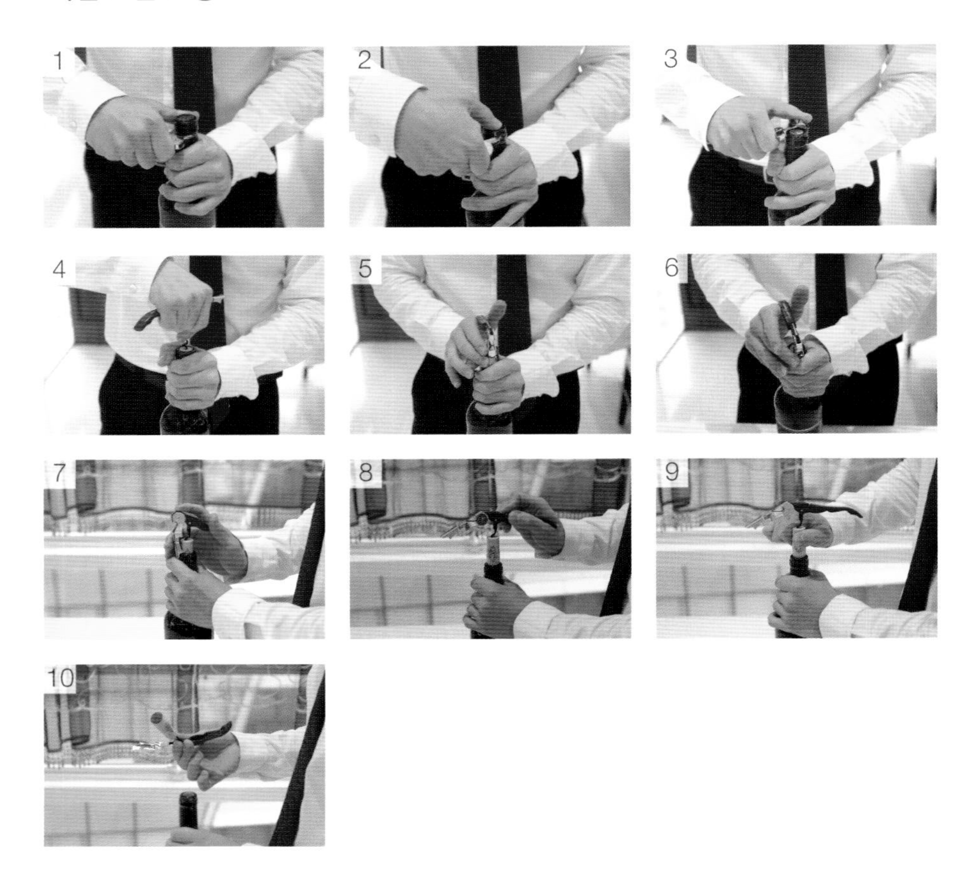

① 스틸와인

- 1 step

와인상표를 고객께 확인시켜 드린 후 상표가 손님을 향하게 금 와인을 테이블 위에 올려놓고 호일커터를 이용하여 캡슐을 제거한다. 일반적으로 화이트, 로제와인의 경우는 와인쿨러 안에서 오픈을 한다.

- 2 step

코르크 스크류의 스핀들(spindle)끝을 코르크의 중앙에 수직으로 찔러 넣는다. 코르크 스크류가 수직이 된 상태에서 코르크 끝부분 직전까지 들어가도록 돌린다. 이때 너무 깊이 넣으면 코르크 밑부분이 구멍이 나면서 와인에 코르크 찌꺼기가 들어갈 수 있으므로 주의한다.

- 3 step

코르크를 병목으로까지 가볍게 천천히 빼낸다. 코르크가 거의 다 나왔을 즈음에 손가락으로 코르크 마개를 잡고 천천히 돌리면서 빼낸다. 그리고 빼낸 코르크 마개는 호스트에게 드린다.

② 스파클링 와인

- 1 step

캡슐의 절취선을 따라 잡아 당기면서 캡슐을 제거한다.

- 2 step

스파클링 와인의 병을 위쪽 안전한 곳으로 향하게 하여 45도 정도 기울인다. 그리고 엄지손가락으로 코르크 마개를 누른 채 철사 줄을 풀어서 제거한다.

- 3 step

한 손은 병목을 잡고 다른 한 손은 코르크 마개를 가볍게 돌리면서 코르크 마개를 살짝 빼낸다. 이 때 병 안은 탄산가스에 의하여 압력 상태에 있기 때문에 코르크 마개가 튀어나가지 않도록 조심스럽게 천천히 빼내야 한다. 혹시 거품이 넘칠 수 있으므로 타월로 감싸고 코르크를 빼내도록 한다. 특히 '펑' 소리가 나거나 거품이 병 밖으로 흘러나오지 않도록 주의한다.

③ 와인 제공

와인을 안전하게 따르기 위해 가능한 한 와인 병의 무게 중심이 되는 곳을 잡고 천천히 따른다. 이 때 와인의 레이블은 항상 고객을 향하도록 한다. 단계별로 살펴보면 다음과 같다.

- 1 step

와인 병의 가운데를 잡고 잔 테두리의 1/3되는 위치에서 살짝 기울인다.

- 2 step

와인 병을 잔 위로 1cm 정도 든 다음에 천천히 따른다. 잔의 1/2정도까지의 와인을 따르는 것이 좋다.

- 3 step

와인을 따른 후 와인이 테이블에 떨어지는 것을 방지하기 위해 병을 살짝 돌리면서 천천히 들어올린다.

* 잔의 선택

와인의 색, 향, 맛을 충분히 감상하기 위해서는 투명한 유리가 좋고, 향기가 잔 안에 오래 머물 수 있도록 잔의 테두리가 바디(body)보다 좁은 튤립의 형태가 되어야 한다. 와인의 잔을 들 때 손의 온기가 와인에 전이되지 않도록 잔에 줄기(stem)가 있는 것이 좋다.

* 적정온도

적정한 온도는 적절한 글라스를 선택하는 것과 마찬가지로 매우 중요하다. 와인도 최상의 맛을 내어주는 적정온도가 있는데 살펴보면 다음과 같다.

레드 와인은 낮은 온도에서 마시면 탄닌의 떫은맛이 강하게 느껴지고, 높은 온도에서는 프루티한 맛이 없어진다. 따라서 시원할 정도의 온도에서 마셔야 맛있게 느껴진다. 화이트 와인은 차게 마셔야 신맛이 억제되고, 신선한 맛이 살아난다. 또 스위트한 맛일수록 낮은 온도의 것이 맛있게 느껴진다. 로제 와인과 스파클링 와인도 화이트 와인과 비슷하여 차게 마셔야 맛있게 느껴진다.

* 디캔팅

디캔팅(decanting)이란 병 속에 있는 와인을 바닥이 넓고 병목이 긴 투명한 유리나 크리스탈 병으로 옮겨 담는 것을 말한다. 디캔팅 하는 목적은 두 가지이다. 먼저 오랫 동안 병 속에 갇혀 있던 와인을 공기와 접촉하여 와인의 맛과 향을 증진시켜주기 위해서이다. 이러한 절차를 브리딩(breathing)이라고 한다. 브리딩은 모든 와인에 적용되는 것은 아니다. 탄닌의 거친 맛이 강한 레드 와인은 마시기 1시간 전이 가장 좋다. 그러나 풍부한 과일향을 가진 레드 와인이나 섬세한 화이트 와인은 신선한 맛이 줄어들 수 있으므로 마시기 직전에 오픈하여 브리딩한다. 또 다른 이유는 와인 병 내에 생긴 침전물을 분리시키기 위해서 한다. 침전물은 와인 속의 탄닌이나 색소 성분 등이 결정체화 된 것으로 양조 과정에서도 생기지만 병입한 후에도 천

'Decanting'하는 장면

천히 나타난다. 주로 장기 숙성된 고품질 레드 와인에서 나타나며, 화이트 와인에서는 침전물이 거의 없기 때문에 보통 디캔팅을 하지 않아도 된다. 간혹 화이트 와인에서도 침전물이 발견되는데 이는 흔히 크리스탈이라 하여 행운의 와인이라 일컬어 지기도 한다.

(2) 와인 관리

와인은 병 속에서도 숙성을 계속하므로 보관하는 환경이 좋지 않으면 맛의 균형을 잃게 된다. 와인이 좋아하는 환경은 온도 변화가 적고, 적당한 습기가 있으며, 빛이 들어오지 않는 어두운 장소이다. 진동과 냄새가 없는 곳도 좋은 환경의 조건이 된다. 마지막으로 와인은 수평으로 보관하는 것이 바람직하다. 와인을 눕혀서 보관하면 코르크가 팽창하여 미세한 호흡이 이루어지기 때문에 와인의 숙성에 도움이 된다. 그러나 와인을 세워두면 코르크 마개가 건조, 수축하여 틈이 생기고 외부의 많은 공기와의 접촉으로 산화되며, 유해한 미생물이 침입하여 부패할 우려가 있다.

① 온도

와인은 온도변화가 크면 쉽게 변질된다. 와인의 보관에 적합한 온도는 10~15℃ 정도이다. 온도가 높으면 빨리 숙성되어 변질되기 쉽고, 온도가 너무 낮으면 숙성을 멈춘다.

② 습도

와인에 적당한 습도는 70% 정도이다. 습도가 높으면 곰팡이가 생기어 와인의 외관에 문제가 생긴다. 습도가 낮으면 코르크가 건조해져 미생물이 침투하기 쉬워진다.

③ 빛

와인은 어두운 곳에 보관하는 것이 가장 좋다. 형광등 빛이나 햇빛은 와인의 질을 떨어뜨린다. 빛에 오랜 시간 노출되어 자외선을 많이 쪼이게 되면 와인 속에 있는 여러 성분이 화학반응을 일으킬 가능성이 높다. 또한 와인의 수면에 영향을 미쳐 와인 고유의 맛을 잃어버릴 수가 있다.

④ 진동 및 냄새

진동이나 냄새의 영향을 받지 않는 곳에 와인을 보관해야 한다. 병에 진동이 가해지면 숙성속도가 빨라져 질의 저하를 초래한다. 또 와인과 다른 냄새가 있으면 와인에 그 냄새가 옮겨져 와인의 독특한 향기가 사라진다.

Tip 1. 부러진 코르크와 그 대처요령

코르크가 병 입구 위쪽 부분에서 부서졌다면 코르크 스크류를 다시 사용해도 무방하다. 코르크가 병 입구 아래쪽 부분에서 부서졌다면 안으로 넣어 코르크 리트리버(Cork Retriver)를 이용하거나, 스크류 끝부분을 코르크와 병의 벽면 사이에 조심히 넣고 돌려서 빼낼 수 있다.

Tip 2. 와인 교환의 경우, 주문한 와인이 교환 가능한 경우

와인은 포도 품종 및 생산지역에 따라서 그 맛과 향이 매우 다양하다. 따라서 주문한 와인이 본인의 입맛에 맞지 않다는 이유로 다른 와인으로의 교환은 옳지 않다.

각각의 와인의 특징을 즐길 줄 알아야 한다.

5) 와인 테이스팅

와인 테이스팅(wine tasting)이란 와인이 지니고 있는 개성을 사람의 눈, 코, 입의 관련 감각기관을 이용하여 확인해 보는 것이다. 테이스팅의 포인트는 '색', '향', '맛' 등의 세 가지 요소들을 최대한 감상하고 느끼는 데 있다. 와인의 색은 외관을 통해 알 수 있고, 향기는 후각 그리고 맛은 미각으로 감지할 수 있다. 이 세 가지 요소의 시각, 후각, 미각을 와인 테이스팅의 기본요소라고 한다.

① 색을 본다

② 향을 맡는다

③ 맛을 본다

(1) 시각

먼저 글라스에 1/3정도 와인을 따른다. 그리고 글라스를 들어 45도 정도로 기울여서 와인의 색과 투명도 그리고 점도 등 와인의 외관을 눈으로 살펴본다.

*** 색**

와인이 깨끗하고 선명한지, 그리고 어떤 색깔을 띠는지를 살핀다. 화이트 와인은 약간 초록빛을 띠는 담황색이거나 옅은 황금색 이다. 레드 와인은 처음에는 짙은 자주 빛이었다가 숙성되면서 루비나 석류 빛이 된다.

*** 투명도**

와인은 불순물이 없고 투명하며 광택이 나는 것이 좋은 와인이다. 영 와인이 반짝거림의 정도가 약하면 장기 숙성 가능성이 적다. 또 반짝거림의 정도가 약하거나 없으면 숙성된 와인이다. 화이트 와인이 탁하게 보일 경우 변질된 와인이다. 장기 숙성된 레드 와인은 숙성과정에서 색소나 탄닌 성분에 의해 이물질(주석산)이 생성될 수 있다. 양질의 와인에서 나타난다.

*** 점도**

글라스의 내벽을 따라 흘러내리는 방울의 흔적(와인의 눈물)을 관찰한다. 흘러내림이 빠른 경우 와인의 점도가 낮고, 느린 경우는 점도가 높은 것으로 양질의 와인이다. 와인 속에 당도, 글리세린, 알코올, 장기 숙성 가능성의 성분을 내포하고 있음을 의미한다.

Tip 와인의 눈물(tear, leg)

와인의 알코올 농도가 높고 당도가 높을수록 포도주의 눈물이 많이 생기고, 굵고 천천히 흘러내린다.

(2) 후각

와인의 향기를 확인할 때는 글라스에 코를 갖다 대고 향기를 느껴본다. 이 때의 향기를 '아로마'라고 하며, 포도품종에서 나오는 과일 향이다. 그 다음 글라스를 크게 회전시켜 본다. 이것을 스월링(swirling)이라고 하는데, 와인이 공기와 접촉해서 잠자고 있던 향기의 성분이 증발해 올라오게 된다. 이것을 '부케'라고 하며 와인이 발효, 숙성되어 가는 과정에서 생기는 향이다. 이와 같이 향기는 두 번 즐기는데, 아로마와 부케향이 느껴져야 좋은 와인이다.

아로마는 포도품종, 포도산지의 특징이 담겨있고, 부케는 발효와 숙성이 얼마나 잘 되었는지를 가늠할 수 있다.

(3) 미각

와인을 한 모금 입에 넣고 혀끝으로 와인을 목젖까지 굴리면서 음미해 본다. 당도와 산도, 밀도 등의 미묘한 맛이 입안에서 감지된다. 화이트 와인이 입을 오므리게 할 정도로 샤프하면 산이 너무 많은 것이고 레드와인의 경우는 탄닌산 때문이다.

훌륭한 레드와인은 부드러운 맛이 나는데 그 촉감을 입에서 느낄 수 있다.

와인을 약간 입에 넣고 천천히 입 안 전체로 퍼뜨리고 혀 전체로 맛을 본다. 와인의 맛은 단맛, 신맛, 떫고 쓴맛, 알코올 등 4가지 요소의 균형으로 결정된다. 이 중 알코올과 단맛은 와인을 부드럽게 하는 성분이다. 이에 비해 떫고 쓴맛의 탄닌은 와인에 거친 맛을 준다. 이들 성분 중 어느 하나가 뚜렷하게 감지되지 않으면서 맛의 균형을 이루고 있으면 와인의 전체적인 맛이 부드럽고 맛있게 느껴진다. 그러나 이 균형이 깨져 신맛이 강하거나 떫은맛이 너무 강하면 밸런스가 나쁜 와인으로 평가한다.

그리고 와인을 마신 후 입 속에 남아 있는 뒷맛(finish)의 풍미를 느낄 수 있다. 이때 향과 맛이 어우러진 풍미의 여운이 길면 뒷맛이 좋다는 표현을 한다. 반대로 풍미의 여운이 짧은 것은 좋은 와인이라 할 수 없다. 일반적으로 입 속의 와인을 평가하는데 '균형'과 '뒷맛'의 두 가지 척도가 중시된다.

6) 와인과 음식의 조화

(1) 와인과 음식의 상호작용

① 탄닌성분이 많은 떫은 와인

- 음식의 달콤한 맛을 줄인다.
- 스테이크나 치즈 같은 단백질과 지방이 풍부한 음식과 마시면 떫은맛이 줄어든다.
- 짠 음식과 마시면 떫은맛이 강해진다.

② 달콤한 와인

- 짠 음식에 곁들이면 단맛이 줄어들지만 포도맛은 강해진다.
- 짠 음식을 맛있게 한다.
- 단 음식과 잘 어울린다.

③ 신맛 나는 와인

- 짠 음식과 함께 곁들이면 신맛이 줄어든다.
- 약간 단 음식에 곁들이면 신맛이 줄어든다.
- 음식을 약간 짜게 한다.
- 음식의 기름기를 없애 준다.
- 신맛 나는 음식과 잘 어울린다.

④ 알코올 도수가 높은 와인

- 은은한 맛이 나는 음식이나 예민한 음식을 압도한다.
- 약간 단 음식과 잘 어울린다.

(2) 음식에 따른 와인 선택의 조건

① 음식의 장점 부각시키는 조화로운 와인 선택

첫째, 와인은 음식의 특성에 따라서 단점을 부각시키지 않고 장점을 잘 드러내도록 조화를 이루어야한다.

예를 들어 생선을 비롯한 해산물 요리에 화이트 와인이 어울리는 이유는 화이트 와인이 해산물에 있는 특유의 비린 맛을 부각시키지 않고 대신에 담백한 맛을 살려내기 때문이다. 반대로 레드 와인의 경우 생선의 비린 맛을 부각시켜 오히려 좋지 않은 맛을 끌어내기 때문에 생선과는 어울리지 않는다.

둘째, 와인과 음식의 강도가 균형을 이루어야 한다.

음식의 풍미가 강하지 않은 요리에 너무 강한 맛을 가진 와인은 음식의 맛을 즐기는 것을 방해하며, 반대로 풍미가 강한 음식에 옅은 종류의 와인은 입안의 잡 맛을 충분히 씻어내질 못한다. 예를 들어 같은 육류라고 하더라도 닭과 같은 가금류요리에는 우아한 스타일의 부르고뉴 와인이, 쇠고기나 양고기 스테이크와 같은 요리에는 보르도 와인이 선호되는 이유는 바로 와인과 음식이 적절한 균형을 이루어 어느 한 쪽이 지나치게 부각되어 다른 한쪽의 효과를 억제하지 않도록 하기 위함이다.

셋째, 와인은 보통 그 지방의 음식들과 잘 어울리는 형태로 발전된다.

항상 와인을 음식과 곁들여 즐기는 유럽에서는 이러한 원칙은 당연한 것이다. 예를 들면, 보르도에서는 카베르네 쇼비뇽을 중심으로 맛이 무겁고 빛깔이 짙은 와인이 발달하고 부르고뉴에서는 피노누아를 중심으로 맛과 빛깔이 우아한 와인이 발달한 이유도 이러한 지역적인 특성 때문이다. 즉 보르도 지방에서는 양을, 부르고뉴 지방에서는 오리나 거위를 많이 기르기 때문에 그에 맞는 식문화가 발달해 있는 것처럼 같은 지방에서 발달해온 음식와 와인은 대체로 좋은 조화를 이루기 마련이다.

② 재료, 소스, 기름기 감안해 와인 선택

와인의 기본적인 역할은 음식이 가진 지방과 단백질을 얼마나 효과적으로 분해하느냐 하는데 있다. 와인은 지방이 갖는 느끼함을 부드럽게 완화시켜 주고 단백질의 소화를 도우므로 음식과 조화를 고려할 때 그 음식의 기본 재료, 사용되는 소스와 향신료 및 기름기를 감안해야 한다. 일반적으로 맛과 향이 아주 강한 향신료를 사용한 요리에는 와인이 어울리지 않으며, 부드러운 소스를 넣은 기름기 많은 요리에는 와인이 필수적이라고 할 수 있다.

- 해산물 요리 – 보통 해산물 요리에는 화이트 와인이 잘 어울리는 것으로 알려져 있으며 실제로 레드와인은 해산물이 가진 비린 맛을 부각시키는 경향이 있기 때문에 어울리지 않는다. 또 날로 먹는 생선회는 그 자체의 향이 강하고 비린 맛이 강해 기본적으로 어떠한 와인과도 조화롭지 못하다. 살짝 익혀서 강한 비린 맛을 어느 정도 완화시켜야만 와인의 조화를 이룰 수 있다. 버터나 생크림을 사용하는 해산물 요리는 생선이 가지고 있는 풍부한 단백질에 더해 지방질이 많아져 화이트 와인과는 멋진 조화를 이룬다. 이때 빛깔이 붉고 지방질이 많은 연어는 예외인데, 이런 경우에는 화이트 와인 보다는 옅은 레드와인이 어울린다.
- 샐러드 – 샐러드는 재료보다는 드레싱에 따라 특히 산도에 따라서 와인과의 조화를 감안해야 한다. 샐러드에는 화이트 화인을 곁들이는 것이 일반적이지만 레몬을 뿌려 향을 내는 샐러드 요리에 와인은 곁들일 때는 레몬의 산과 화이트 와인의 산이 배가가 되어 신맛이 지나치게 부각될 수 있다. 따라서 레몬을 뿌리지 않거나 적게 뿌리는 것이 좋다. 또 이탈리안 드레싱과 같이 식초를 사용한 드레싱을 끼얹을 경우에도 이러한 점을 감안해 식초의 양을 조절해야 한다.
- 육류 요리 – 육류 요리에는 대체로 레드와인이 잘 어울린다. 화이트 와인은 육류의 강한 맛이나 질감과 잘 어울리지 않는 다고 할 수 있다. 육류의 경우에도 고기의 종류와 사용되는 소스에 따라서 어떤 종류의 레드와인을 곁들일 것인가를 고려해야 한다. 특히 다양한 소스가 발달한 프랑스에서는 같은 육류라고 하더라도 어떤 소스를 사용하는가에 따라 곁들이는 와인이 달라진다. 돼지고기나 가금류과 같이

흔히 화이트 미트라고 분류하는 질기지 않은 육류에는 비교적 맛이 무겁지 않은 레드와인, 예를 들어 프랑스의 부르고뉴 와인이나 이탈리아 키안티와 같이 비교적 바디가 진하지 않으며 우아한 맛을 가진 종류가 적절하다. 그리고 화이트 미트에 곁들여지는 소스가 지방질이 많지 않고 가벼운 경우라면 화이트 와인과도 좋은 조화를 이룰 수 있다. 쇠고기, 양고기와 같이 육질이 질기고 맛이 무거운 레드미트 계열에는 보르도나 캘리포니아, 호주의 카베르네 쇼비뇽 그리고 쉬라와 같이 맛이 무겁고 바디가 짙은 와인들이 좋다.

- 파스타 – 파스타는 이탈리아 요리이므로 이탈리아의 모든 와인과 잘 어울린다고 생각하면 무리가 없다. 파스타에 사용되는 재료가 해산물이거나 화이트 소스를 사용하는 경우에는 화이트 와인이, 육류를 사용한 토마토 소스에는 레드와인이 잘 어울린다. 파스타는 주재료가 면이기 때문에 바디가 너무 진한 와인은 되도록 피하는 것이 좋다.
- 와인과 치즈와의 조화 – 치즈는 단백질, 지방, 칼슘 등이 풍부한 고열량 식품이면서 소화가 잘 된다는 특징을 가지고 있다. 치즈가 짠맛이 강하면 포도나 사과, 귤 등의 과일을 곁들이면 짠맛을 중화 시키는 효과가 있다. 감자나 빵을 함께 먹을 때는 탄수화물과 단백질이 어우러져 영양 만점이다. 또 치즈 단백질 속에 아미노산 메니오닌 성분은 간의 알코올 분해 활동을 돕는 작용을 하므로 술과는 궁합이 썩 잘 맞다. 술 중에서도 와인은 함께 먹음으로써 서로 맛을 돋워주어 가장 잘 어울린다고 할 수 있다. 치즈를 잘라 와인에 안주용으로 곁들이면 와인 특유의 떫은 맛을 줄일 수 있고, 와인은 입안에 남은 치즈향을 없애준다.

- 일반적으로 백포주는 더 많은 치즈들과 잘 어울린다.
- 가볍고 과일향이 강한 포도주는 치즈가 흰색에 더 가깝거나 신선할수록, 숙성 기간이 짧을수록 더 잘어울린다.
- 같은 지역에서 생산된 치즈와 와인을 함께 먹는 지역의 배합도 아주 좋은 선택이다.
- White Wine : 해산물 특유의 비린내를 부각시키지 않고 대신 담백한 맛을 살린다
- Red Wine : 해산물 특유의 비린맛을 종종 부각시킨다.

③ 맛과 향이 강하지 않은 음식에 적절히 선택

- **중국요리** – 중국요리는 대체로 기름과 녹말을 많이 사용해 걸쭉한 소스를 만들기 때문에 매운맛의 향신료를 사용한 경우만 제외하면 대체로 레드와인과 조화를 이룬다. 물론 이 때에도 사용되는 재료가 해산물인지 육류인지를 감안해야 하며 오향과 같이 강한 향신료를 사용하는 경우도 있으므로 와인의 농도나 무게를 항상 염두해 두어야 한다. 대체로 묵직한 보르도 와인들이 중국 요리와는 잘 맞지만 탕수육이나 만두, 딤섬과 같이 기름기는 많지만 소스의 향이나 맛이 강하지 않거나 화이트 미트를 사용한 경우에는 보졸레와 같은 옅은 레드 와인이 좋다.
- **한국요리** – 한국 음식은 대체로 고춧가루나 마늘을 많이 사용한 매운맛 때문에 어떤 와인을 곁들여도 적절하지 않다. 이는 카레를 사용하는 인도요리가 향과 맛이 강해 와인과 잘 맞지 않는 이유와 같다. 그러나 우리 음식 중에서도 빈대떡, 전과 같이 매운맛이 없고 기름기가 많은 음식은 중간 정도 바디를 가진 레드와인과 좋은 조화를 이루며, 갈비나 불고기와 같은 고기 요리에는 진한 레드와인이 훌륭한 조화를 이룬다.

7) 주요 와인 국가

포도는 세계 각지에서 재배되고 있지만, 양조용 포도가 성장에 적당한 곳은 연간 평균 기온이 10~20℃ 정도의 온화한 지역이다. 북반구의 북위 30~50℃, 남반구의 남위 20~40℃ 부근이 해당된다. 즉 지구의 북반구와 남반구에 각각 한 개씩의 와인벨트(wine belt, 생육 적지 띠)가 형성되어 있다. 북반구는 프랑스, 독일, 이탈리아, 스페인, 포르투갈, 미국 캘리포니아, 남반구는 호주, 칠레, 남아프리카 등이 속한다. 기온 이외에도 포도의 개서에서 수확까지 1,250 ~ 1,500시간의 일조량, 500 ~ 800mm의 연간 강우량 그리고 배수가 잘 되는 토양 조건들이 필요하다.

프랑스 와인

세계 최상품의 와인을 생산하는 국가로서 다양한 향과 묵직하고도 복잡적인 맛을 풍미할 수 있는 와인과 오래 동안 숙성시킬 수 있는 와인을 생산하는 국가이다.

오래된 와인 역사와 더불어 기후와 토양이 포도재배에 가장 이상적인 국가이다.

또한 프랑스의 기후는 넓은 면적과 바다 및 산맥으로 인해 지역별로 매우 차이가 난다.

이러한 이유로 인해 프랑스는 포도 작황의 기복이 심하여서 빈티지(Vintage)가 어느나라보다도 중요하다.

〈 프랑스의 주요 와인산지 〉

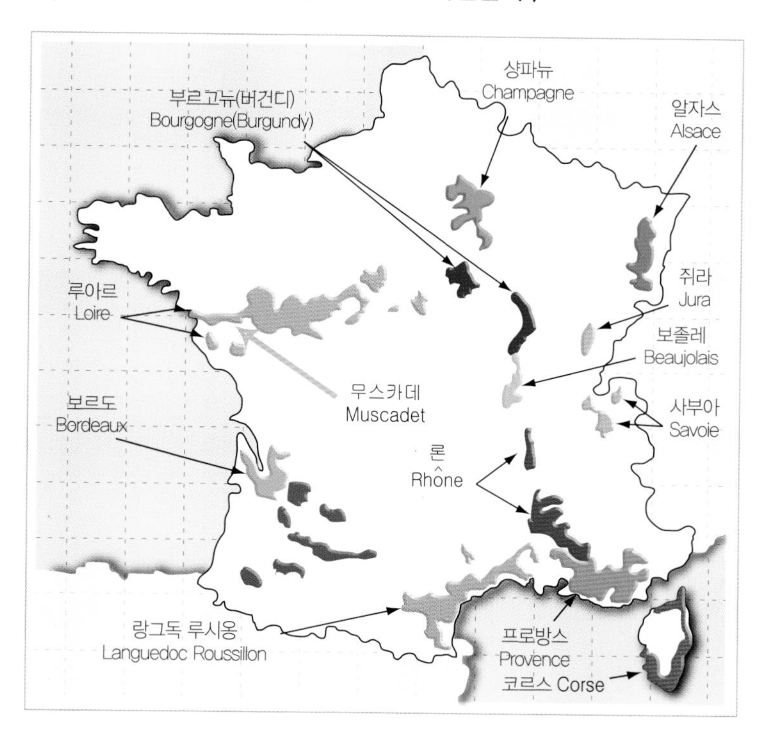

화이트 와인 35%, 레드 와인: 65%, 연평균기온은 10도~20도℃, 연간생산량 650만 kl(약 860만병), 포도재배면적: 123만 ha (약 37억2천평) 정도이다.

프랑스는 세계 와인의 기준이 되는 국가이다. 전 국토에 와인 생산지역이 분포되어 있고, 다양한 기후대와 토양의 특성으로 지역마다 독특한 와인을 생산하고 있다.

프랑스의 대표적인 와인산지에는 보르도, 부르고뉴, 론, 알자스, 루아르, 샹파뉴 등 6개의 지방이 있다. 그리고 각 지방에서 생산되는 와인의 종류는 다음과 같다.

프랑스 와인은 재배되는 포도품종이나 특성이 지역마다 달라 지역별 와인의 특성을 먼저 이해할 수 있어야 한다. 프랑스는 전통적으로 유명 포도원의 역사적 배경과 기후, 토질 등을 바탕으로 등급이 정해진 곳이 많다. 또한 각 지역별로 사용하는 포도의 품종이나 양조의 방법이 정해져 있어, 상표에도 품종을 표시하지 않고 생산지명과 등급을 표시하는 경우가 많다. 프랑스는 전통적으로 유명한 고급와인의 명성을 보호하고 그 품질을 유지하기 위해 1935년에 AOC법을 제정하여 시행해 오고 있다. 이 법에 따라 와인의 등급을 살펴보면 다음의 4개 등급으로 나뉘어진다.

〈프랑스 와인의 등급〉

등급	설명
최상급 와인 / 아펠라시옹 도리진 콩트롤레 Appellation d'Origine Contrôlée/ AOC	A · O · C는 '원산지 통제 명칭'이라는 의미이다. 생산지역, 포도품종, 양조방법, 최저 알코올함유량, 포도 재배방법, 숙성조건, 단위면적 당 최대수확량 등을 엄격히 관리하여 기준에 맞는 와인에만 부여하고 있는 명칭으로 최상급 와인이다. A · O · C의 'Origine'에는 와인 생산지의 명칭을 표기해야 한다. 예를 들어 Appellation Bordeaux Controlee 라고 표기되었으면, 보르도 원산지 통제에 따라 제조한 와인이라는 의미이다. 프랑스 와인의 명칭은 대부분 생산지역이나 포도원의 이름을 사용하고 있는데, 지역 범위가 작아질수록 규제가 엄격하여 품질이 좋은 와인이 생산된다(지방 → 지구 → 마을 → 포도밭).
상급 와인 / 뱅 델리테 드 퀄리테 슈페리에 Vin Délimités de Qualité Supérieure/ VDQS	품질관리는 거의 AOC와 비슷한 통제를 받는데 보통 AOC로 승격하기 위한 단계의 상급 와인이다.
지방 와인 / 뱅 드 페이 Vins de Pays/ VdP	지역적 특성을 담고 있는 와인으로 생산된 지방명을 표시할 수 있고, 허가된 포도품종을 사용하여야 한다.
테이블 와인 / 뱅 드 타블 Vins de Table/ VdT	와인 생산지명과 수확연도를 표시할 수 없고, 프랑스 여러 지방의 와인을 섞어 만드는 일상적인 와인이다.

(1) 보르도 지방

프랑스의 보르도는 세계적으로 유명한 포도재배지로 지롱드강 하구와 가론강, 그리고 도르도뉴 강 유역을 중심으로 발달하였다. 보르도는 애초부터 세계에서 가장 섬세한 포도주를 생산할 수 있도록 운명 지어져 있었다. 보르도에는 118,000ha가 넘는 A.O.C 포도원이 있다. 이는 호주의 전체 포도재배 면적보다 약간 더 넓고 캘리포니아의 3/4에 해당하는 크기이다. 보르도 지역은 멕시코 만류와 대서양의 영향으로 포도재배에 이상적인 온난한 기후를 띠고 있으며 또한 유럽에서 가장 높은 모래언덕과 랑드지방의 거대한 숲은 바람으로부터 포도원을 보호하는 역할을 한다.

〈 보르도 주요 와인산지 〉

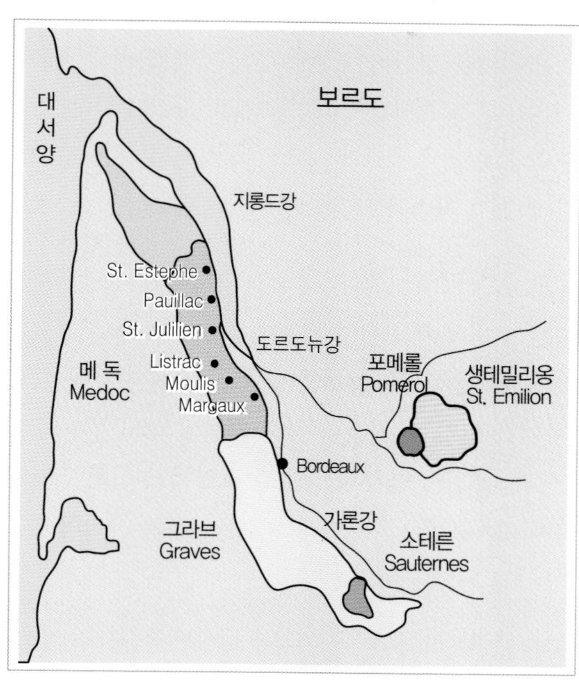

보르도 포도주를 만들어내는 수많은 포도 품종은 보르도의 다양한 기후와 토양(점토, 자갈, 백악질, 석회암)과도 잘 어울린다. 레드에는 까베르네 쏘비뇽, 까베르네 프랑, 메를로가 있으며 화이트에는 쏘비용 블랑, 쎄미용, 뮈스까델이 있다.

보르도 지방은 '샤토(Chateau)'라는 이름의 포도원이 많다. 원래 사전적 의미로는 중세기 때 지어진 '성(城)'을 뜻하지만, 와인과 관련해서는 포도밭과 양조시설 그리고 저장고 등의 '와인 생산 설비를 갖춘 포도원'을 의미한다. 샤토에서 병입한 와인은 "Mis en bouteilles au Chateau"라는 문장이 상표에 표기된다. 보르도 지방에는 수천 개의 샤토가 있다.

보르도 지방은 오래 전부터 맛과 향이 뛰어서 특급 와인을 생산하는 샤토를 선별해 그랑 크뤼(Grand Cru : 위대한 포도원)란 칭호를 부여하고 있다. 1855년 파리 만국박람회가 열렸을 때에 87개의 그랑 크뤼가 선정되었는데, 메독 61개, 그라브 1개, 소테른 지구에서 26개가 탄생하였다. 메독과 그라브 지구 62개의 레드 와인은 다시 품질 수준에 따라 1등급에서 5등급으로 세분화되었다. 그리고 소테른 지구 26개의 화이트 와인은 특등급, 1등급, 2등급으로 세분화되어 가격의 기준이 되었다. 이같은 샤토의 등급이 오늘날까지 변함이 없다.

한편, 메독 지구에는 크뤼 부르조아(Cru Bourgeois) 등급이 있다. 이는 그랑 크뤼에 속하지는 않지만 우수한 와인을 생산하는 샤토이다. 가격에 비해 품질이 좋은 와인으로 점차 그 명성을 얻고 있다. 그리고 세컨드 와인(second wine)이 있다. 일부 샤토에서 어린 포도나무로 재배한 포도나 품질이 샤토의 기준에 미치지 못하는 포도로 만든 와인을 가리킨다. 이러한 와인은 가격이 저렴하고 맛도 좋다.

*** 메독**

보르도 지방의 와인 산지 중에서 가장 중요한 메독 지구는 지롱드 강과 대서양 사이에 위치하고 있다. 이 지역이 세계적인 명성을 얻고 있는 것은 오랜기간 숙성시켜 부드러운 맛과 깊고 그윽한 향내를 느낄 수 있는 최상품 와인이 많이 생산되기 때문이다. 메독 지구의 토양은 자갈, 모래, 조약돌 성분의 석회질 토양이고 이러한 토양과 기후에서 잘 자라는 포도품종이 까베르네 소비뇽 이다. 메독의 포도주는 골격이 있고 짜임새가 있으며, 오래 보존할 수 있는 레드 와인들 이다.

메독은 Haut–Médoc 과 Bas–Médoc 으로 크게 나누어진다.

1855년부터 시행된 품질 분류 체계에 의한 Grand Cru Classe 에 포함되는 포도원이 무려 61개나 속해 있다. 라벨에 'Appellation Medoc Controlee' 라고 표기되어 있으면 바 메독 지구에서 재배된 포도를 원료로 생산된 와인을 말한다. 바 메독이라는 지명은 라벨에 쓰지 않는다. 'Appellation Haut–Medoc Controlee' 라고 표기되어 있으면, 이들 6개 마을 이외에서 재배된 포도를 원료로 생산된 와인이다. 이 지역의 포도품종은 카베르네 소비뇽, 메를로, 카베르네 프랑, 프티 베르도, 말벡 등이다.

〈 메독 와인의 등급(Grand Cru Classé, 1855년) 〉

Premiers Crus (프리미에 크뤼) 그랑크뤼 1등급 (5개)		
Chateau Haut-Brion(Graves)	샤토 오 브리옹	Pessac
Chateau Lafite-Rothschild	샤토 라피트 로칠드	Pauillac
Chateau Latour	샤토 라투르	Pauillac
Chateau Margaux	샤토 마고	Margaux
Chateau Mouton-Rothschild	샤토 무통 로 칠드	Pauillac

◀ 샤또 무통 로

Deuximes Crus (두지엠 크뤼) 그랑크뤼 2등급 (14개)		
Chateau Brane-Cantenac	샤토 브란 캉트낙	Margaux
Chateau Cos d'Estournel	샤토 코데스 투르넬	Saint-Estphe
Chateau Ducru-Beaucaillou	샤토 뒤크뤼 보카유	Saint-Julien
Chateau Durfort-Vivens	샤토 뒤르포르 비방	Margaux
Chateau Gruaud-Larose	샤토 그뤼오 라로즈	Saint-Julien
Chateau Lascombes	샤토 라스콩브	Margaux
Chateau Loville-Barton	샤토 레오빌 바르통	Saint-Julien
Chateau Loville-Las-Cases	샤토 레오빌 라스 카즈	Saint-Julien
Chateau Loville-Poyferre	샤토 레오빌 푸아프레	Saint-Julien
Chateau Montrose	샤토 몽로즈	Saint-Estphe
Chateau Pichon-Longueville-Baron	샤토 피숑 롱그빌 바롱	Pauillac
Chateau Pichon-Longueville-Lalande	샤토 피숑 롱그빌 랄랑드	Pauillac
Chateau Rausan-Sgla	샤토 로장 세글라	Margaux
Chateau Rausan-Gassies	샤토 로장 가시	Margaux

샤또 코데스 투르넬 ▲

Troisimes Crus (트로아지엠 크뤼) 그랑크뤼 3등급 (14개)		
Chateau Boyd-Cantenac	샤토 부아 캉트낙	Margaux
Chateau Calon-Segur	샤토 칼롱 세귀르	Saint-Estphe
Chateau Cantenac-Brown	샤토 캉트낙 브라운	Margaux
Chateau Desmirail	샤토 데스미라이	Margaux
Chateau Ferrire	샤토 페리에르	Margaux
Chateau Giscours	샤토 지스크루	Margaux
Chateau Kirwan	샤토 키르방	Margaux
Chateau d'Issan	샤토 디상	Margaux
Chateau Lagrange	샤토 라그랑주	Saint-Julien
Chateau La Lagune	샤토 라 라귄	Haut Mdoc
Chateau Langoa-Barton	샤토 랑고아 바르통	Saint-Julien
Chateau Malescot-Saint-Exupery	샤토 말레스코 생텍쥐페리	Margaux
Chateau Marquis-d'Alesme-Becker	샤토 마르키 달레슴 베케르	Margaux
Chateau Palmer	샤토 팔메르	Margaux

샤또 칼롱 세귀르 ▲

Quatrimes Crus (쿠아트리엠 크뤼) 그랑크뤼 4등급. (10개)		
Chateau Beychevelle	샤토 베슈벨	Saint-Julien
Chateau Branaire-Ducru	샤토 브라네르 뒤크뤼	Saint-Julien
Chateau Duhart-Milon-Rothschild	샤토 뒤아르 밀롱 로칠드	Pauillac

Chateau Lafon-Rochet	샤토 라퐁로세	Saint-Estphe
Chateau Marquis-de-Terme	샤토 마르키 드 테름	Margaux
Chateau Pouget	샤토 푸제	Margaux
Chateau Prieur-Lichine	샤토 프리에레 리신	Margaux
Chateau Saint-Pierre	샤토 생 피에르	Saint-Julien
Chateau Talbot	샤토 탈보	Saint-Julien
Chateau La Tour-Carnet	샤토 라 투르 카르네	Haut Mdoc
Cinquimes Crus (퀴엠 크뤼) 그랑크뤼 5등급 (18개)		
Chateau d'Armailhac	샤토 다르마이악	Pauillac
Chateau Batailley	샤토 바타이	Pauillac
Chateau Belgrave	샤토 벨그라브	Haut Mdoc
Chateau Camensac	샤토 카망삭	Haut Mdoc
Chateau Cantemerle	샤토 캉트메를	Haut Mdoc
Chateau Clerc-Milon	샤토 클레르 밀롱	Pauillac
Chateau Cos-Labory	샤토 코스 라보리	Saint-Estphe
Chateau Croizet-Bages	샤토 크루아제 바주	Pauillac
Chateau Dauzac	샤토 도작	Margaux
Chateau Grand-Puy-Ducasse	샤토 그랑 퓌 뒤카스	Pauillac
Chateau Grand-Puy-Lacoste	샤토 그랑 퓌 라코스테	Pauillac
Chateau Haut-Bages-Liberal	샤토 오 바주 리베랄	Pauillac
Chateau Haut-Batailley	샤토 오 바타이	Pauillac
Chateau Lynch-Bages	샤토 린슈 바주	Pauillac
Chateau Lynch-Moussas	샤토 린슈 무사스	Pauillac
Chateau Pdesclaux	샤토 페데스클로	Pauillac
Chateau Pontet-Canet	샤토 퐁테 카네	Pauillac
Chateau du Tertre	샤토 뒤 테르트르	Margaux

▲ 샤또 베슈벨

▲ 샤또 오 바타이

* 그라브

보르도의 가론느강 서쪽 둑을 따라서 형성된 포도밭으로, 메독에 이어서 그라브 지방은 레드 와인과 화이트 와인을 생산하고 있으며, 토질은 자갈 등 퇴적물 층으로 구성되어 있다. 배수가 잘 되고, 낮 동안 달구어진 자갈이 밤에는 보온을 유지하게 하여 포도를 재배하기에 적합하다. 또 작은 돌이 섞인 자갈과 약간의 점토가 섞여 있는 토양에서 이 지역 와인의 독특한 맛이 만들어진다.

적포도주 생산 포도원 중에는 A.O.C 포도원인 뻬싹 레오냥 (Pessac−Léognan)이 북쪽에 자리잡고 있는데, 이 지역은 더욱 짜임새 있는 적포도주를 생산한다. 남쪽으로는 토질에 모래 성분이 많아 백포도주 생산이 유리하므로 적포도주의 경우 가벼운 맛을 지니고 있다.

와인의 등급은 1953년에 정해지고, 다시 1959년에 수정되었다. 메독이나 생테밀리옹과는 달리, 등급을 지명의 알파벳 순위로 정한 것이 특징이다. 가장 유명한 샤토 오 브리옹(Chateau Haut−Brion)은 이미 1855년에 이미 그랑 크뤼의 1등급으로 선정된 바 있다. 그라브는 최상급의 레드 와인 13개, 화이트 와인 10개가 지정되어 있는데 다음과 같다.

〈 그라브 와인의 등급 〉

Crus Classes 레드 와인.	
Chateau Bouscaut(Cadaujac)	샤토 부스코
Chateau Haut-Bailly(Lognan)	샤토 오 바이
Chateau Carbonnieux(Lognan)	샤토 카르보니유
Domaine de Chevalier(Lognan)	도멘 드 · 슈발리에
Chateau Fieuzal(Lognan)	샤토 피우잘
Chateau Olivier(Lognan)	샤토 올리비에
Chateau Malartic-Lagravire(Lognan)	샤토 말라르틱 · 라그라비에르
Chateau La Tour Martillac(Martillac)	샤토 라 투르 마르티약
Chateau Smith Haut Lafitte(Martillac)	샤토 스미스 오 라피트
Chateau Haut-Brion(Pessac)	샤토 오-브리옹
Chateau Pape Clement(Pessac)	샤토 파프 클레망
Chateau La Mission Haut-Brion(Talence)	샤토 라 미숑 오-브리옹
Chateau Latour-Haut Brion(Talence)	샤토 라투르 오 브리옹
Crus Classes (화이트 와인)	
Crus Classes (화이트 와인)	
Chateau Bouscaut(Cadaujac)	샤토 부스코
Chateau Carbonnieux(Lognan)	샤토 카르보니유
Domaine de Chevalier(Lognan)	도멘 드·슈발리에
Chateau Malartic-Lagravire(Lognan)	샤토 말라르틱·라그라비에르
Chateau Olivier(Lognan)	샤토 올리비에
Chateau La Tour Martillac(Martillac)	샤토 라 투르 마르티약
Chateau Laville Haut-Brion(Talence)	샤토 라빌 오 브리옹
Chateau Couhins Lurton(Villenave-d'Ornon)	샤토 쿠엥스 루통

샤토 라투르 ▲ 오브리옹

*** 소테른**

보르도 남쪽으로 40km 떨어진 곳에 위치한 이 지역은 특이한 기후의 혜택을 충분히 누린다. 씨롱 (Ciron)이라는 작은 강줄기 (난류와 한류가 교차)가 있어 포도가 잘 익을 때쯤이면 하루 중에도 습한 날씨(아침 안개)와 건조한 날씨가 교차한다.

이러한 기후는 포도알에 번식하는 일명 귀부 병으로 일컬어지는 보트리티스 시네리아 (Botrytis cinerea) 라는 미세한 곰팡이의 생육조건을 조성해 준다.

그러므로 포도알의 즙은 농축되어 껍질의 수분은 증발하고 포도즙의 당도가 높아져 특별한 향기가 새로이 나타나게 되는 것이다. 포도알의 이러한 질적인 변형은 한꺼번에 일어나지 않는다. 따라서 여러 차례에 걸쳐 수확이 이루어지며, 이를 '계속적인 선별'이라 부르는 것은 위에서 설명한 상태에 포도알 만을 수확하기 때문이다.

이런 포도로 만든 와인은 매우 달고 독특한 풍미를 갖는 스위트한 와인이 된다. 특히 샤토 디켐(Chateau d'Yquem)은 귀부포도만을 사용하여 만든 와인으로서 프랑스의 스위트 화이트 와인의 최고품으로 꼽힌다. 생산량은 1ha당 25000L정도로 소량 생산된다.

스위트 화이트 와인을 생산하는 소테른 지역 소재 26개 그랑 크뤼는 1855년에 이미 선정되었고, 이후 세 등급으로 나뉘어지게 되었다. 샤토 디켐이 유일하게 특등급이며, 1등급은 11개, 2등급은 14개이다.

〈 소테른 와인의 등급(Grand Cru Class, 1855년) 〉

Grand Premier Cru(특등급)	
Chateau d' Yquem (Sauternes) 샤토 디켐	

Premiers Crus(1등급).	
Chateau La Tour-blanche(Bommes)	샤토 라투르 블랑쉬
Chateau Lafaurie-Peyraguey(Bommes)	샤토 라포리 페이라게이
Clos Haut-Peyraguey(Bommes)	클로 오 페이라게이
Chateau de Rayne-Vigneau(Bommes)	샤토 드 렌느 비니오
Chateau Suduiraut(Preignac)	샤토 수뒤이로
Chateau Coutet(Barsac)	샤토 쿠테
Chateau Climens(Barsac)	샤토 끌리망
Chateau Guiraud(Sauternes)	샤토 쥐로
Chateau Rieussec(Fargues)	샤토 리우섹
Chateau Rabaud-Promis(Bommes)	샤토 라보 프로미
Chateau Sigalas Rabaud(Bommes)	샤토 시갈라 라보

'샤토 수뒤이로'

* 생테밀리옹

샤토 슈발블랑

생테밀리옹 지구는 도르도뉴 강의 북쪽 서변에 있으며 메독에 필적하는 양질의 레드 와인을 생산하고 있다. 생테밀리옹에서는 주로 레드 와인이 생산되고 있다. 여기에 사용되는 포도품종은 메를로를 주품종으로 카베르네 프랑, 카베르네 소비뇽, 말백 등이다. 그래서 떫은맛이 적고 향기가 풍부하며 매끄러운 맛이 만들어진다. 와인의 등급은 1955년에 정해지고, 다시 1969년, 1985, 1996년, 2006년 각각 수정되었다. 10년에 한번씩 수정된다. 1855년에 정해진 메독의 그랑 크뤼와는 약간 다르다. 상위 18개 샤토를 프레미에르 그랑 크뤼 클라세(Premiers Grands Crus Clasess) 즉, 1등급이라고 정하였고, 그 중 4개의 샤토 오존과 샤토 슈발 블랑 등은 특별히 취급하는데, 메독의 그랑 크뤼 클라세 1등급과 같은 수준이다. 나머지 14개의 샤토는 메독의 그랑 크뤼 클라세의 2등급에서 5등급 정도의 수준이다.

〈 생테밀리옹 와인의 등급 〉

* 포메롤

포메롤은 도르도뉴 강 오른쪽 연안에 위치하고 있으며, 이 곳의 토양은 자갈이 많은 점질토양이기 때문에, 까베르네 쇼비뇽은 잘 자라지 못하므로, 토양의 성질에 적합한 메를로와 까베르네 프랑을 재배하여 성공하였다.

그래서 메독의 와인보다 탄닌이 적고 향기가 풍부하며 매끄러운 맛이 만들어진다.

포메롤은 샤또의 규모가 매우 작고 생산량이 적기 때문에 희소가치로서도 이름이 나 있다. 포메롤은 공식적인 샤토의 등급은 없지만 최상품의 레드 와인을 생산하는 샤토가 10여 개에 달한다. 이 중 샤토 페트뤼스(Chateau Petrus)는 부르고뉴 지방의 '로마네 콩티(Romane Conti)'와 함께 세계에서가장 값비싼 와인으로 잘 알려져 있다.

포메롤의 그랑 크뤼

Chateau Petrus	샤토 페트뤼스
Chateau petit-Village	샤토 프티 빌라지
Chateau L'Evangile	샤토 레반질르
Chateau La Flurs Petrus	샤토 라 플뢰 페트뤼스
Chateau Latour Pomerol	샤토 라투 아 포메롤
Chateau La Conseillante	샤토 라 콘세앙트
Chateau Trotanoy	샤토 트로타노이
Vieu Chateau-Certan	비유 샤토 세르탕
Chateau Gazin	샤토 가쟁
Chateau Le Pin	샤토 르 팽
Chateau L'Eglise Clinet	샤토 레글리즈 클리네

샤토 라플뢰 페트뤼스

(2) 부르고뉴 지방

부르고뉴는 보르도와 함께 프랑스의 2대 와인 산지 가운데 하나이다. 영어로는 버건디(Burgundy)라고 불린다. 이 지역은 중세 때부터 귀족이나 수도원 소유의 포도원이 많았는데, 프랑스 혁명 이후 정부가 몰수하여 소규모로 분할하여 개인에게 양도하였다. 이후 자식들에게 상속되면서 포도밭이 아주 작은 단위의 클리마(climat)로 쪼개져 공동으로 소유하고 있는 곳이 많다. 그래서 소규모의 개인 영세 포도원들로부터 포도를 사들여 와인을 만드는 중간제조업자 '네고시앙(negociant)'에 의해서 와인의 품질이 크게 좌우된다. 부르고뉴 전체 와인의 60%가 네고시앙 와인이라 할 수 있다. 그리고 보르도의 샤토와 같이 대규모의 밭을 소유하고 포도재배 및 와인양조 시설까지 갖춘 도멘(Domaine)이 있다. 도멘의 와인은 대체로 토양이 지닌 맛을 살린 와인

〈 부르고뉴 주요 와인산지 〉

이 많고, 네고시앙은 혼합기술의 차이에 따라 품질과 개성에 큰 차이가 있을 수 있다. 여러 토양의 성분이 혼합되어 있지만, 그만큼 와인을 비교해 가면서 마실 수 있다는 또 다른 즐거움이 있다. 부르고뉴에서는 일반적으로 블렌딩 하지 않고 단일 포도품종으로만 와인을 만든다. 재배되는 포도품종의 종류는 많지 않다. 레드와 로제 와인의 경우 피노 누아(Pinot Noir), 가메(Gamay) 그리고 화이트 와인의 경우 샤르도네(Chardonnay), 알리고테(Aligote) 각각 두 가지 품종을 사용한다. 레드 와인은 전체적으로 탄닌이 적고, 향기가 풍부하며 매끄러운 맛이 특징이다.

부르고뉴 포도밭의 대부분은 낮은 구릉의 언덕을 따라 조성되어 있다. 포도밭의 위치와 경사도, 토양의 성질 등을 고려하여 와인의 등급을 결정한다. 특급 밭이나 1급 밭은 대개 언덕의 중간에 위치하고 있다. 언덕의 경사도는 방향과 일조량에 직접적인 관계가 있다. 이와 같이 포도밭의 위치, 경사도, 일조량 등에 따라 특급 밭, 1급 밭, 빌라지, 레지오날 등 4단계로 와인의 등급을 부여한다.

부르고뉴 지방의 와인산지는 북쪽에서부터 샤블리, 코트 도르, 코트 샬로네즈, 마코네, 보졸레 지구로 이어진다. 이 중에서도 가장 유명한 와인산지가 코트 도르 지구이다. 이곳은 보르도 지방의 메독과 함께 세계에서가장 뛰어서 품질의 와인이 생산되는 지구이다. 프랑스 와인의 명성은 메독과 코트 도르 지구에서 비롯되었다고 할 수 있다.

*** 샤블리**

부르고뉴의 최북단에 위치한 지구로 최상품의 드라이한 화이트 와인이 생산되는 곳이다. 부르고뉴의 산간지역에 있는 포도원이 동쪽으로 오세르(Auxerre)까지 퍼져 있다. 파리 분지의 가장자리에 위치해 있으며 진흙 석회 성분인 토양에는 화석이 풍부하며 샤르도네가 잘 적응하는 떼루아르이다.

Chablis(샤블리)는 맛이 강하고 귀족적이며 우아한 화이트 와인으로서 그 명성이 높아서 프랑스 외의 지역에서는 무감미 화이트 와인의 대명사로 잘 알려져 있다.

'샤블리, 쁘띠 샤블리와인'

① Chablis Grand Cru (샤블리 그랑 크뤼)

② Chablis Premier Cru (샤블리 프르미에 크뤼)

③ Chablis (샤블리)

④ Petit Chablis (쁘띠 샤블리)

이곳에서 재배되는 포도품종은 샤르도네로 산도가 있고, 과일향이 풍부하며 드라이한 맛을 낸다. 어패류와 잘 어울리는 와인이다. 샤블리 지구의 와인 등급은 프티 샤블리, 샤블리, 샤블리 프리미에 크뤼, 샤블리 그랑 크뤼 등 4단계로 구분되어 와인을 생산하고 있다. 샤블리에서가장 고급의 와인으로 7개의 특급포도밭에서 생산된다.

보데지르(Vaudsir), 레 클로(Les Clos), 부그로(Bougros), 블랑쇼(Blanchot), 프뢰즈(Preuses), 그르누이(Grenouilles), 발뮈르(Valmur) 등이다.

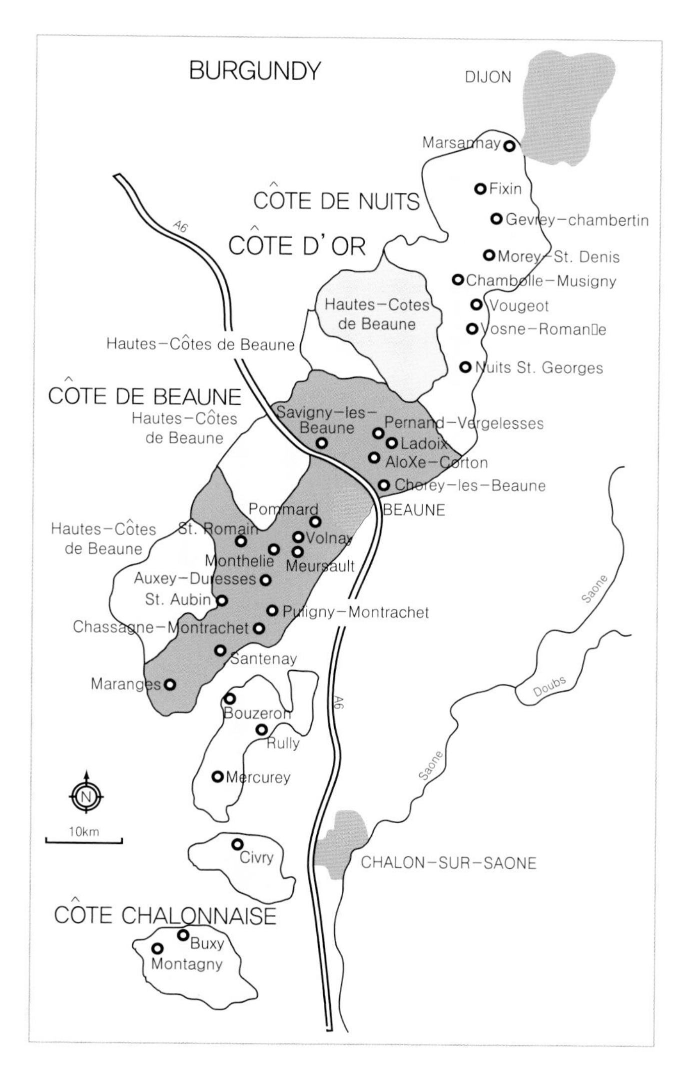

〈 코트 도르와 샬리네즈지구 주요 와인산지 〉

*** 코트 도르**

코트 도르는 '황금의 언덕(비탈길)'이라는 뜻이다. 낮은 구릉의 언덕을 따라 디종(dijon)에서 상트네(santenay)까지 길게 포도밭이 조성되어 있다. 북쪽의 코트 드 뉘(Cte de Nuits)와 남쪽의 코트 드 본(Cte de Beaune)으로 나뉜다. 코트 드 뉘는 보르도 지방의 메독과 함께 세계에서가장 뛰어난 품질의 레드 와인이 생산된다. 재배되는 포도품종은 피노 누아이며, 탄닌이 적고 장기 숙성 후 화려한 향기가 난다. 코트 드 뉘에서의 명성이 높은 와인산지로 기억해 두어야 할 마을과 포도밭이 있는데 다음과 같다.

코트 드 본은 코트 드 뉘의 남쪽으로 길게 위치하고 있다. 코트 드 본에서 생산되는 와인의 75%는 레드 와인, 25%가 화이트 와인이다. 그러나 코트 드 뉘의 레드 와인에 비해 코트 드 본에서는 드라이한 맛의 화이트 와인이 유명하다. 재배되는 포도품종

pinot noir 100%의 '끌로부조'

은 피노 누아, 샤르도네이다. 코트 드 본에서 명성이 높은 레드 와인과 화이트 와인산지로 기억해 두어야 할 마을과 포도밭이 있는데 다음과 같다.

* 코트 샬로네즈

코트 샬로네즈는 코트 드 본과 마코네의 중간 지역에 위치하고 있다. 생산되는 와인의 약 75%가 레드와인이며, 주요 포도품종으로는 적포도품종인 피노누아와 가메이, 백포도주 품종인 샤르도네와 알리고떼가 있다. 머큐리, 지브리, 룰리, 몽타뉘 등 4개의 마을에 집중되어 있으며, 이 지구의 그랑 크뤼는 없다.

루페 졸레 ▶

* 마코네

마코네는 남북이 50km에 이르는 가늘고 긴 지형의 와인 산지이다. 북부에서 중앙에 걸쳐서는 평지이고, 남부는 낮은 구릉의 언덕을 따라 포도밭이 조성되어 있다.

4,000여 포도 농가는 대부분 영세하여 자기이름으로 와인을 생산하는 것은 20% 밖에 되지 않으며 20여개의 협동조합을 통해 공동으로 판매하고 있다.

재배되는 포도품종은 샤르도네로 감귤계의 과일향과 상큼한 신맛이 특징이며, 부르고뉴 화이트 와인의 50% 정도를 생산한다. 특급과 1급 밭은 없지만 마을 단위급 와인의 상위에 위치한 산지가 5개 있다. 전체가 남부에 집중되어 있다.

* 보졸레

보졸레 지구는 부르고뉴의 남단에 위치하고 있다. 이 지역이 세계적인 명성을 얻게 된 것은 매년 11월 셋째 주 목요일 새벽 0시에 출시되는 보졸레누보(Beaujolais Nouveau)라는 영 와인(young wine)덕분이다. 보졸레 누보는 매년 9월에 첫수확되는 적포도를 1주일 정도 발효시킨 후 4~6주간의 짧은 숙성 기간을 거쳐 병입한다. 이 때문에 탄닌 성분 등의 추출이 적어 맛이 가볍고 신선한 과일 향이 특징이다. 사용되는 포도품종은 가메(Gamay)인데, 다른 품종에 비하여 보존성이 떨어지고 시간이 경과될수록 변질되는 특성

보졸레 누보 와인

이 있다. 따라서 크리스마스 또는 새해까지 1~2개월 내에 가장 많이 소비된다. 보졸레 누보는 레드 와인이면서 화이트 와인의 특성을 가지고 있으므로 마실 때에는 차갑게 마셔야 맛있게 느껴진다. 가벼운 음식이면 어느 것이든 잘 어울린다.

보졸레 지구의 와인은 보졸레 누보 외에 보졸레 슈페리에(suprieur), 보졸레 빌라지(villages), 보졸레 크뤼(cru) 등 세 등급이 있다. 이 중 보졸레 크뤼는 일반 보졸레와는 전혀 다른 타입이다. 개성이 있고 중후한 맛과 장기 숙성이 가능한 고급 와인으로, 10개의 마을에서 각각 특색 있는 보졸레 와인을 생산하고 있다.

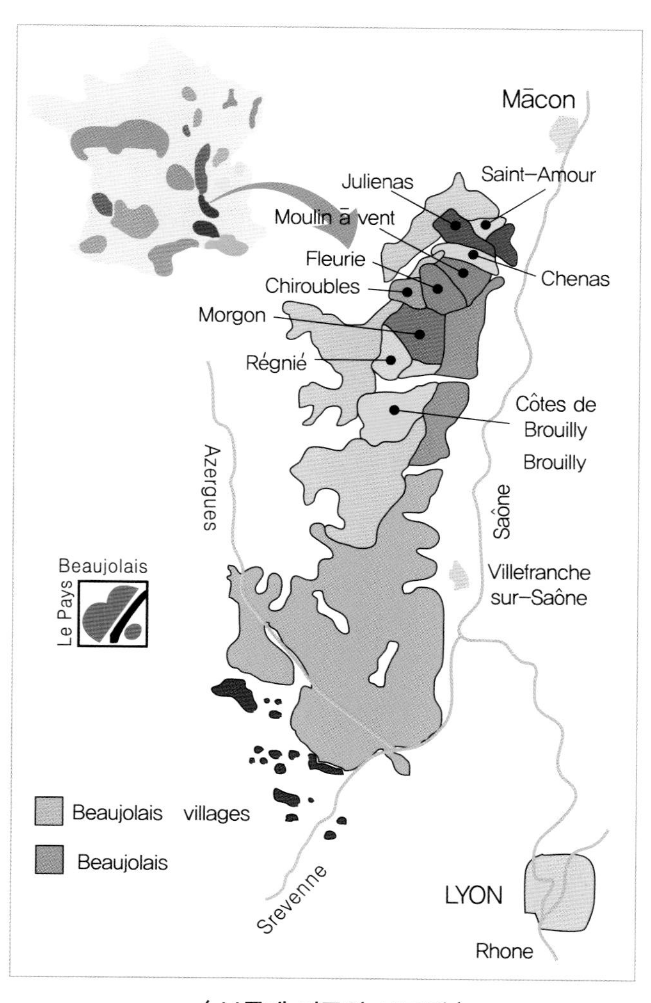

〈 보졸레 지구의 10크뤼 〉

Tip Beaujolais Nouveau(보졸레 누보)

- 품종 : Gamay (가메)
- 방식 : Maceration Carbonique(밀페된 탱크에 포도를 으깨지 않고 송이째 넣은 후 이산화탄소를 채우고 4일 정도 발효시키는 방법)
- 색 : 밝은 적색과 자주색
- 맛 : fruity, young
- 조건 : 알코올 도수 13 도 이하, 당도 2도 이하, 산도 5도 이하
- 985년부터 매년 11월 셋째 주 수요일 자정(24:00) 즉, 목요일 0시를 기해 출시하게 법으로 정해져 있다

(3) 론 지방

론 지방은 프랑스의 동남부에 위치하며, 포도재배지역은 비엔느에서 아비뇽까지 론강을 따라서 약 200km에 결쳐 길게 펼쳐져 있다 이곳은 프랑스 남부 지중해 연안으로 여름은 덥고, 겨울은 춥지 않은 기후 조건과 풍부한 일조량으로 포도의 당분이 높다. 이에 따라 이곳의 와인은 알코올 농도가 높은 편이다. 론 지방은 크게 북부 론과 남부 론으로 나뉘어 지는데, '질의 북부, 양의 남부'라는 것이 일반적인 평가이다. 북부 론에서는 양질의 와인이 생산되고 있으며, 남부 론에서는 일부 양질의 와인과 대부분 일반 테이블와인을 생산한다. 론 지방 전체 와인의 85%를 남부 론에서 생산되고 있다. 적게는 몇 종류, 많게는 수십 종류의 포도를 섞어서 와인을 만든다.

〈 론지방 주요 와인산지 〉

북부 론에서는 주로 적포도의 쉬라 품종을 사용한 레드 와인을 생산하는데, 유명한 와인 산지는 '코트 로티, 에르미타주'가 있다. 남부 론에서는 그르나쉬를 주품종으로 한 레

드 와인산지로 '샤토 뇌프 뒤 파프와 타벨'의 로제 와인이 유명하다. 1937년에 처음으로 꼬뜨뒤론 지역에 AOC제도가 도입되어 원산지를 분류하였다.

(4) 알자스 지방

알자스 지방은 동쪽으로는 라인강을, 서쪽으로는 조뷰 산택 사이에 남북으로 길고 가늘게 늘어서 있다. 두 나라 사이의 경계가 되는 지역에 위치함으로써 지형적 이외에 정치 · 문화적으로 알자스 와인에 지대한 영향을 미쳤다. 그래서 와인의 스타일이 비슷하며, 포도품종에는 독일의 영향이 깊게 배어 있다. 단일 포도품종으로 와인을 만들고 있으며, 과일향과 신선한 맛의 드라이 화이트 와인을 주로 생산하고 있다.

알자스는 다른 지방과는 달리 와인에 지역명을 붙이지 않고, 포도의 품종명이 표기된다. 재배하는 포도품종은 리슬링, 게뷔르츠트라미너, 피노 그리, 뮈스카 등이 가장 좋은 품종으로 인정받고 있다. 알자스의 그랑 크뤼의 와인은 다음과 같은 조건이 충족되어야 한다.

- 리슬링, 게뷔르츠트라미너, 뮈스카 등 단일 품종을 원료로 사용하는 경우
- 포도품종 및 빈티지를 표시하는 경우
- 포도의 당도가 높고, 알코올 도수 11% 이상의 경우

알자스 지방의 유명 와인산지에는 콜마(Colmar)에 인접한 리크비르(Riquewihr), 카이자스베르그(Kaysersberg), 리보비르(Ribeauville) 등을 들 수 있다.

리슬링 와인 ▶

(5) 루아르 지방

프랑스에서가장 긴 루아르 서1,000km) 유역을 따라 포도밭이 조성되어 있다. 프랑스의 북부에 위치하고 있어 포도 재배환경은 그다지 좋지 않다. 재배하는 포도품종은 화이트 와인의 소비뇽 블랑, 슈냉블랑, 샤르도네, 뮈스카데가 많이 재배된다. 레드 와인은 카베르네 소비뇽, 카베르네 프랑, 피노 누아, 가메 품종이 사용된다.

강의 상류, 중류, 하류에 따라 기후와 토양이 매우 다르기 때문에 지역에 따

라 와인의 맛도 일정하지 않다. 다만 로제 와인은 여러 가지 형태로 생산되고 있어 루아르를 '로제 와인의 보고'라고도 한다. 주요 와인 산지는 루아르 서하류의 낭트, 앙주시를 중심으로 한 앙주 · 소뮈르, 루아르 강 중류의 투렌느 그리고 루아르 서상류의 상트르(Centre : 중앙 프랑스) 등 4개의 지역으로 크게 나눌 수 있다.

〈루아르 지방의 와인산지〉

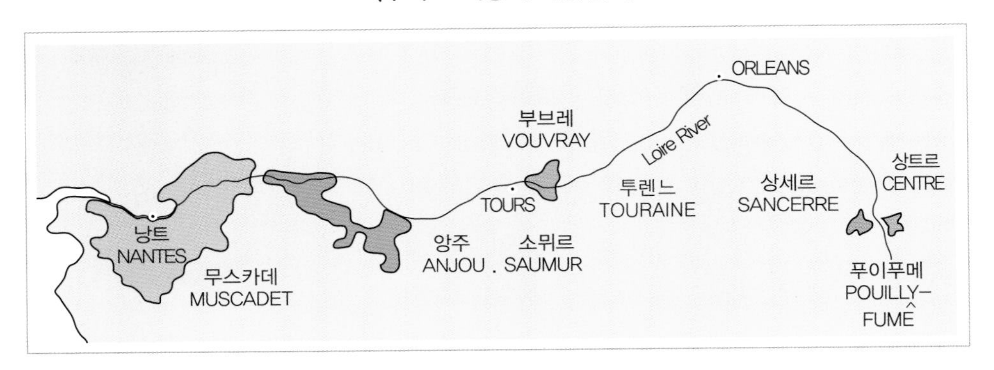

(6) 샹파뉴 지방

샹파뉴 지방은 프랑스의 최북단에 위치하고 있다. 추운 기후조건에서자란 포도는 당도가 적고, 신맛이 매우 서한 편이다. 그러나 이 지방 발포성 와인의 산뜻한 맛에 기여를 하고 있다. 프랑스 샹파뉴 지방에서만 생산되는 발포성 와인을 샴페인이라고 한다. 지명이 술 이름으로 영어식 발음이다. 모든 샴페인은 스파클링 와인이지만, 모든 스파클링 와인은 샴페인이 될 수 없다. 보통 스파클링 와인은 지역에 따라 명칭이 달라진다. 이탈리아는 스푸만테(Spumante), 스페인은 카바(Cava), 독일은 섹트(Sekt)라는 명칭을 사용한다. 같은 프랑스라도 샹파뉴 지방의 것이 아니면 샴페인이라는 명칭을 쓸 수 없고, 뱅 무스(Vin Mousseux) 또는 크레망(Cremant)이라고 한다. 샴페인은 스틸 와인에 설탕과 효모를 첨가해 병 속에서2차 발효를 일으켜 와인 속에 탄산가스를 갖도록 한 것이다. 그래서 샴페인은 마개가 빠질 때 나는 펑하는 소리와 함께 이는 거품이 특징인 술로서 각종 기념일에 빠지지 않는 축하주이다. 샴페인의 매력은 입 안을 톡톡 쏘는 탄산가스에 의한 신선하고 자극적인 맛과 마시는 동안 계속 올라오는 거품에 있다. 거품의 크기가 작고, 거품이 올라오는 시간이 오래 지속되는 것이 고급 샴페인의 기준이 된다. 또 단맛의 정도

◀ 모엣 상동

에 따라서 다음과 같이 구분한다.

샴페인은 모든 음식에 잘 어울린다. 식전주나 식중주로 마실 때에는 드라이한 맛의 브뤼나 엑스트라 섹이 적당하다. 반면에 디저트와 함께 식후주에는 단맛이 소화를 돕고 적당하다.

스파클링 와인과 샹파뉴(Champagne)의 제조방법에는 약간의 차이가 있다. 또한 샹파뉴(Champagne)의 포도품종은 A.O.C법에 의해 삐노 누아(Pinot Noir, 적포도), 삐노 뭬니에(Pinot Menier, 적포도), 샤르도네(Chardonnay)등 3가지 포도품종만을 사용해야 한다고 정해져 있다.

샤르도네(Chardonnay)만을 사용하여 만든 샴페인을 블랑 드 블랑(Blanc de Blanc)이라고 한다. 삐노 누아(Pinot Noir, 적포도), 삐노 뭬니에(Pinot Menier, 적포도)로 만든 샴페인을 블랑 드 느와(Blanc de Noirs)라 한다.

보통은 이 세 가지 포도품종을 섞어서 만들며, 같은 해에 수확한 포도로만 만들었을 때에만 빈티지를 사용할 수 있고 최소한 3년이 경과 해야만 한다.

청포도가 많이 들어갈수록 섬세한 맛이 되고, 적포도가 많을수록 깊은 맛이 된다. 샴페인은 서로 다른 여러 지역의 포도품종이 혼합되므로, 생산지역보다는 샴페인 제조회사가 중요하다.

르미아주 과정 후 입구에 모인 침전물들

뿌삐트르에 꽂혀 있는 샴페인들

Tip

1. 샴페인과 관련된 압력 차이

– 샹파뉴(champagne): 20에서 병속의 압력이 5기압 이상
– 벵무세(Vin Mousseux) : 20℃에서 병속의 압력이 3기압 이상
– 클레망(Cremant) : 20℃에서 병속의 압력이 3기압 이상, 7개의 A.O.C가 있음
– 독일의 젝트(Sekt) : 20℃에서 병속의 압력이 3.5기압 이상
– 이탈리아의 스푸만테(Spumante) : 20℃에서 병속의 압력이 1~2.5기압

2. 거품이 넘칠 경우 방법

스파클링이나 샴페인을 오픈 후 거품이 넘칠 경우는 병을 45°로 눕혀서 공기와의 접촉면을 넓혀 줌으로서 최소화 할 수 있다.

〈프랑스 와인 레이블〉

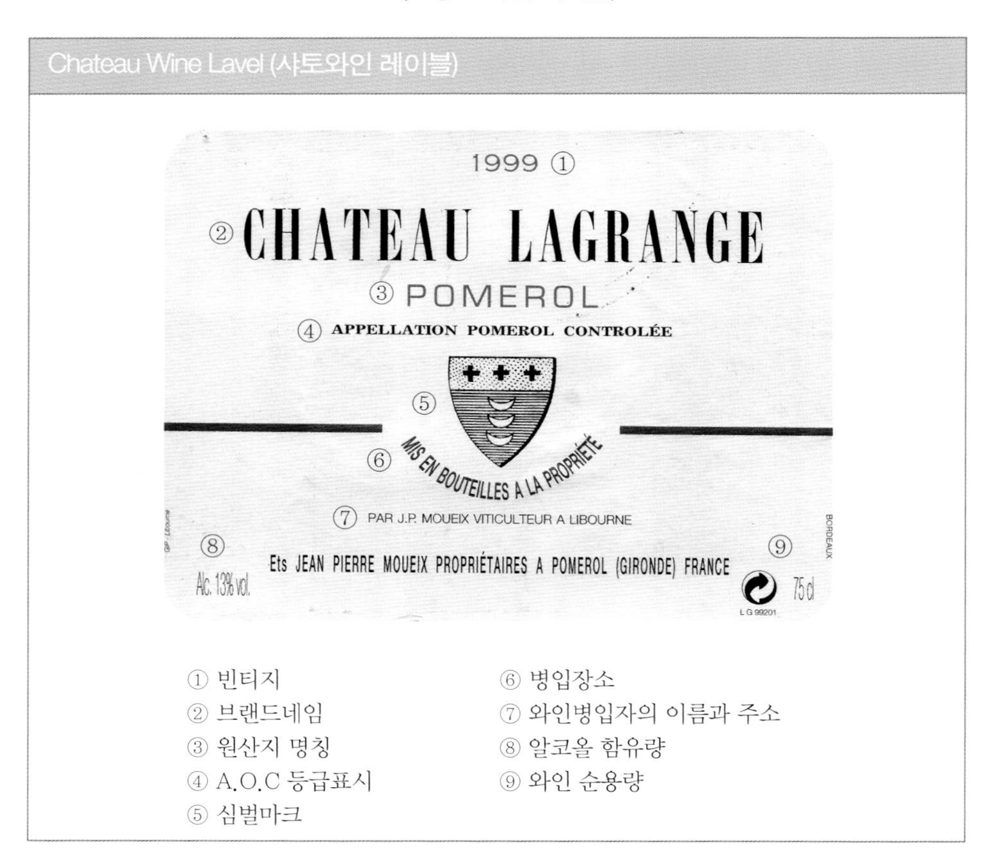

① 빈티지
② 브랜드네임
③ 원산지 명칭
④ A.O.C 등급표시
⑤ 심벌마크
⑥ 병입장소
⑦ 와인병입자의 이름과 주소
⑧ 알코올 함유량
⑨ 와인 순용량

Negociant Wine Label (네고시앙 와인 레이블)

①

②

MOUTON CADET®

③ BORDEAUX

④ APPELLATION BORDEAUX CONTROLÉE

⑤ 2001

⑥ MIS EN BOUTEILLE A SAINT-LAURENT-MÉDOC PAR

BARON PHILIPPE DE ROTHSCHILD, S.A. ⑦

⑧ NÉGOCIANTS A PAUILLAC - GIRONDE - FRANCE

⑨ Alc.12%vol. ⑪ PRODUCE OF FRANCE 75 cl ⑩

L108529

① 심볼마크	⑦ 와인병입자의 이름과 주소
② 브랜드네임	⑧ 제조업체
③ 원산지 명칭	⑨ 알코올 함유량
④ A.O.C 등급표시	⑩ 와인 순용량
⑤ 빈티지	⑪ 생산국가
⑥ 병입장소	

이탈리아 와인

이탈리아는 남북으로 긴 국토에 걸쳐 포도밭이 조성되어 있다. 지중해의 영향으로 온화한 기후 덕분에 포도재배에 아주 좋은 조건을 갖추고 있다. 오랜 역사와 전통, 제반 조건을 갖추고 있음에도 불구하고 전근대적인 생산방식과 품질관리 소홀로 세계시장에서 주목받지 못하였다. 그러다가 1963년 이탈리아 정부가 와인 산업의 발전을 위해 프랑스의 AOC법을 모방한 DOC법을 도입하면서 양질의 다양한 와인을 생산하기 시작하였다. 오늘날에는 1992년에 개정된 DOC법을 바탕으로 더 완벽한 품질관리를 통해 이탈리아 와인산업은 르네상스시대를 구현하고 있다. 이탈리아 와인의 등급은 4가지로 분류하는데 다음과 같다.

〈이탈리아 와인 등급〉

이탈리아의 등급분류에는 크게 세 가지 DOCG, DOC, VDT로 분류되며 이는 다음과 같다.

등급	내용
VDT등급	Vino da Tabla (테이블 와인) 일반 테이블 와인으로 저렴하여 일상적으로 소비하는 와인이다.
I.G.T	Indicazione Geografica Tipica (지방와인)(인디카파지오네 지오그라피카 티피카) 프랑스의 뱅 드 페이에 해당되는 등급의 와인이다.
D.O.C	Denominazione di Origine Controllata (데노미나죠네 디 오리지네 꼰트롤라따) 원산지 통제표시 와인 품질을 결정하는 위원회에 의하여 원산지, 수확량, 숙성기간, 생산방법, 포도품종, 알코올 함량 등을 규정하고 있다.
D.O.C.G	Denominazione di Origine Controllata e Garantita (데노미나죠네 디 오리지네 꼰트롤라따 에 가란띠따) 원산지통제 표시 와인으로 정부에서 보증한 최상급와인 (특급와인)을 의미한다.

〈이탈리아 와인 레이블〉

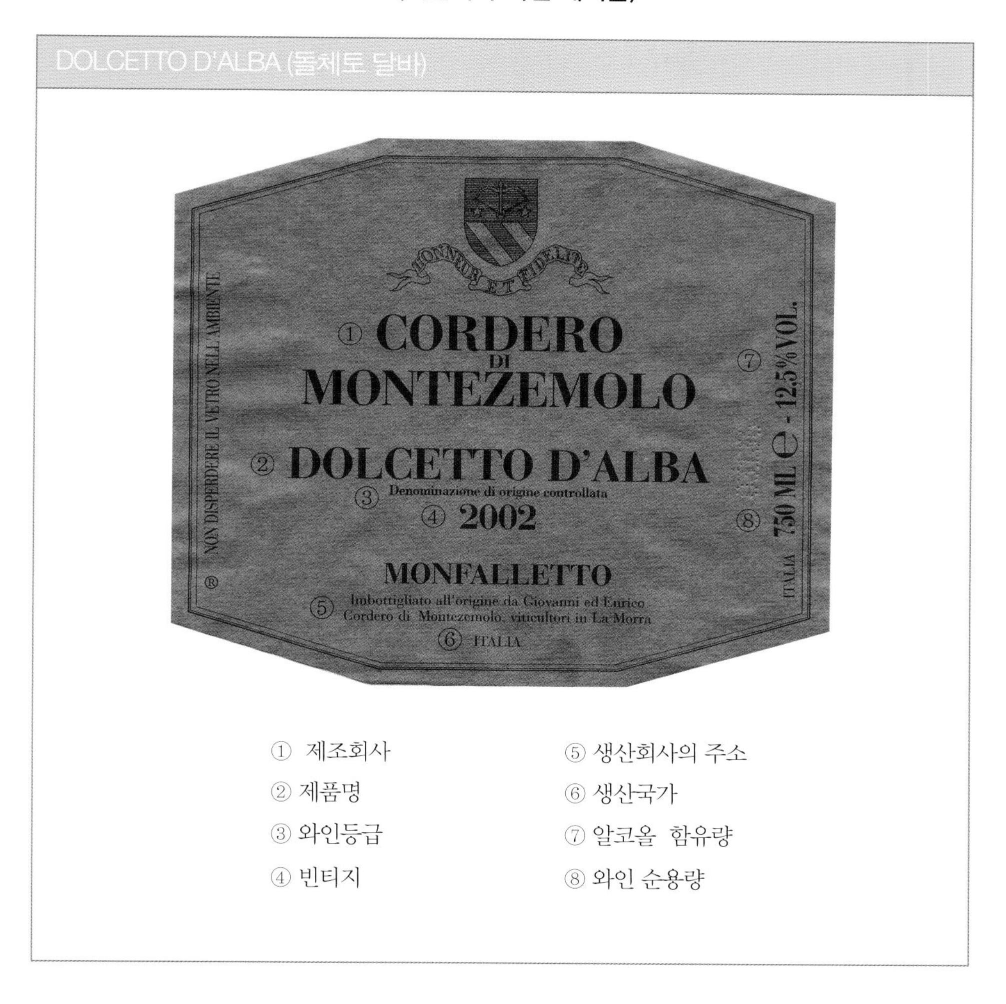

이탈리아 와인의 특징은 전형적인 지중해성 기후의 영향으로 포도의 당분 함량이 높고, 산도가 약하다. 이러한 포도로 만든 와인은 알코올 농도가 높다. 또한 기후의 영향으로 대부분 레드 와인을 생산하며, 오크통에서 장기간 숙성시키므로 묵직하고 텁텁한 남성적인 풍미를 갖고 있다. 이탈리아에서는 많은 자생포도품종을 재배하고 있는데, 레드 와인은 네비올로, 산지오베제, 바르베라, 몬테풀치아노, 돌체토, 카나이올로 등이다. 화이트 와인은 트레비아노, 말바시아, 모스카토가 많이 재배된다. 와인의 명칭은 포도 품종명, 산지명, 생산자명을 사용한다. DOC 와인을 가장 많이 생산하는 지방은 피에몬테, 토스카나, 베네토 등으로 이탈리아의 대표적인 와인 산지이다.

(1) 주요 포도품종

- 네비올로(Nebbiolo) : 가장 많이 재배되는 품종. 알코올 함량이 높고 산도도 비교적 높은 편. 묵직한 느낌을 주며, 숙성을 잘하면 고급 와인
- 바르베라(Barbera) :묵직하고 탄닌 함량이 많다. 피에몬테 지방에서 많이 재배
- 산지오베제(sangiobese) : 네비올로와 함께 대표적인 품종
- 높은 산도와 풍요로운 과일향이 특징
- 와인은 가볍고 신선하며, 키얀티 지방이 유명
- 돌 체토(Dolcetto) : 피에몬테 지방에서 생산되며, 부드럽고 풍부한 맛의 와인
- Trebbiano(트레비아노) : 이탈리아 대표적인 청포도. 다른 나라에서는 우니 블랑, 쌩떼밀리용으로 알려짐

(2) 이탈리아의 주요 와인 생산지역

① Piemonte(삐에몬테)

삐에몬테는 '산기슭에 있는 땅(Foot of mountain)'이란 뜻으로 프랑스에서 이탈리아로 가는 도중에 몽블랑산 아래의 터널을 지나면 아름다운 산악지대가 나오는데, 이 지역이 바로 삐에몬테 지역이다. 여름에는 덥고 가을에는 선선해서 포도재배에 적당하다.

삐에몬테 최고의 레드 와인은 바롤로(Barolo)와 바르바레스코(Barbaresco)이다. 이것은 이들의 마을 이름에서 붙혀진 것이다. 주요 포도품종은 네비올로(Nebbiolo), 돌체토(Dolcetto), 바르베라(Barbera) 이다.

또한 피에몬테 남부의 아스티(asti) 지역에서 생산되는 모스카토 다스티(Moscato d'Asti)가 바로 그것이다. 디저트 와인으로 상서한 향과 단맛이 매력이다.

*바롤로

– 피에몬테 대표와인
– 네비올로 품종

바롤로 와인

– 최소 알코올함량은 13% 이상
– 최소 2년 오크통, 1년 병숙성
– Reserva 는 5년 이상

* 바르바레스코

– 네비올로 품종
– 2년이상 숙성
– 적어도 오크통숙성
– 1년 이상 필요
– Reserva 는 4년 이상

바르바레스코 와인

② Toscana(토스카나)

Toscana(토스카나) 토스카나(Toscana)는 피렌체 부근에 있는 포도재배지역으로 세계적으로 유명한 레드 와인인 키안티(Chianti)의 생산지역이다.

이탈리아 와인하면 10명 중 9명은 키안티(Chianti)를 꼽을 정도로 유명하며 키안티 와인은 모양과 포장이 특이한 피아스코 병 때문에 특히 유명하다.

키안티(Chianti)에서는 레드와인 품종으로는 산지오베제(Sangiovese)가 유명하고 산지오베제(Sangiovese)와 다른 품종을 섞어서 신맛을 부드럽게 하고 깊은 맛을 지닌 와인으로 발전되었다.

토스카나의 D.O.C.G급 와인 '브로넬로 디 몬탈치노'

키안티(Chianti) 외에도 최고등급인 D.O.C.G 와인들인 브루넬로 디 몬탈치노 (Brunello di Montalciano), 비노 노빌레 디 몬테풀치아노 (Vino Nobile di Montepulciano)가 있다.

유명한 와인회사로는 안티노리, 루피노, 프레스코발디가 있다.

키안티 지역 내에서도 토양과 기후 조건이 특별히 좋은 곳이 있는데, 이를 키안티 클라시코(classico)라고 분류한다. 키안티 클라시코는 병목에 부착되는 넥 라벨(neck label)에 검은 수탉의 그림이 그려져 있다. 이는 키안티 클라시코 지역 와인생산자 조합의 상징으로 고품질임을 입증하고 있다. 클라시코 급으로 3년 이상 숙성시킨 것은 리제르바(riserva)라고 표기한다. 이것은 키안티 와인의 최고품질이다. 일반적으로 '키안티 클라시코'는 '키안티'보다 풍미와 감칠맛이 풍부하다.

* Chianti(키안티)

– 키안티는 6개월에서 1년정도 숙성시키며, 후레쉬하면서도 후루티한 가벼운 와인임.

– 신선하고 가벼운 맛으로 키안티의 가장기본급에 해당하는 와인임.

– 기름진 음식에 잘 어울림.

– 와인의 산도가 음식의 소화를 도와줌.

* Chianti Classico(키안티 클라시코)

– 키안티 지역 내에서도 토양과 기후조건이 특별히 좋은 곳이있는데, 이 지역에서 생산된 와인을 키안티 클라시코로 따로 분류함.
– 최소 2년을 오크통에서 숙성시키며, D.O.C법에 의해 엄격하게 모든 과정이 통제되는 고품질의 와인임.

* Chianti Classico Riserva(키안티 클라시코 리제르바)

– 리제르바(Riserva)는 영어의 Reserve에 해당되는 의미로서 업체마다 "특별한 것"이라는 뜻으로 사용됨.
– 병입되기전 오크통에서 3년간 숙성시킨다.
– 이 와인은 짚으로 싸지 않으며 보르도 타입의 병을 사용한다.
– 이 와인은 산도와 탄닌이 조화를 이루며 강건하면서도 부드러운 맛을 내며, 우아하고 섬세한 음식에 잘 어울린다.

Chianti → Chianti Classico → Chianti Classico Riserva

토스카나에서 키안티 이외 유명한 와인산지는 브루넬로 디 몬탈치노, 비노 노빌레 디 몬테풀치아노, 카르미나노 등이 있다. 이들 마을 이름은 와인 명칭으로도 사용된다.

토스카나에서 주목해야 할 블렌딩 와인으로 '수퍼 투스칸(Super Tuscans)'이 있다. 이 와인은 토스카나 지방의 고유품종인 산지오베제에 수입품종인 카베르네 소비뇽, 메를로, 카베르네 프랑 품종 등을 섞어 독특한 맛과 향을 갖게 한 것이다.

③ 베네토 지방

이탈리아 북동쪽에 위치한 베네토는 '로미오와 줄리엣'의 고장 베로나 주변에서와인이 생산되고 있다. 베네토 지방의 와인 산지는 소아베, 발폴리첼라, 바르돌리노 등이 있다.

소아베는 가르가네가(Garganega)와 트레비아노 디 소아베(Trebbiano di Soave)품종으로 만들며, 드라이한 맛의 화이트 와인이다. 베로나의 동쪽에 위치하고 있으며, 이탈리아에서인기가 높은 와인이다. 발폴리첼라는 가볍고 신선한 레드 와인으로 코르비나(corvina), 론디넬라(rondinella), 몰리나라(molinara) 등의 적 포도를 섞어 만든다.

그리고 바르돌리노(bardolino)는 코르비나를 주품종으로 가벼운 레드 와인을 만든다.

이 밖에도 이탈리아의 유명 와인으로 주정을 강화시켜 보존성을 높인 마르살라(Marsala)가 있고, 와인에 맛과 향을 첨가시킨 가향와인 벌무스(Vermouth)가 있다. 드라이한 맛에서부터 단맛에 이르기까지 다양하다.

독일 와인

독일 와인은 전세계 생산량의 3%정도 밖에 되지 않으며 포도 재배 면적도 프랑스의 10%밖에 되지 않고 재배지도 대부분 라인강 유역에 분포되어 있다. 하지만 엄격한 와인 관리법 아래 세계적으로 뛰어난 White Wine을 생산하고 있다.

독일은 북위 50° 에 위치한 국가로서 와인 생산국 중 가장 북쪽에 위치하였다. 프랑스에 비해 추운 날씨와 부족한 일조량으로 인하여 레드와인 품종 재배는 부적합하여 독일에서는 화이트 와인 생산이 85%이상, 15%가 레드와 로제와인을 생산한다. 일조량 부족으로 낮은 당도와 높은 산도가 독일와인의 특징이며, 신선함과 포도의 신맛 그리고, 천연의 단맛이 서로 균형을 잘 이루고 있다.

또한 독일 와인도 프랑스의 부르고뉴처럼 대부분 마을 명칭으로 생산되는 것이 많다.

'게부르츠 트라미너' 품종의 알자스 와인

(1) 주요 화이트 포도품종

- 리슬링(Riesling) : 독일최고의 화이트와인용
- 실바너(Silyaner) : 가볍고 부드러운 맛
- 뮬러투르가우(Muller Thurgau) : 독일에서 가장 많이 재배되는 품종 (25%차지) 블렌딩용으로 많이 사용
- 게뷔르츠 트라미너(Geurztraminer) : 독특한 개성을 가진 품종)

(2) 독일 와인에 관한 법률

독일의 와인 품질 검사 기준법은 1879년에 처음으로 제정되었으나, 수 차례에 걸쳐 수정되어 1982년에 현재의 법으로 확정되어 시행되고 있다.

① Deutscher Tafelwein(**도이처 타펠바인**)

도이처 타펠바인은 독일에서 수확한 포도로 만든 테이블 와인으로 주로 자국 내에서 소비되는 와인이다. 프랑스 뱅드 타블과 이탈리아의 비노 다 타볼라에 해당 됨.

② Deutscher Landwein(**도이처 란트바인**)

도이처 란트바인은 타펠바인 보다 더 성숙한 포도로 만들며 약간 알코올 함유량이 높은 것으로, 프랑스 뱅드 빼이급 와인과 같은 등급이다. 와인 생산지를 라벨에 표기해야 하며 드라이, 미디엄 드라이로 제한하고 있다.

③ Qualitätswein bestimmter Anbaugebiete(QbA, **크발리테츠바인 베슈팀터 안바우게비테**)

"지정된 지역에서 생산된 질 좋은 와인" 이란 뜻으로 품질이 우수한 와인으로 13개 지역에서 약 65%가 생산되며, 발효과정에서 부족한 당분을 첨가하는 것이 허용된다. 지역의 특성과 전통적인 맛을 보증하기 위해 포도원의 토질, 품종, 재배방법, 생산과정을 검사 받아 와인의 품질을 보증하게 된다.

④ Qualitätswein mit Prädikat(Qmp, **크발리테츠바인 미트 프레디카트**)

Qualitätswein mit Prädikat 등급이 있는 고급와인(Qmp, 크발리테츠바인 미트 프레디카트). 당분이 풍부한 포도만을 원료로 만든 상급의 와인으로 포도를 적기에 수확하지 않고 당도가 많이 성숙할 때 수확시기를 조절하여 와인을 만들며, 별도로 당분을 첨가하는 것이 법으로 금지된다. 제한된 지역에서 좋은 품종의 포도만을 재배하여 현지에서 발효시켜 품질 심사를 받는다.

특정 포도원에서만 생산되는 최상급 와인으로 포도 수확시기의 성숙도, 알코올 함량, 당도, 색, 투명도, 향, 맛 등을 평가하여 공정하게 판정하여 합격한 와인만이 공인검사 번호가 라벨에 기재된다.

독일의 4개 등급 분류중 가장 최상급의 등급인 Qualitätswein mit Prädikat (Qmp,크발리테츠바인 밋트 프레디가트)는 또다시 생산 과정 및 특징에 따라 6단계로 세분화되며, 이에 해당되는 와인은 해당 내용을 병에 기재한다.

* Kabinet (카비네트) 당도 67~85도

보통 수확시기에 잘 익은 포도만을 선별하여 만든 라이트 드라이 화이트 와인으로 라인가우(Rheingau)에서 생산되는 리슬링이다.

* Spätlesse (슈패트레제) 당도 76~92도

정상적인 수확기보다 7~10일 늦게 포도의 당도가 더 성숙되었을 때 수확한 포도로 만들어진 드라이 화이트 와인으로 맛과 향이 뛰어난 리슬링 종류의 우수한 와인이다. (late picking)

* 아우스레제 (Auslese) 당도 83~105도

잘 익은 포도송이를 선별하여 만든 드라이 화이트 와인으로 맛과 향이 우수하다. (selected picking)

* 베렌 아우스레제 (Beeren auslese) 당도 110~150도

포도송이 중 과숙한 포도 알만을 세심하게 손으로 골라서 수확하여 만든 최고 품질의 와인이다.

* 아이스바인 (Eiswein) 당도 110~150도

베렌아우스레제와 같은 등급의 와인으로 초겨울에 포도가 나무에서 얼어있는 상태의 것을 수확하여 만든 최고품질의 와인이다.

세계적으로 유명한 독일의 디저트 와인 '아이스바인'

* 트로켄 베렌 아우스레제 (Troken beeren auslese) 당도 150~154

귀부 포도로 만든 향기가 풍부하고 벌꿀과 같은 짙은 맛이 나는 최고급 와인이다.

아이스바인은 날씨만 추우면 언제나 생산 할 수 있지만 트로켄 베렌 아우스레제는 귀부포도로만 생산 할 수 있기 때문에 매우 귀한 와인이다.

(3) 독일의 주요 와인 생산지역

독일 주요 와인 생산지역은 총 13개의 지역으로 나뉜다.

그 중 대표적인 독일의 생산 지역으로는 라인강 유역에 위치한 라인가우(Rheingau)와 라인헤센(Rheinhessen) 그리고, 모젤 강 유역에 있는 모젤-자르-루버(Mosel-Saar-Ruwer) 지역등을 꼽을 수 있다.

① Rheingau(라인가우) W:85%, R:15%

라인가우는 독일 와인 재배지역 중에서도 가장 훌륭한 지역이라고 평가되고 있다.

- 독일와인 점유율 3%
- 이 지역의 기후는 건조하며 햇볕을 많이 받는다.
- 라인가우 스타일의 와인은 독일에서 최고의 품질을 인정받는다. 독일에서의 가장 높은 리슬링 재배지
- 생산와인중 80% 가 Q.M.P으로서 와인 특징은 가장 향기로운 와인이며 떫은 맛을 가지고 있음으로 독특한 개성을 유지하고 있음.

② Rheinhessen(라인헤센) W:68%, R: 32%

이 지역은 독일에서 최초로 포도를 재배한 지역이다.

- 기온이 온난하여 독일 최대의 재배 면적을 가지고 있다. (27%)
- 포도품종은 뮐러투르가우(17%)와 리슬링(10%)이 주로 재배되고 있다.
- 라인헤센하면 제일 유명한 것이 립후라우밀쉬(Liebfraumilch)이다.
- 전 독일 와인의 10%가 수출용인데 그 중 립후라우밀쉬(Liebfraumilch)와인이 영국과 미국에서 인기가 좋아 절반 이상을 차지하고 있다.

③ Mosel-Saar-Ruwer(모젤-자르-루버)

- 독일 와인의 10%를 생산하며, 보통 모젤 이라고 부른다.
- 독일 와인의 대표적인 생산지.
- 포도품종은 주로 리슬링(57%) 뮐러투르가우(16%) 을 재배하여 가벼운 맛의 모젤 화이트 와인 생산.

미국 와인

로버트 몬다비의 '멜롯'

로버트 몬다비의 '카베르넷 쇼비뇽'

미국은 현대 와인의 혁명이 시작된 나라이다. 다시 말해, 세계적으로 인기 있는 싱그러운 향과 과일향이 가득한 와인을 부담 없이 즐길 수 있게 한 나라이다. 이런 움직임은 캘리포니아에서 시작되었다. 캘리포니아 유럽의 정통 와인 산지와 달리 따뜻하고 건조한 기후 지대이다. 그러나 20세기 후반에 탄생한 기술로 이러한 차이를 극복할 수 있었다. 또한 캘리포니아 데비스에 위치한 캘리포니아 대학의 포도 재배 연구 센터에서 포도 재배의 노하우를 축적하고 우수한 와인 생산자들을 배출한 결과이기도 하다.

그 덕분에 미국 와인은 1970년대에 유럽의 아성에 도전하고, 1980년대 들어서는 변화에 앞장섰으며, 현재는 고유한 색깔을 가진 와인을 자신 있게 선보이게 되었다. 미국은 여러 주에서 와인을 생산한다. 그 최일선에 워싱턴 주, 오리건 주, 뉴욕 주가 자리하고 있다. 그러나 질적으로나 양적으로 볼 때 캘리포니아가 단연 선두이다.

① 캘리포니아

캘리포니아 와인은 풀 바디하고 스타일도 초현대식을 자랑한다. 남다른 점이라면 상대적으로 적은 포도 품종을 가지고 엄청난 종류의 와인을 생산한다는 것이다. 레드 와인의 주종을 이루는 포도는 카베르네 소비뇽, 메를로 그리고 캘리포니아의 특산 포도 진펀델이다. 이 포도들은 탄닌 맛이 진하고 블랙 커런트 향이 나며 매콤하며 알코올 도수가 높다. 화이트 와인에는 농익은 향과 토스트 냄새가 나는 샤르도네가 대부분 쓰인다. 리슬링과 소비뇽 블랑도 널리 재배되고 있지만 다른 지역의 와인에 비해 톡 쏘는 새콤함은 덜하다. 특히 소비뇽 블랑은 부드럽고 향기로운 향을 내기 위해 새 오크통에 넣고 숙성을 하는데 그 효과가 상당히 좋다. 이 와인은 대개 퓌메 블랑(Fume Blanc)이라 표기되어 판매된다.

캘리포니아는 향이 깔끔한 와인을 대량 생산하고, 향이 풍부하고 맛이 복합 미묘한 고가 와인도 생산하며, 장인 정신이 깃든 와인도 생산한다. 어떤 와인을 선택하느냐는 구입하고자 하는 금액에 달려 있다. 그러나 선망의 대상인 최고가 와인을 구입하는 것은 품질에 대한 정당한 값을 지불하는 것이며, 와인 회사의 부단한 노력을 격려하는 대가이기도 하다. 캘리포니아는 이른바 세계적 수준의 최고급와인을 생산하겠다고 말했으면 세계 최고가의 최고급 와인을 생산할 수 있는 곳이다. 세계적으로 인정받는 품질과 가격까지 부담 없는 와인을 찾는 사람이라면, 길고 긴 캘리포니아의 와인 리스트에서 원하는 와인을 찾아야 할 것이다.

멜롯 카베르넷 쇼비뇽

샤르도네 쇼비뇽 블랑 퓨메블랑

요즘은 와인의 향도 다양해졌다. 이탈리아와 론밸리의 포도 품종에 관심 있는 생산 회사가 많아진 것도 한 몫을 했다. 캘리포니아에서는 시라, 그르나쉬, 무르베드르 등과 함께 산지오베제도 인기 있다. 이런 레드 품종이 인기를 끄는 것은 향긋한 향 때문이다. 론밸리의 화이트 품종 비오니에도 인기 있고, 스파클링 와인은 샴페인의 영향을 받았다.

진펀델은 특별한 관심을 가져볼 만한 포도이다. 이 포도는 이탈리아 남부에서 재배하는 프리미티보와 동일한 품종이라고 알려져 있다. 작황이 좋을 때에는 탄닌 맛이 진하고 알코올 도수가 높으며 상당히 진한 딸기류의 향을 풍긴다. 또한 다루기 쉬운 포도여서 부드럽고 과일향이 풍부한 일반 와인에서부터 '블러쉬((blush)'라고 하는 달콤한 핑크 와인과 맛과 향이 미묘하고 풍부한 레드 와인에 이르기까지 다양한 맛으로 생산된다.

* 이 곳의 와인 산지는 중요한가?

AVAs(American Viticultural Areas, 미국 와인 산지)는 프랑스의 AOC나 이탈리아의 DOC만큼 중요하지는 않다. AVAs 가 원산지 표시 아펠라시옹이기는 하지만, 유럽 모델을 기본으로 한 제도라고 생각하면 오해이다. 캘리포니아에는 재배 가능한 품종, 산지, 와인의 스타일을 규정한 법규가 따로 없다. 한마디로 와인 생산자의 천국이라고 할 수 있다. 자연이 허락하고 판매할 자신이 있는 사람은 누구든지 자신이 원하는 와인을 마음껏 생산할 수 있는 곳이 캘리포니아이다.

그런데 특정 포도나 스타일에 남달리 적합한 지역이 있다. 이 중에서 나파벨리가 가장 유명하다. 그래서 이 곳에는 상당수의 유명한 양조장이 있다. 캘리포니아의 정통 와인은 카베르네 쇼비뇽과 메를로 와인이다.

나파벨리 옆에 자리한 소노마 카운티는 고급 화이트 와인과 레드 와인의 본고장이다.소노마 레드 와인은 나파밸리산보다 좀 더 부드러우며 조화로운 느낌을 준다. 드라이 크릭밸리(Dry Creek Valley)와 러시안리버밸리(Ru−ssian River Valley)에서는 활기찬 샤르도네와 남다른 활기를 간직한 진펀델과 피노 누아를 생산한다. 나파와 소노마에서 남쪽으로 내려가면 카너로스가 나온다. 서늘하고 안개가 많은 곳으로 샤르도네, 피노누아, 스파클링 와인이 유명하다.

샌프란시스코 남쪽 해안에서 로스앤젤레스에 이르는 길에는 수많은 포도원이 있다. 이 중에서 가장 중요한 단지가 몬테레이(Monterey)와 샌루이스 오비스포(San Luis Obispo)카운티이다. 특히 샌타마리아밸리(Santa Maria Valley)가 있는 샌타바바라 지역을 꼽지 않을 수 없다. 이 곳에서는 캘리포니아의 최고급 피노 누아와 샤르도네를 재배한다. 내륙으로 들어가면, 풀바디한 진펀델 와인을 생산하는 시에라풋힐즈(Sierra Foothills)와 캘리포니아의 일반 와인을 생산하는 대규모 농업 단지 센트럴밸 리가 나타난다. 라벨에 노스코스트(North Coast)라고 표기되어 있으면, 샌프란시스코 북쪽에 자리한 멘도시노(Men-docino) 위쪽 지역이라고 생각하면 된다. 센트럴코스트(Central Coast)는 샌프란시스코 남쪽에 자리한 포도원이다.

미국의 와인 등급 분류

미국 와인 산지(AVAs)는 급속하게 발전하는 미국 와인 산업에 어느 정도의 차별화를 둘 목적으로 1983년에 처음 도입된 제도이다. AVAs는 와인의 원산지만 표기할 뿐 품질에는 규제를 가하고 있지 않다. 대신 포도 품종을 확실하게 표기해야 한다. 확실한 스타일과 양질의 와인을 구입하려면 생산 회사의 이름을 잘 살펴야 한다.

칠레 와인

단시간에 세상의 주목을 받은 나라가 칠레이다. 칠레는 운 좋게도 포도에 질병이 없으며, 안데스 산맥이 비구름을 막아 강수량이 적고 태양이 작열하는 축복받은 광대한 포도원의 나라이다. 산에서는 관개용수가 끊임없이 흘러나오고, 포도원은 정통 포도 품종으로 가득하다. 칠레의 정치, 경제적 안정도 빼놓을 수 없는 요인으로 작용하였다. 이처럼 칠레는 1990년대에 세계 와인 무대에 뛰어들어 모든 제반 여건을 갖추었다.

칠레 '1865' 와인

칠레를 대표하는 와인은 부드럽고 과일향이 풍부한 메를로와 카베르네, 토스트 냄새와 열대 과일향이 나는 샤르도네, 상쾌하고 새콤한 소비뇽 블랑이다. 그러나 다른 종류의 포도로 만든 와인도 끊임없이 생산하고 있다. 레드 와인 포도로는 시라, 피노 누아, 말벡, 카리

냥, 생소, 카르메네르, 산지오베제, 진펀델 등이 있고, 화이트 와인 포도로는 리슬링, 세미용, 슈냉 블랑, 게뷔르츠트라미너, 비오니에 등이 있다.

대부분의 레드 와인은 농익은 과일향을 풍부하게 표현하는 기본 스타일로 생산되고, 화이트 와인은 맛이 신선하고 적당한 산도를 지녔으며, 게뷔르츠트라미너와 비오니에 품종의 와인들은 매우 향긋하다. 진한 빛깔의 로제 와인도 소량 생산되는데 품질이 믿을 만하다. 상당한 고가의 레드 와인도 일부 출시되지만 품질이 들쑥날쑥하다. 품질이 정말로 뛰어난 와인도 있지만, 마케팅 솜씨에 의존하는 와인도 있다.

칠레의 대표와인
'몬테스 알파 M'

포도원은 주로 센트럴밸리와 이에 속한 마이포(Maipo), 라펠(Rapel), 쿠리코(Curico), 마울레(Maule)에 자리해 있다. 북쪽으로는 아콘카과(Aconcagua)가 있고, 이 지역에 그 유명한 카사블랑 카밸 리가 있다. 아이타타(Itata)와 비오비오(Bio-Bio) 부속 지역들은 그다지 많은 주목을 받지 못하는 남부 지역에 속해 있다.

칠레의 포도

칠레는 세계적으로 유명한 품종들을 폭넓게 재배하는 나라이다. 메를로와 카베르네 소비뇽이 주요 레드 포도 품종이고, 샤르도네와 소비뇽 블랑은 주요 화이트 포도 품종이다. 최근 들어 칠레에서 메를로라고 알고 있던 포도의 절반 이상이 카메네레(Carme-nere)로 밝혀졌다. 이 품종은 메를로처럼 감미롭고 향긋하며 풍미가 뛰어나 부드럽고 과일향이 진한 와인을 생산한다.

호주 와인

호주는 개척자들이 세운 나라라는 사실에서 알 수 있듯이 와인의 개척국이기도 하다. 처음부터 자체 법규를 만들어 사용한 것처럼, 호주는 정통 와인 스타일의 규범을 따르는 것에서 썩 내켜 하지 않았다. 자체 와인 규범을 만든 이유가 바로 여기에 있었다. 눈에 확 띄는 과일향, 풍부한 식감, 새로운 오크향을 부담 없는 가격으로 모두 즐길 수 잇도록 한 것이다. 그 출발 선상에는 유럽 와인이 있었다. 고유한 포도 품종이 없는 호주는 주로 카베르네 소비뇽, 시라즈(프랑스의 시라), 샤르도네, 세미용, 리슬링 같은 정통 포도를 사용했다. 그러나 요즈음에는 호주만의 고유한 정통 스타일이 탄생했고, 그 영향이 우수한 와인 회사뿐만 아니라 전 유럽으로 퍼져 나가고 있다.

호주 와인의 산업 운영 방식은 유럽과 다르다. 그 운영 방식을 잠시 살펴보도록 하자. 먼저 와인 산지마다 다양한 스타일의 와인을 생산한다. 서늘한 기후를 원하면 산언덕이나 멀리 남부 지방으로 가야 한다. 또 따뜻한 기후가 좋으면 북쪽으로 가거나 평원에 머물러야 한다. 이것이 와인의 숙성 정도를 결정짓는다. 요즘에는 서늘한 기후에서 생산된 미묘한 맛의 와인이 증가하는 추세이다. 하지만 잘 숙성된 미묘한 맛의 와인이 증가하는 추세이다. 하지만 잘 숙성된 향이 줄어든 것은 아니다. 호주 와인이 유명해진 이유가 바로 잘 숙성된 향이 있기 때문이다.

와인은 단일 포도원에서 생산하거나 여러 주에서 생산된 것을 블랜딩할 수 있다. 이를 위해서는 장거리도 마다하지 않는다. 시드니의 북쪽 헌터벨리까지 원형 그대로 포도를 실어 나르는 것은 문제도 되지 않는다. 그리고 그 곳에서 잘 숙성되고 후레쉬한 와인을 만든다. 이것이 호주가 보유한 와인 기술의 노하우이다.

호주의 와인 생산자들은 무덥고 건조한 최악의 기후 조건하에서도 감칠맛이 나고 깔끔한 후루티 와인을 생산한다. 호주는 이 모든 것을 저온 발효 방식을 이용해 바꿔 놓았다. 이는 20세기 와인 제조 기술에 있어서 가장 중요한 발전이라고 할 수 있다.

① 뉴사우스웨일스

뉴사우스웨일스가 자랑하는 와인은 풀 바디하고 잘 숙성된 스타일이다. 이 와인은 탄닌이 적고 당분이 많아 매우 부드럽고 매끄럽다. 샤르도네는 풀 바디하지만 산도가 부족하고 열대 과일향과 토스트 냄새가 가득하다. 숙성이 잘되면 토스트 냄새가 일품이다. 머지(Mudgee)산 카베르네는 강한 탄닌 맛과 진한 블랙 커런트 향으로 감칠맛이 난다. 시라즈는 딸기류의 향과 가죽 냄새를 풍기며, 매콤하고 알코올 도수가 높다.

헌터에서는 세미용이라는 또 다른 비장의 카드를 갖고 있다. 이 포도는 보르도에서 많이 재배하는 포도인데, 보르도에서는 대부분 소비뇽 블랑과 블랜딩하여 드라이 또는 스위트 화이트 와인으로 생산한다. 그러나 헌터 세미용은 호주 정통 스타일의 하나로 당당히 자리매김했다. 이 포도를 새 오크통에 넣고 숙성을 하면, 농익은 맛과 토스트 냄새가 나고 레몬과 라임향이 피어난다. 반면 오크 숙성을 하지 않으면, 초기에 뉴츄럴한 맛이 나고 숙성을 통해 근사한 토스트 냄새로 변한다. 또한 부드럽고 연한 라놀린과 달콤한 복숭아향을 살짝 풍길 때도 있다.

리베리나(Riverina)는 뉴사우스웨일스의 벌크 와인 산지이다. 이 곳의 와인은 후레쉬하고 깔끔하며, 숙성되면 과일향이 풍부해진다. 그러나 진한 오크향과 농축된 향을 느끼게 하는 와인도 있다. 그 가운데에는 세계적인 수준의 최고급 와인과 슈퍼 스위트 와인도 있다.

헌터밸리의 북부와 남부 지역, 머지, 카우라, 오렌지, 리베리나가 주요 산지이다.

화이트 포도로는 세미용과 토스트 냄새가 나는 샤르도네가 있다. 레드 포도로는 매콤하고 알코올 도수가 높은 시라즈와 탄닌 맛이 강하고 블랙 커런트 향이 나는 카베르네가 있다.

② **빅토리아**

야라밸리, 루더글랜, 글랜로완이 가장 중요한 와인 산지이다.

스타급 포도로는 스위트한 맛을 강화한 뮈스카와 뮈스카델레(토카이), 향이 미묘한 피노 누아와 샤르도네가 있다.

빅토리아 와인의 특징은 세계 어디에서도 찾을 수 없는 독특한 맛에 있다. 색깔이 진하고 알코올 도수가 높으면서 단맛을 강화한 뮈스카와 뮈스카델레(빅토리아에서는 토카이라고 한다.)에서 바로 이런 맛을 찾을 수 있다. 이는 포트와 전혀 다른 맛이다. 그러나 빅토리아에서는 포트와 셰리 스타일의 뛰어난 와인도 생산한다. 빅토리아 와인은 폭발할 정도로 강렬한 단맛과 농도가 짙은 포도향, 커피, 태피(버터, 설탕, 땅콩을 섞어서 만든 캔디 – 역주), 건포도, 나무 열매향을 풍기며, 때로는 장미향도 풍긴다. 색깔이 가장 진하고 여러 향이 응축된 와인에서는 당밀과도 같은 맛이 난다.

빅토리아는 서늘한 기후 지역에서도 와인을 생산한다. 호주의 가장 맛 좋은 피노 누아

와인 중에서 이 곳 야라밸리에서 생산한 것도 있다. 이 곳의 최고급 피노 누아는 고급 부르고뉴 와인에 버금갈 만큼 품질이 뛰어나다.

기타 와인으로는 값이 비싸지 않은 벌크 와인과 머리 달링(Murray Darling) 와인 그리고 해안가 근처의 서늘한 지역에서 생산하는 향이 뚜렷하고 우아한 레드 와인과 화이트 와인 등이 있다. 풀 바디하고 탄닌이 적어 부드러운 와인도 있지만, 뉴사우스웨일스산만큼 많지는 않다. 와인은 향에 남다른 열정을 기울인 우아한 와인이다. 이 곳의 샤르도네 와인은 향이 풍부하고 토스트 냄새보다는 나무 열매향이 더 강하다. 멜버른 주위로는 소규모 와인 산지가 포진해 있다. 모닝턴 반도(Mornington Peninsula)와 지롱(Geelong)은 상당히 서늘한 지역이다. 그러나 북쪽으로 갈수록 기후가 따뜻해서 골번밸리와 벤디고(Ben야해) 지역의 경우 와인의 향이 진하고 탄닌이 더 많다. 루더글랜과 글렌로완은 강화 와인 산지이다.

③ 사우스오스트레일리아

사우스오스트레일리아는 엄청난 양의 와인은 생산하는 곳이다. 라이트한 향에서 싱그러운 향을 풍기는 와인, 저렴한 일반 와인에서 상당한 고가의 레드 와인과 화이트 와인에 이르기까지 이 곳만큼 많은 와인을 생산하는 곳도 없다. 그래서 이 곳을 일반화 시켜서 말하기는 불가능하다. 이럴때에는 와인의 스타일을 선택해서 이야기하는 수 밖에 없다. 흔히 볼 수 있는 토스트 냄새가 나는 샤르도네도 있고, 독특함이 살아 있는 정통 와인도 찾을 수 있다.

바로 사밸리 시라즈 수령이 백년이나 된 올드 바인으로 생산한 와인은 태양 볕에 익어 과일즙이 배어 나오는 포도로 만들어, 갖가지 향이 응축되어 있고 매콤한 맛이 난다. 숙성된 탄닌과 오래 된 가죽, 향신료, 흙내음, 블랙 베리향을 생각하면 조금은 이해가 될 것이다. 맥라렌 베일 시라즈(McLaren Vale Shiraz)도 맛이 이와 비슷하다. 아주 오래 된 올드 바인에서 생산된 그르나쉬에서도 허브향과 달콤한 과일향이 진동할 때가 있다.

클레어(Clare)와 에든밸리에서 생산하는 리슬링은 리슬링 포도의 새로운 기준을 확립하였다. 이 와인에서는 독일이나 알사스산 리슬링과 달리 토스트 냄새와 라임향이 난다. 쿠나와라(Coonawarra) 카베르네는 모든 카베르네 소비뇽이 원하는 맛을 담고 있다. 이 와인은 탄닌 맛이 강하고 블랙 커런트 향도 나지만 어디서도 느낄 수 없는 생생한 과일향과 놀라운 민트향도 숨어있다.

호주의 와인 등급 분류

호주에는 라벨 상세 표기 계획(Labelling Integrity Programme)이 라는 방식이 있어서 와인 라벨에 생산지, 빈티지, 포도 품종을 정확하게 표기한다. 산지별 표기(Geographical Indications) 방식은 호주의 와인 산지를 다양한 등급으로 상세히 정리해 놓았다. '호주산'은 가장 기본적인 등급이고, 그 다음에 해당하는 '호주 남동부산'은 인기 있는 블랜딩 와인 등급으로 자주 거론되는 이름이다. '생산 주'는 그 다음 등급으로, 각 주는 많은 지대(Zone)를 포함한다. 지역(region)은 이보다 훨씬 작고 소지역으로 쪼개져 있다. 최고급 포도원에서 생산하는 와인은 라벨에 아웃스탠딩(Outstanding, 최고급) 또는 슈페리어라고 표기한다.

 스페인 와인

스페인 와인은 지중해 연안의 다른 나라들과 마찬가지로 포도재배의 역사가 깊다. 포도밭 면적이 가장 넓은 규모를 갖고 있지만 이탈리아, 프랑스에 이어 세 번째의 와인 생산국이다.

스페인의 와인산업이 비약적인 발전을 이룩하게 된 것은 19세기 중엽이다. 이 시기에 유럽 전역의 포도밭 대부분이 '필록세라(phylloxera, 진딧물)'라는 해충에 의해 황폐화되었다. 이를 계기로 프랑스의 와인 생산자들이 피레네 산맥을 넘어 스페인의 리오하(Rioja) 지역에 포도밭을 조성하게 되었다. 이들로부터 프랑스의 포도재배와 양조기술을 전수받게 되었다. 이때부터 스페인 와인의 품질이 크게 향상되었다.

리오하 지역의 와인 'Muga'

스페인 역시 프랑스의 AOC 제도를 모방하여 DO(Denominacione de Origen, 원산지 지정) 제도를 도입해 와인에 대한 품질 관리를 하고 있다. 스페인 와인은 4 가지의 등급으로 분류하는데 다음과 같다.

〈 스페인 와인의 등급(D.O등급) 〉

D.O.C Denominacion de Origen Calificada (데노미나 시온 데 오리헨 깔리피까다)	– '특선 원산지 명칭 와인' – 리오하(Rioja)가 유일하게 이 등급(1991년)
D.O Denominacion de Origen (데노미나 시온 데 오리헨)	– '원산지 명칭 와인' – 고급와인생산지역 50개지역
Vino deliatierra (비노 델 라 띠에라)	– 중급와인 지역 28개 – 인정된 지역 내에서 생산되는 포도를 60%이상사용
Vino de Mesa (비노 데 메사)	– 일반 테이블 와인

재배하는 포도품종은 적포도의 템프라니요(Tempranillo, 피노 누아와 비슷), 가르나차(Garnacha： 그르나쉬와 비슷), 청포도의 비우라(Viura), 팔로미노(Palomino)가 주로 재배된다. 스페인의 와인 산지에는 중북부의 리오하, 북서부의 페네데스(Penedes), 중부 내륙에 위치한 리베라 델 두에로(Ribera del Duero), 남쪽의 헤레스(Jerez)가 있다.

① 리오하

리오하는 스페인을 대표하는 와인 산지로 프랑스 국경에 인접해 있다. 프랑스인들이 정착하면서 양조기술을 도입하여 보르도 와인과 비슷하다. 스페인에서 가장 양질의 와인을 만드는 곳이며, 특히 레드 와인은 세계적으로 인정받고 있다. DOC 등급의 이 지역에서는 토속품종의 템프라니요를 사용하여 양질의 와인을 생산한다. 유명 와인 산지는 리오하 알타(Alta), 리오하 알라베사(Alavesa), 리오하 바하(Baja) 등이 있다. 그리고 와인 숙성의 조건을 규정하여 라벨에 표기되는데 다음과 같다.

- 숙성을 거치지 않고 바로 마시는 영 와인.
- 2년 숙성/ 오크통 숙성 1년, 병 숙성 1년
- 3년 숙성/ 오크통 숙성 1년, 병 숙성 2년
- 5년 숙성/ 오크통 숙성 2년, 병 숙성 3년

리오하의 유명 와인에는 마르케스 데 리스칼(Marques de Riscal), 보데가 무가(Bodegas Muga), 보데가 도메크(Bodegas Domecq) 등이 있다.

② 페네데스

스페인산 스파클링 와인의 85%가 카탈루냐 지방 내에 있는 페네데스 지역에서 생산되고 있다. 샴페인 방식으로 만들어지는데 '카바(Cava)' 라는 이름으로 널리 알려져 있다. 포도품종은 마카베오, 자렐-로, 파렐라다 등이 사용된다. 세계에서 가장 긴 인공 동굴(30km)에 최대의 저장시설을 갖춘 코도르니우(Codorniu)가 유명하다. 그리고 토레스(Torres)가에서 생산하고 있는 검은색 라벨의 그란 코로나스(Gran Coronas)는 수출용 레드와인으로 인기가 있다. 100% 카베르네 소비뇽 포도를 사용하여 만들고 있다.

③ 리베라 델 두에로

최근 각광받고 있는 산지로 리베라 델 두에로가 있다. 이곳은 1800년대부터 와인을 생산했지만, 공식적으로는 1982년부터 와인산지로 지정되었다. 전통적으로 로제가 유명하였지만, 현재는 묵직하고 색이 짙은 양질의 레드 와인을 만든다. 이 중에서 베가 시칠리아 유니코(Vega Sicilia Unico, 오크통에서10년 이상 숙성)는 스페인에서 가장 값비싼 와인으로 알려져 있다. 재배되고 있는 포도품종은 카베르네 소비뇽, 메를로, 가르나차 등이 있다.

④ 헤레스

쉐리와인의 발상지이다. 헤레스(Jerez)가 변형되어, 프랑스어의 세레스(Xerez), 영어의 쉐리(Sherry)가 되었다. 스페인에서는 3개의 명칭인 Jerez-Xerez-Sherry 전부 표기하고 있다. 쉐리의 원료는 청포도의 팔로미노(드라이한 맛의 쉐리), 페드로-히메네즈(Pedro-Ximenez, 단맛의 쉐리) 등의 품종을 주로 사용한다. 쉐리는 와인이 발효한 후 브랜디를 첨가하여 알코올 농도를 18~20% 정도 높이고, 오크통에 숙성하여 독특한 향과 맛을 갖게 한 와인이다. 대체로 드라이한 맛의 피노 쉐리가 인기가 있으며, 스페인의 대표적인 주정강화와인이다.

포르투갈 와인

포르투갈은 과거 스페인령이었기 때문에 와인의 발달도 스페인과 같은 역사를 가지고 있다.

스페인의 쉐리와 함께 포르투갈의 포트와인 역시 세계적으로 알려진 주정강화와인이다. 포트와인은 주로 두로(Douro)강 상류의 알토(Alto)두로 산지에서 재배된 적포도와 청포도로 만든다. 와인이 발효하는 도중에 브랜디를 첨가해 알코올 도수를 높인 것으로 디저트 와인의 대명사이다. 출하되는 항구의 이름이 포르토(Porto)라서 포트와인이라 부르게 되었다. 재배되는 포도품종은 바스타도(Bastardo), 무리스코(Mourisco), 틴타 아마렐라(Tinta Amarella) 등의 적포도가 있고, 돈젤리노(Donzelinho), 고우베이오(Gouveio), 에스가나 카웅(Esgana–Cao) 등의 청포도가 있다. 포트와인은 대체로 단맛의 레드 와인이지만, 드라이한 맛의 화이트 포트와인도 있다. 포트와인은 포도품종과 숙성 정도에 따라 다음과 같이 나뉜다.

포트와 함께 마데이라(Madeira)도 주정강화와인으로 유명하다. 마데이라는 아프리카 서북부 대서양에 위치한 포르투갈령 섬이다. 마데이라의 특징은 가열에 의한 숙성과 풍미를 더하는 독특한 와인이다. 사용하는 포도품종은 세시알(Sercial), 버델로(Verdelho), 보알(Boal), 마름세이(Malmsey) 등이다.

마데이라는 와인이 발효되는 도중과 발효 후 브랜디를 첨가해 알코올 함유량을 18~20% 높인다. 이것을 가라앉히기를 거쳐서 에스투파(estufa)라 불리는 방이나 가열로에서 약 50℃의 온도로 3~4개월 동안 가열시킨다. 이 때 와인은 누른 냄새가 나고, 마데이라 고유의 특성을 얻게 된다. 마데이라는 최소 3년 동안 숙성시키는데, 기간에 따라 reserve(5년 이상), special reserve(10년 이상), extra reserve(15년 이상), vintage(20년 이상) 등으로 구분한다. 또 마데이라는 드라이한 맛에서부터 단맛까지 4가지의 종류가 있는데, 포도 품종명을 그대로 사용한다.

포르투갈은 원산지 품질 관리법을 세계 최초(1907년)로 시행할 정도로 와인의 품질 관리에 노력하고 있다.

2. 맥주(Beer)

1) 맥주의 역사

맥주는 B.C. 7000년경 인류가 농업을 시작함과 동시에 시작되었다고 한다. 13C경에는 북 독일의 아이베크 거리에서 호프(Hop)를 사용한 Bock Beer라고 하는 독하고도 진한 맛의 맥주가 만들어져서 현재의 Lager Beer의 기초가 되었다.

맥주의 본고장은 독일이며, 독일 최초의 맥주회사 1516년 Herzog Qilhelm IV(해르조크 빌헤름 4세)가 설립하였다. 영국에서는 원주민인 켈트인 B.C. 300년경부터 소맥을 발효하여 마신 기록이 있으며, 미국은 16세기 후반부터 이민 온 사람들이 호프를 재배하여 만들기 시작하여 오늘날에는 세계 제일의 맥주 생산국이 되었다.

맥주는 대맥아를 발효시켜 쓴맛을 내는 호프(Hop)와 물(Water), 그리고 효모(Yeast)를 섞어서 저장하여 만든 탄산가스가 함유된 알코올성 음료이다.

2) 맥주의 원료

(1) Barley(보리)

보리를 싹틔워 맥아로 만든 것이 맥주의 주원료가 된다. 맥주용 보리는 곡립이 고르고 녹말질이 많고 단백질이 적으며 곡피(穀皮)가 얇고 발아력이 균일하여야 하며 담황색으로 윤기 있는 광택을 가져야 한다. 맥주용으로는 알맹이가 크고 고르며 곡피가 얇아 맥주 양조에 알맞은 두줄보리를 독일 · 일본 · 한국 등에서 주로 사용하나, 미국에서는 여섯 줄 보리를 많이 사용한다.

(2) Hop(호프, 홉)

맥주 특유의 향기와 쓴맛을 내며 맥주가 부패되는 것을 막아 오래 저장을 해줄 수 있는 효과를 지니고 있다. 독일 남부 바이에른 지방에서 나는 호프가 가장 유명하며 이 덩굴풀의 꽃을 8월 중순 딴 뒤 0℃ 이하에서 보관했다가 맥아즙을 만든 뒤 맥주원료에 첨가한다. 우리나라에서는 강수량이 적고 일조량이 많은 강원도 평창과 횡성, 속사와 대관령 주변에서 재배되고 있다.

(3) Yeast(효모)

맥주보리의 맥아당을 분해해 알코올과 탄산가스로 변화시키며 향기와 비타민, 아미노산 등의 영양소를 만들어 알코올 도수와 맛을 결정하는 결정적인 역할을 한다. 유통과 보관을 위한 화학처리를 하지 않은 소규모 맥주 양조장의 맥주가 자연식 건강음료가 될 수 있는 것도 맥주 효모에 50%이상 양질의 단백질을 함유하고 있기 때문이다.

(4) Water(물)

세계 유명 맥주의 경우 센물(경수)이나 단물(연수)을 이용해 특색에 맞는 맥주를 생산하고 있다. 맥주의 본고장인 독일 뮌헨지방은 상당히 센물을 사용해 상대적으로 맛이 순한 뮌헨 비어를 생산하고, 체코 필센 지방은 염류 함량이 적은 단물을 사용해 자극성이 강한 담색 맥주인 필스 비어를 만든다. 하지만 요즘은 물의 가공 기술이 발달해서 맥주의 종류에 따라 물의 경도를 조절하는 용수 전처리과정을 거친다.

3) 맥주의 제조과정

맥주제조는 먼저 보리를 싹틔워 맥아를 만든 후 맥아와 녹말질 부재료로 맥아즙을 만들고 호프를 첨가하여 끓인 후 냉각시킨다. 이 냉각된 맥아즙에 맥주효모를 넣어 발효시키고 일정기간 저장 · 숙성한 후 여과하여 바로 제품화하는데 그 공정은 다음과 같다

(1) 맥아제조

맥주 제조과정의 시작은 보리를 맥아로 만드는 과정이다. 보리가 부풀어 작은 싹이 나기 시작할 때까지 물에 담가 두는데 이를 통하여 녹말이 당분으로 변화하기 시작한다. 그런 다음 보리에 열을 가하여 건조시키면 추가적인 발아를 막으면서 맥아(malt)가 만들어진다.

(2) 당화

잘게 부순 맥아에 전분 등의 부원료를 더하여 따뜻한 물과 섞는다. 적당한 시간과 온도를 유지하면 맥아 속에 있는 효소의 작용에 의해 전분질은 효모가 이용 가능한 당분으로 바뀐다. 이것을 여과하여 호프를 넣고 끓인다. 호프는 맥주 특유의 쌉쌀한 맛과 향을 만들어내며 맥즙 속에 포함된 단백질을 응고시켜 맥즙을 맑게 하는 중요한 작용을 한다.

(3) 발효

뜨거운 맥즙을 냉각시킨 후 여기에 효모를 첨가하여 발효 탱크에 넣는다. 7-12일간 효모의 작용에 의해 맥즙속의 당분은 알코올과 탄산가스로 분해된다. 이 과정에서 만들어진 맥주는 미숙성 맥주(Young Beer)로 아직 맥주 본래의 맛과 향은 충분하지 않다.

(4) 숙성

발효가 끝난 미숙성 맥주는 후발효 탱크에 옮겨져 0도 이하의 저온에서 1~3개월간 서서히 숙성되며, 이제 맥주의 맛과 향이 조화를 이루게 된다.

(5) 여과

저장 탱크에서 속성이 끝난 맥주는 여과를 거쳐 맑고 투명한 황금색의 맥주가 된다.

(6) 제품

여과된 맥주는 병이나 통에 넣어져 시장으로 내보내진다. 병이나 캔에 넣어진 맥주는 효모를 불활성화시키기 위해 저온살균 후 출하한다. 한편, 저온 살균하지 않고 미세한 여과기를 통하여 맥주에 남아있는 효모를 걸러내는 경우도 있는데, 이것이 생맥주를 만드는 방법이다.

4) 맥주의 종류

(1) 효모 발효법에 의한 분류

① 하면발효맥주(독일식)

5~10 도 정도의 저온에서 7~10일간 비교적 긴 시간 동안 발효한다. 발효를 마친 효모가 밑으로 가라앉는 맥주로 일명 라거 맥주라 불리운다. 연한색의 맥아를 사용하며, 3~5% 의 주정도이다. 흑맥주의 경우 맥아 건조 시 까맣게 볶아서 제조한다.

순하고 산뜻한 향미의 맥주가 만들어지며 세계맥주 생산량의 약 3/4 정도를 차지하고 있다.

- 라거비어(Lager Beer) : 낮은 온도(2~10℃)에서 몇 개월간 발효, 이런 발효과정을 라거링 과정이라 하며 보통 병맥주(4도)
- 생맥주(Draft Beer) : 발효균이 살균되지 않는 보통 마시는 생맥주

- 도르트문트(Dortmund) : 산뜻한 향미의 쓴맛이 적은 담색맥주
- 필센(Pilsen) : 체코의 필센산으로 산뜻하고 쓴맛의 황금색맥주
- 뮨헨(Munchen) : 맥아 향기가 짙고 감미로운 흑맥주
- 보크비어(Bock Beer) : 독일생산으로 원액즙 농도가 16% 이상인 향기가 짙고 강한 맥주

② 상면발효맥주(영국식)

10 ~ 20 도 정도의 고온에서 3~4일간 비교적 짧은 시간 동안 발효한다. 82-85 도에서 1분정도 살균한다. 발효를 마친 효모가 위로 뜨는 맥주로 일명 에일맥주라고 불리운다.

농색 맥아와 흑 맥아를 섞어서 사용하며 5% ~ 10% 의 주정도이다. 엑스분이나 알코올분이 높은 독특한 향기가 있는 것이 많다.

- 에일(Ale) : 에일 맥주는 실내온도(18~21℃)에서 발효되는 것이며 호프를 많이 넣어 쓴 맛이 강한 맥주
- 포터(Porter) : 영국의 대표적인 맥주로 맥아즙 농도, 발효도, 호프 사용량이 높은 강하고 진한 흑맥주이다. 스타우트(흑맥주)가 대표적인 종류이다.
- 스타우트(Stout) : 알코올도수가 8~11℃로 색깔이 검고 강한 맥아향을 내는 맥주
- 람빅(Lambics) : 벨기에의 브리셀에서 양조되는 자연효모, 젓산균 등을 넣어 자연발효시킨 맥주

(2) 맥아 색에 의한 분류

① 담색맥주

보통의 담색맥아를 사용하여 향이 약하고 대부분 오늘날의 맥주

② 농색맥주

보통의 맥아에 흑맥아, 뮌헨맥아등 짙은 색 맥아를 섞어 향미와 색을 부여한 것. 이 짙은 색 맥아의 양에 따라 농색맥주가 된다.

(3) 살균처리에 의한 분류

① 라거(Lager Beer) : 살균처리하여 저장 가능한 일반적인 병맥주

② 드라프트(Draft & Draught Beer)) : 맛과 향은 병맥주보다 우수하나 장기저장이 어렵다. 즉 살균처리하지 않는 맥주, 유효기간 약 1개월.

5) 맥주의 취급방법 및 서비스

(1) 맥주 취급방법

맥주 취급방법은 양조장에서 생산된 제품의 맛과 향을 유지하고 상하지 않도록 잘 취급해야한다. 따라서 저장방법에 있어서는 5~20℃의 실내온도에서 통풍이 잘되고 직사광선을 피하는 어두운 지하실의 건조한 장소가 좋다. 또한 맥주를 운반할 때에는 가급적 충격을 피해야 한다. 충격을 주게 되면 맥주안의 단백질이 응고하는 혼탁현상을 일으켜 맛과 향을 잃어 맥주의 제 맛을 느낄 수 없다.

(2) 맥주 서비스

맥주의 독특한 맛을 느낄 수 있는 적정온도는 여름철 5~8℃ 정도이고, 겨울철에는 10~12℃ 정도가 가장 좋다. 맥주병을 오픈하였을 때 맥주가 넘쳐 나올 경우 너무 오래 되었거나 운반 시 너무 많이 흔들렸다고 볼 수 있다. 반면에 미지근한 맥주는 거품이 너무 많고 쓴 맛이 나며, 너무 차가우면 거품이 잘 일지 않아 맥주 특유의 향을 느낄 수 없게 된다.

① 생맥주 서비스

- 생맥주는 머그(Mug)잔에 제공한다.
- 맥주는 8부, 거품은 2부정도가 적당하다
- 거품이 잘 일지 않을 때는 탄산가스가 충분한지, 컵에 기름기가 있는지, 맥주가 너무 차거나 오래 되었는지를 체크한다.
- 생맥주의 저장은 2~3℃, 서비스 온도는 3~4℃가 적당하다.

② 병맥주 서비스

- 병맥주의 마개는 고객 앞에서 오픈한다.
- 병을 글라스에서 약 4~5센치 정도 들고 따른다.
- 맥주와 거품은 8:2가 되도록 따른다.
- 따르고 난 뒤에는 병을 트위스트하여 방울이 주변에 떨어지지 않도록 한다.

- 병을 테이블에 놓을 때는 상표가 고객에게 보이도록 살짝 놓는다.
- 병맥주의 저장은 3~4℃, 서비스 온도는 5℃가 적당하다.

6) 세계맥주 유명상표

- 네덜란드 : 하이네캔(Heineken),
- 덴마크 : 칼스버스(Carsberg)
- 미국 : 버드와이저(Budweiser), 밀러 하이라이프(Miller High Life)
- 영국 : 기네스 스타우트(Guiness Stout)
- 독일 : 레벤브로이(Lowenbrau), 베스 비이르(Beck's Bier)
- 일본 : 기린(Kirin), 삿뽀로(Sapporo)
- 한국 : 하이트(Hite), 엑스필, 스타우트, 오비(OB), 카스, 카프리, 레드락
- 중국 : 칭타오(Tsingtao)
- 호주 : 포스터스(Foster's)
- 벨기에 : 스텔라 아르트와(Stella Artois)
- 프랑스 : 크로렌브로그(Kronenbourg Bier)
- 필리핀 : 산미구엘(San Miguel)
- 오스트리아 : 지퍼(Zipfer)

memo

제3절 증류주

증류주는 곡물이나 과실 또는 당분을 포함한 원료를 발효시켜서 양조주를 만들고 양조주를 다시 증류기에 의해 증류한 것이다.

양조주는 효모의 성질이나 당분의 함유량에 의해 대개 8~14도 내외의 알코올을 함유하는데, 증류주는 강한 알코올이 함유된 순도 높은 주정을 얻기 위해서 증류하는 것이다.

증류주의 종류에는 Brandy, Whisky, Rum, Vodka, Gin, Tequila, 한국의 문배주, 안동소주 등이 있다.

대표 위스키 발렌타인
'12yrs, 17yrs, 21yrs, 30yrs'

1. 위스키

1) 위스키의 정의 및 어원

위스키의 어원은 라틴어의 아쿠아 비(Aqua Vitae=생명의 물)가 게르만어의 Uisge-Beatha(우스게 베이하)로 변하고 다시 Uisge-Beatha가 Usque Baugh로 Uisqe(유스크)-Usky(어스키)-Wisky로 전환된 것으로 북유럽의 Aquavit(아쿠아비트), 프랑스의 Eau-de-Vie(오드뷔)라고 하는 것은 생명수라는 뜻이다.

2) 위스키의 역사

위스키의 역사는 여러 가지 설이 있으나 지금에 와서는 그 진상을 알 수가 없다. 그러나 스카치의 역사가 곧 위스키의 역사라 할 수 있다. 12C경 이전에 처음으로 아일랜드에서 제조되기 시작하여 15C경에는 스코틀랜드로 전파되어 오늘날의 스카치위스키(Scotch Whisky)의 원조가 된 것으로 본다.

1171년 영국의 헨리 2세(1133~1189)가 아일랜드에 침입했을 때 그 곳 사람들이 보리를 발효하여 술을 마시고 있었다고 한다. 15세기경까지는 기독교 성직자의 손에 의해 만들어져 널리 보급되고 있었다. 이후 스코틀랜드(Scotland)의 로우랜드(Lowland)와 하이랜드(Highland)에서도 만들어지고 있었다. 1707년 스코틀랜드와 잉글랜드의 의회가 합병

하여 대영제국이 탄생했다. 그로부터 6년 후인 1713년에 영국정부는 잉글랜드와 마찬가지로 스코틀랜드에서도 맥아세(麥芽稅)를 과세했다.

글라스고우(Glasgow)와 스코트랜드의 수도인 에디부르그(Ediburgh)에서 대규모 폭등이 일어나는 등 스코틀랜드 하이랜드지방의 사람들은 인종적 편견으로 보고 이에 대항하여 목숨을 걸고 싸웠던 것이다. 그 당시 하이랜드 주민들은 단호히 저항하며 벽지의 산속으로 들어가 위스키의 밀조와 밀수를 하게 되었다. 이 때 발견된 것이 이탄(Peat)를 사용하는 것이다. 왜냐하면 세무관리의 눈을 피하려면 낮에 햇빛으로 맥아를 건조시킬 수가 없어 밤에 이탄을 사용하여 건조시켰던 것이다.

이탄이라고 하는 것은 스코틀랜드에만 있는 것으로 Heath나 관목이 몇 백년이나 축적되어 생긴 일종의 진흙탄으로 땅 속에 묻혀 있다. 이탄을 사용함으로써 방순한 향기를 얻을 수 있음과 증류한 위스키를 쉐리와인(Sherry Wine)의 빈통에 넣어 저장함으로써 원주(原酒)가 조금씩 색이 나며 숙성하는 것이 이 시대에 하이랜드인들이 발견한 우연한 수확이었다.

이때 당시 하이랜드의 밀조업자들은 달빛을 받으면서 일을 한다고 해서 "Moon Shiner"라고 부른 데서 기인하여 밀조주를 Moon Shine이라고 한다.

그 후 1823년 소규모의 증류소에서도 싼 세금으로 증류할 수 있도록 새로운 세제안(稅制案)이 공포되어 이 때 면허 취득 제 1호가 된 것이 Glenlivet의 George Smith이다. 오늘날도 Glenlivet는 이름난 양조업자로써 이름이 높고 정관사 "The"를 붙이는 것이 허용되어 있는 것은 Smith의 'The Glenlivet'뿐이다.

1826년 스코틀랜드의 증류업자 Robert Stein의 연속식 증류기 개발에 이어 1831년 아일랜드의 더블린(Dublin)의 세무관리인 Aeneas Coffey가 코페이식 연속증류기(Coffey Still)를 완성하여 특허를 취득했다. Patent Still로 불리우는 이 증류기의 보급으로 단기간내에 대량의 Grain Whisky를 생산하기에 이르렀다.

1877년 Lowland의유수한 Grain Whisky업자 6개사가 모여서 D.C.L (Distillers Company Limited)를 주식회사 조직으로 결성하여 조합을 관리토록 했다. 1880년경 프랑스의 포도밭에 파록셀라 란 병충해가 번져 와인과 브랜디의 생산에 큰 타격을 입었다. 그 때문에 영국은 와인과 브랜디를 수입할 수 없었다. 당시 런던의 상류 계급에서 레드와인이나 브랜디를 주로 애용하고 있었는데 런던시장에 바닥난 브랜디를 대신하여 Blended Whisky가 크게 부상하게 되었다.

1890년경에는 런던 시민 전체에 번져 그때까지 대중들에게 진(Gin)이 누리고 있던 인기를 앞지르기에 이르렀다. 이러한 추세를 몰아 D.C.L은 군소 위스키 증류소를 매입하여 막강한 조직으로 키워 나가면서 남북 아메리카를 위시한 영령식민지에 적극적으로 수출하여 커다란 시장을 구축해 나갔다. 호황기 시절의 D.C.L은 전체 스카치 위스키의 60%, 영국전체 알코올 생산의 80%를 점유했다. D.C.L에 속해 있는 5대 메이커는 John Haig(John Haig, Haig & Haig), John Dewar's사(White label), White Horse사(White Horse), John Walker사(Johnnie Walker), James Buchanan's사(Black & White)이다. 결국 옛날에는 스코틀랜드 지주에 지나지 않았던 스카치 위스키도 현재는 영국풍의 신사를 매혹시키는 술로써 기품있고 대중성도 겸비되어 전 세계에 스카치 팬을 많이 가지고 있다.

3) 위스키의 제조과정

(1) 원료

보리는 주로 Goldenmelon 종과 Chevalier 종이 많이 쓰인다. 그 외 호밀(Rye), 밀(Wheat), 귀리(Oats) 등이 쓰인다.

(2) 정선

보리를 정선기에 넣어 마른 알맹이, 불량한 보리를 완전히 제거 한다.

(3) 침맥

보리를 깨끗이 씻고 속이 빈 보리를 제거하기 위함과 동시에 물을 주어 발아의 준비를 위해 2주 동안 침수시킨다.

(4) 발아

침맥한 보리를 발아실에서 1주 동안 발아시킨다. 항상 온도나 습도가 발아에 적당한 상태로 유지되어야 한다.

(5) 건조

발아한 보리는 건조탑에서 Peat열로써 건조시킨다.

(6) 제근과 분쇄

건조한 맥아의 뿌리는 불필요 하므로 제거하고 당화하기 쉽게 분말로 만든다.

몰트위스키(Molt Whisky)의 경우 발아한 맥아만을 분쇄시키지만 Grain Whisky의 경우는 그 외의 발아하지 않은 보리, 밀, 호밀 등의 분쇄한 것을 첨가한다

(7) 당화와 냉각

분쇄된 맥아에 양조수(釀造水)를 가하여 당화조에 넣는다. 당화방법에는 일부를 가열하여 전체의 열을 올리는 Luktion법과 당화조 전체를 가열하는 Infation법 두 가지가 있다. 이 때 전분은 디아스타제에 의해 맥아당으로 변하고 당화액이 생기는 것이다. 당화 후 효모균의 번식에 적당한 온도까지 냉각시킨다.

(8) 발효(효모 가함)

냉각된 당화액은 발효조로 보내 위스키용의 순수 효모를 가해서 발효시킨다. 여기서 당분은 알코올과 이산화탄소(CO2)로 분리되는데 발효는 보통 2일정도 걸린다.

(9) 증류

발효가 끝난 보리술은 단식증류기(Pot Still)로 두번 증류한다. 먼저 증류 가마에서 증류한 초류액(初溜液)을 다시 재류부(再溜釜)에서 증류한다.

재류부에서 나온 술 중 최초의 부분과 최후의 부분을 제외한 가운데 부분만을 위스키 원주로서 술통(Oak Barrel)에 넣는다. 제외된 최초, 최후의 액체는 초류액과 합하여 재류부에서 다시 증류된다.

(10) 저장(숙성)

2차 증류를 마친 위스키 원주는 알코올 성분 60~70%로 수정같이 맑고 무색 투명한 액체이다. 이 원주는 떡갈나무, 참나무 (White Oak)로 만든 통에 담겨 저장되고 숙성된다.

숙성을 촉진시키기 위해 한 번 셰리 와인(Sherry Wine)을 넣은 통을 사용한다. 저장연한은 나라에 따라 다르며 캐나다는 2년, 영국은 3년, 미국에서는 4년으로 법령에 따라 강제 숙성기간을 설정하고 있지만, 경우에 따라서 20~30년 동안 저장하는 수도 있다. 오래 숙성시킨다고 해서 반드시 좋은 것은 아니고, 성질에 따라 일정기간이 지나면 오히려 퇴화되는 것도 있다.

(11) 혼합(Blend)

같은 조건으로 증류, 저장된 위스키라도 연수가 경과함에 따라 한통 한통 모두 다른 미묘한 맛과 향을 갖게 된다. 이를 Tasting 하고 각자의 특징을 살려 이상적으로 조합하여 균일한 품질로 만들기 위해 혼합을 하는데 이를 'Blend'라고 한다. 이 Blend는 위스키 제조 공정 가운데서도 가장 중요한 역할이며 감각적인 기술이 필요하고 풍부한 경험과 날카로운 감각의 코와 혀를 갖고 있지 않으면 불가한 일이다. 영국에서는 'Blender'라는 독립된 직업이 있을 만큼 중요시 된다.

(12) 후숙 및 병입

Blend가 끝난 위스키는 다시 술통에 넣어 수년간 후숙성 시킨 뒤 병에 넣어 시판된다.

4) 위스키의 종류

(1) 원료 및 제조법에 의한 분류

① Malt Whisky(Loud Spirit)

발아시킨 보리, 즉 맥아만을 원료로 해서 만든 위스키로서 맥아 건조시 Peat를 사용하고 Pot Still로 증류시킨다.

② Grain Whisky(Silent Spirit)

발아시키지 않은 보리, 호밀, 옥수수 등의 곡물을 보리 맥아로 당화시켜 발효한 후에 Patent Still로 증류한 위스키를 말한다. 몰트위스키는 농후한 맛을 부드럽게 하는 Blend용이다.

'현대식 증류기'

③ Blended Whisky

Malt Whisky와 Grain Whisky를 적당히 Blend한 것인데, 우리가 마시고 있는 거의 대부분이 이 Blended Whisky 이다.

④ Bourbon Whiskey

Bourbon이란 미국 켄터키주 동북부의 지명 이름으로 이 지방에서 생산되며 원료로 옥수수를 51% 이상 사용한다. 이것에 Rye 와 Malt(맥아) 등을 혼합하여 당화 발효시켜

Patent Still 로 증류한다. 사용하지 않은 새로운 Oak barrel 의 안쪽을 그을린 것에 넣어 4년 이상 숙성시키는 것이 특색이다.

⑤ Corn Whiskey

미국 남부에서 생산되며 전체 원료 중 옥수수의 비율이 80%이상의 것, Corn Whisky는 그을리지 않은 한 번 사용한 통을 재사용하며 착색되지 않은 것이다.

⑥ Rye Whiskey

제조법은 Bourbon Whisky와 거의 같으나 Rye를 주원료로 66% 이상 사용하는 위스키로 미국이 주산지이다. 보통 상표에 "Rye Blended Whisky"라고 쓰여 있는 것은 Rye Whisky와는 의미가 약간 다르며 최저 51%의 Rye Whisky와 다른 중성 알코올을 브랜딩 한 것이다.

(2) 산지에 의한 분류

① 스카치 위스키(Scotch Whisky)

영국의 스코틀랜드에서 생산되는 Whisky의 총칭이다. Scotch라고 해도 Scotch Whisky를 뜻하며 Scotland에서는 Scotch 대신 Scots라고 표기하기도 한다. 1952년 영국에서 발령된 관세와 면허세법에 의하면 보리싹(맥아 Malted Bareley)의 Diastase에 의해 당화된 곡류의 거르지 않은 술로서 스코틀랜드 내에서 증류하여 최소한 3년 동안 통에 저장 숙성시킨 위스키에 한하여 Scotch Whisky라고 한다. Scotch Whisky는 맥아를 써서 단식 증류시킨 Malt Whisky와 맥아와 옥수수를 섞어 연속 증류시킨 Grain Whisky와 옥수수를 섞어 연속 증류시킨 Grain Whisky와 Blended Whisky(혼합주)로 구분한다.

조니워커

스카치 위치키의 특징

- 3000여종을 넘는 상표(Brand)가 있다.
- 전세계 위스키의 60%를 생산한다.
- 맥아 건조시 Peat탄의 불을 사용한다.
- 증류시 Pot Still 로 2~3회 증류한다.

분류

- Malt scotch Whisky – 순수 맥아만 사용한 것.
- Grain scotch Whisky – 곡물(주로 옥수수)로 제조한 것
- Blended scotch Whisky – Malt(20%)원액과 Grain 원액을 혼합한 것.

제품명(Brand)

- Single malt – The Glenlivet, Glenfiddich, Macallan
- Vatted Malt – All Malt, Berry's Pure malt
- Grain–Old Scotia

몰트 위스키 '맥켈란'

Blended Whisky(증류주의 배합에 따른)분류

*** Premium Scotch Whisky**

Grain Whisky 30%+Malt Whisky 70%를 Blending한 고급 위스키

Ballantine(30yrs, 21yrs, 17yrs, 12yrs)

Royal Salute 21 years

Chivas Regal 12, 18 years

Cutty Sark 12, 17 years

Dewars 12 years

Dimple 12 years

Johnnie Walker Black Label

J & B 12, 15 year

* Standard Scotch Whisky

Grain Whisky 70%+Malt Whisky 30%로 Blending한 스카치 위스키

– Jhonnie Walker Red Label , Vat 69 , Grants , Ballantine , Black & White, Old Parr, Bell's

Dewars

J & B 12, 15 year

J&B

② 아메리칸 위스키(American Whiskey)

미국에서 생산되는 위스키의 총칭이다. American Whiskey 하면 보통 Rye Whiskey를 가리키는 것이다. 미국에서의 위스키 역사는 17~18℃에 걸쳐 점차로 발전했다. 1795년 제이콥 빔(Jacob Beam)이 켄터키주의 버번지방에서 옥수수로 위스키를 만들었다. 이것이 Bourbon Whiskey의 시작이다.

옥수수(51~80%)를 써서 만든 Bourbon Whiskey와 Rye(호밀)를 원료로 사용하여 만든 Rye Whiskey가 있다. 19C초 켄터키주에는 수천개의 위스키 증류소가 있었다고 한다. 1920년 1월 금주법이 미국의 연방의회를 통과하여 소위 암흑의 20년대가 시작된다. 암흑가의 제왕이라 불리던 Al Capone(1895~1947)는 시카고시의 정계, 경찰을 완전히 매수하여 위스키의 밀조, 밀매, 마약, 매춘, 도박 등의 불법산업으로 거액의 부를 구축했던 것이다.

1933년 비로소 13년간의 금주법이 해제되자 다시 위스키산업이 크게 발전을 했던 것이다. 1934년 증류주의 규격에 관한 규정이 만들어졌다. American Whiskey는 Scotch의 모방에 지나지 않았으나 캐나다의 증류가인 Seagram형제가 미국으로 진출하여 Molt와 Grain Whisky를 모두 Patent Still로 증류할 때 알코올분을 조정하는 새로운 방법을 고안해 내서 Blending한 위스키를 시판하게 되자 미국시장을 압도했던 것이다. 미국 대표적인 위스키로는 다음과 같이 분류되며 대표적인 상품은 다음과 같다.

Straight Whiskey
① Bourbon Whiskey－옥수수 51% 이상 사용 • Sweet mash, sour mash방법 사용, 단일 원액만 사용 • Charred Oak cask에서 2년 이상 숙성한다. • 40도이상 80도 이하로 증류해야 한다. • 전체 생산량의 80%가 Kentucky에서 생산된다. ② Rye Whiskey－51% 이상의 호밀을 사용 80도 이하로 증류 • Charred Oak cask에서 2년 이상 숙성한다. ③ Corn Whiskey－80% 이상 옥수수 사용 ④ Bottled in Bond Whiskey • 정부에서 품질을 보증하는 것은 아니지만 정부의 감독하에 보세창고에서 병입한다.
Blended Whiskey
① Kentucky Whiskey • 켄터키에서 생산된 두 가지 이상의 스트레이트 위스키를 혼합한 것. ② Blended of Straight Whiskey • 두 가지 이상의 스트레이트 위스키를 혼합한 것.
Tennessee Whiskey
버번과 같으나 증류한 후에 사탕 단풍나무로 만든 숯으로 여과하여 저장, 숙성.

American Whiskey 유명상표

① Bourbon – I. W. Harper, Old Crow, Old Grand Dad, Old Taylor, Jim Beam, Wild Turkey, Early Times

② Rye – Four Rose, Imperial, Golden Wedding, Old Frester 등

③ Tennessee Whiskey – Jack Daniel's, George Dickel

Bourbon Whiskey - Jim Beam

Tennessee Whiskey – Jack Daniel's

③ **아이리시 위스키**(Irish Whiskey)

'존제임슨'

영국의 아일랜드에서 생산되는 위스키의 총칭이다. 아메리칸 위스키와 더불어 아이리시 위스키는 위스키에 대한 자부심의 표시로 'e'자를 덧붙여 Whiskey로 표기하는 것이 상례이다. 영국 법률에 의하면 Irish Whiskey란 『Malt의 Diastase를 사용하여 당화된 "Cearial Grain"의 Mash(맥아)를 발효하여 Nothern Ireland에서 Pot Still로 증류해서 얻은 Sprits를 술통에 담아 최저 3년간 숙성시켜 만든다.』 Irish Whiskey는 맥아 외에 옥수수, 밀 귀리 등 여러 가지 곡류를 사용하므로 Grain Whiskey로 분류되나, 특징으로는 Pot Still을 사용하여 증류한다. 원래는 단품으로 봉해지나(Straight Molt Whiskey) 최근에는 Patent Still 을 사용한 Grain Whiskey와의 Blend도 가끔 이루어진다. 참나무통에서 숙성할 때에는 최소한 4년 이상 7년 혹은 그 이상을 묵혀서, Grain Whiskey와 혼합하며 43도(86 ProoF)로 희석하여 출고한다.

아이리쉬 위스키의 유명상표로는 John Jameson, Old Bushmills, Jameson, John Power Irish

등이 있다.

④ **캐나디언 위스키(Canadian Whisky)**

캐나다에서 생산되는 위스키를 총칭한다. 광대한 지역에서 보리, 호밀 등 모든 곡류가 재배되므로 생산량이 많다. 미국산 위스키보다 호밀(Rye)의 사용량이 많은 것이 특징이며 Straight Whisky는 법으로 금지되어 Blended Whisky만 생산하며 4년 이상의 저장기간을 규제하고 수출품은 6년 정도 저장한다. 다른 어떤 나라보다 정부의 통제가 엄격하다.

미국의 독립전쟁이 일어나자 캐나다로 이주하는 이민이 늘어나고 이에 따라 제분업이 번창하고 차츰 증류소가 발전하게 되었다. 1850년대 씨그램사와 하이럼 워커사가 등장하여 본격적인 위스키 산업이 시작되었다. 1920년 미국의 금주법 시행으로 급속한 발전을 하게 되었다.

분류

- Corn Whisky : 옥수수를 원료로 한 원액(base)을 (3년숙성)
- Rye Whisky : 호밀을 원료로 사용한 것으로 강한 향미를 지니고 있다.(3년숙성)
- Corn Whisky와 Rye Whisky원액을 혼합(Blending)하여 최종의 Canadian Whisky가 된다.

캐나디안 위스키(Canadian Whisky)Whisky의 유명상표

- Canadin Club(C.C), 12, 20
- Seagram's V.O, Crown Royal, Load Calvert
- Mac Naughton Canadian Rye

크라운 로얄

캐나디언 클럽

2. 브랜디

1) 브랜디의 개요

과실류를 원료로 한 증류주를 총칭하여 브랜디(Brandy)라고 한다. 그러나 일반적으로 브랜디라고 하면 포도로 만든 와인을 증류, 숙성시킨 것을 가리킨다. 브랜디의 어원은 포도를 와인으로 만들어 증류한 것을 네덜란드 무역상이 '브랜드 웨인'(brande-wijn, 태운 와인)이라 불렀고, 이후 영국인들이 줄여서 '브랜디'가 되었다. 프랑스어로는 오 드 비(eau-de-vie, 생명의 물)라고 한다. 현재 브랜디는 세계 여러 나라에서 생산되고 있지만 프랑스의 코냑(cognac, 꼬냑)과 알마냑(armagnac)지방에서 생산하는 것을 2대 브랜디라고 한다. 코냑과 알마냑 등은 다른 지방이나 다른 나라에서 그 명칭을 사용할 수 없도록 규제를 받고 있다. 이것은 프랑스가 품질관리의 중요성을 일찍이 인식하고 명주가 생산되는 지방의 명성을 널리 알리고 유지, 보호하려는 노력의 결과라고 할 수 있다. 프랑스에서도 코냑과 알마냑 외의 지역에서 만들어진 포도브랜디는 프렌치 브랜디로 분류된다.

그리고 사과나 배, 나무딸기, 체리 등 포도 이외의 과실로 만든 것은 프루츠 브랜디(fruit brandy)라고 하며 이 브랜디는 프랑스와 독일에서 많이 생산하고 있다. 프랑스에서는 오드비(eau de vie~과일의 이름)라 부르며 원료 과일의 이름을 넣는다. 독일에서는 ~밧서, ~가이스트라고 부른다. 브랜디는 디저트 이후에 향과 맛을 음미하면서 식후주로 마시는 것이 보통이다.

2) 브랜디의 종류

(1) 코냑의 개요

코냑 지방은 와인의 명산지인 보르도의 북쪽에 위치하고 있다. 보르도와는 달리 코냑 지방에서 생산되는 포도는 당도가 낮고, 산도가 높아 양질의 와인을 생산할 수가 없었다. 그런데 와인을 증류하면 와인의 산이 브랜디의 방향 성분으로 전환되고, 알코올 농도가 낮은 와인은 다량의 와인이 사용되므로, 와인의 향이 농축되어 품질 좋은 브랜디를 만들 수 있다. 코냑 한 병을 만드는 데에는 약 8병의 화이트 와인이 필요하며, 와인은 법에 의해 규정된 청포도 위니 블랑(Ugni Blanc)이 주품종이다. 그리고 포도재배 지구는 토질에 따라 품질순위 6개 지역으로 구분하여 AOC법으로 엄격하게 규제하고 있다.

코냑은 숙성년도에 따라 별 또는 문자로 구분하여 표기하고 있다. 법으로 규정되어 있지 않아 회사별로 그 의미가 같지 않으며, 숙성기간의 표기는 다음과 같다.

다음 숙성 년도는 쓰리 스타만이 법적으로 보증되는 햇수이고 그 외는 법적 구속력이 전혀 없다. 그리고 같은 나폴레옹일지라도 각 꼬냑 회사마다 숙성 년도가 다를 수 있다.

- 쓰리 스타 (Three Star) ··································· 최소 2년 이상 숙성
- V.S.O.P (Very Superior Old Pale) ······················ 최소 4년 이상 숙성
- 나폴레옹 (Napoleon) ··· 6년 이상 숙성
- X.O (Extra Old) ··· 최소 6년 이상 숙성

– 국립꼬냑사무국(Bureau National Interprofessionel de Cognac , BNIC) 규정 –

꼬냑은 25년에서 50년 숙성시켰을 때 최고가 된다. 이러한 기간은 물론 오크 통 속에 있는 기간만을 말한다. 꼬냑은 일단 병입되면 변화하지도 숙성되지도 않는다.

(2) 코냑의 유명 제품

① Hennessy

헤네시 코냑은 1765년 아일랜드 출신의 '리차드 헤네시'에 의하여 설립되었다. 헤네시의 특징은 리무진산의 떡갈나무로 자사에서만든 새 오크통에 숙성한다. 오크통에서의 용출성분을 많이 배게 한 다음 묵은 통으로 숙성시킨다. 따라서 헤네시는 유명한 다른 제품에 비해 주질이 중후하다. 헤네시 제품으로는 V. S. O. P, Napoleon, X. O, Extra, Paradise급 등이 있다. 파라디스급은 숙성의 중후한 맛을 살린 최상품이다.

헤네시 VSOP

헤네시 XO

② Remy Martin

레미마틴 코냑은 별셋 급의 제품은 생산하지 않고, 전 제품이 V. S. O. P급 이상의 브랜디를 생산한다. 그랜드 샹파뉴와 프티

레미마틴 XO

레미마틴 VSOP

레미마틴 EXTRA

트 샹파뉴 지구에서 생산된 원주만을 혼합하여 'Fine Champagne' 칭호를 갖는다. 레미마틴 제품으로는 V. S. O. P, Napoleon, X. O, Extra 그리고 루이 13세는 레미마틴사 제품 가운데 유일한 그랜드 샹파뉴의 것으로 루이 왕조를 상징하는 백합 모양의 병에 담아 판매하고 있다.

③ Courvoisier

쿠브와지에는 헤네시, 레미마틴 등과 함께 3대 메이커이다. 1790년 파리의 와인상인 쿠브와지에가 설립하였다. 별셋급(3star)은 쿠브와지에의 주력 제품으로 전 생산량의 80%를 차지하고 있다. V. S. O. P급은 핀느 샹파뉴 규격품으로 약간의 단맛을 가진 미디엄타입이다. Napoleon급은 감칠맛이 있고, X. O급은 20년 이상 숙성한 최상품으로 강렬한 향과 맛이 특징이다. Extra급은 장기 숙성한 후 정선된 원주를 블렌딩한 것이다.

쿠브와지에 XO

④ Camus

카뮤 코냑은 1969년 나폴레옹 탄생 2백주년을 기념하여 나폴레옹급 코냑을 생산하면서 널리 알려지게 되었다. 그랜드 샹파뉴, 프티트 샹파뉴, 보르드리 세 지구의 15년 이상 된 원주를 사용하는데, 부드러우면서도 감칠맛이 특징이다. 이 밖에도 V. S. O. P, X. O급 등이 있다.

까뮤 XO

⑤ Martell

1715년 장 마텔이 코냑에서 창업하였다. 마텔 코냑은 프루티한 맛과 향이 특징이다. 별셋 급, V. S. O. P, Napoleon, Cordon Bleu 급이 있다. X.O급의 코르동 블루(Cordon Bleu)는 중후한 풍미와 구조를 갖춘 상급의 코냑이다. 엑스트라(Extra)는 60년 숙성한 것으로 연간 400병의 한정 생산품으로 최상품이다. 풍요로운 향기는 숙성의 극치를 보여준다.

(3) 알마냑의 개요

코냑과 함께 쌍벽을 이루는 알마냑은 보르도의 남서쪽에 위치하고 있다. 알마냑은 세 지역으로 구분하는데, 남쪽의 오 알마냑(Haut-Armagnac)과 북쪽의 테나레즈(Tenarez), 바 알마냑(Bas-Armagnac)으로 나뉜다. 이 지역에서 생산되는 포도는 코냑과 같은 청포도 위니 블랑(Ugni Blanc)이 주 품종이다. 그러나 알마냑은 제조방법이 코냑과 다르다. 알마냑은 반 연속식 증류기로 한 번 증류하는 데 비해 코냑은 단식 증류기로 두 번 증류한다. 그리고 알마냑은 블랙 오크통, 코냑은 화이트 오크통에 숙성한다. 이와 같은 차이가 꼬냑산(産)은 전반적으로 기품 있고 그윽한 향기가 매력이며, 알마냑산(産)은 당분이 많고 신선한 향미가 특징이다. 그리고 알마냑의 숙성 표기는 코냑에 준하고 있다.

(4) 알마냑의 유명 제품

① Chabot

샤보 VSOP

샤보 나폴레옹

샤보 XO

16세기 프랑수와 1세 때에 프랑스 최초의 해군 원수 필립 드 샤보는 긴 항해에 와인이 변질되는 것을 방지하기 위해 증류해서 선적하였다. 그리고 오크통 속에서 세월이 경과할수록 탄닌성분과 방향성분이 가미되어 양질의 브랜디가 되는 것을 발견하였다. 이후 알마냑은 전통적인 증류기로 한 번만 증류하여, 블랙 오크통에서 숙성된다. 이에 따라 원주의 주질은 중후하지만, 숙성에 의하여 순한 풍미가 되는 것이 특징이다.

② Janneau

1851년 테나레즈 지구에서설립되어 6대째 가업으로 계승되고 있다. 자뉴의 증류는 알마냑 전통의 증류법으로 1회만 하며, 숙성은 블랙 오크의 새 통에 2년 동안 저장하여 통의 향기를 배이게 하고 있다. 이어서 묵은 통에 옮겨져 숙성하는 것이 특징이며, 이로 인해 중후한 감칠맛과 짙은 향기가 특징이다.

③ Malliac

알마냑 지방 몽레알 마을의 샤토 드 말리약 사의 제품이다. 말리약의 특징은 10년 이상 숙성한 원주를 사용하는 데 있다. 원주는 알마냑 각 지구의 것을 정선해서 사용하고 있다. Napoleon, X. O급도 5년 이상의 숙성된 원주를 쓰도록 되어 있지만, 말리약은 10년 이상 숙성된 원주를 사용하는 것으로 정평이 나 있다.

(5) 오드비의 개요

포도 브랜디는 코냑과 알마냑이 유명하지만, 이외에도 사과나 배, 나무딸기, 체리 등 포도 이외의 과실로 만든 양질의 프루츠 브랜디가 있다. 이 브랜디는 프랑스와 독일에서 많이 생산하고 있다. 프랑스에서는 오드비(eau de vie ~과일의 이름)라 부르며, 원료 과일의 이름을 넣는다. 독일에서는 ~밧서, ~가이스트라고 부른다. 밧서는 원료인 과실의 즙을 발효 · 증류한 것에 사용하고, 가이스트는 과실을 알코올에 담가서 함께 증류한 것을 말한다. 오드비는 탱크에서 숙성하여 무색투명한 것과 오크통에 숙성하여 진한 풍미와 색을 지닌 것 등이 있다.

(6) 오드비의 유명 제품

① Calvados

사과를 발효, 증류, 숙성과정을 거쳐 만든 브랜디로 프랑스 노르망디 지방의 특산주이다. 코냑과 함께 A · O · C법에 의해서원산지, 양조방법, 명칭 등이 엄격히 규제되어 있다. 기타 지역에서는 eau de vie de cider라고 한다.

사과브랜디 '칼바도스'

② Poire Williams

포아르 윌리암은 서양배로 만든 브랜디로 부드럽고, 상쾌한 향미를 지니고 있다. 잘 익은 배 한쪽을 병 속에 넣은 것도 있으며, 일정기간 통 숙성한 제품도 있다.

③ Eau de vie de Marc

포도로 와인을 만들고 남은 찌꺼기를 재발효한 후 증류한 브랜디이다. 정식 명칭은 오드비 드 마르이다. 이탈리아에서는 Grappa(찌꺼기 브랜디)라고 한다. 마르나 그라파는 깔끔한 풍미의 식후주로 널리 알려져 있다.

3. 진

진은 17세기 중엽 네덜란드의 의과대학 교수인 실비우스 박사가 약주로서 개발한 것이 시초이다. 주니퍼베리를 알코올에 넣고 증류를 하여 해열제로서 약국에서 판매하기 시작하였다. 처음에 열대성 열병 치료목적의 의약품으로 만들어 졌다가 진 특유의 향이 주목 받으면서 그 용도가 다양해졌다.

'비피터 진'

진은 기본적으로 옥수수, 호밀, 보리, 밀 등의 곡물을 이용하여 만든다.

진의 풍미를 더해주는 대표적인 보태니컬(식물)은 주니퍼베리(노간주 나무열매), 코리앤더(고수)열매, 안젤리카 뿌리이다.

풍미를 더해주는 원료들을 '초근목피'라 하여 이는 열매, 잎, 뿌리, 씨앗, 꽃 과 같은 식물의 추출물이다.

진은 산뜻한 맛의 영국 '드라이 진'과 전통적인 제법으로 만들고 있는 중후한 맛의 네덜란드 진 '주네바' 그리고 '혼성 진' 등이 있다.

1) 진의 종류

(1) 영국 진

영국 런던을 중심으로 발달하여 붙여진 이름이다. 세계 각국에서 생산되는 진의 대부분이 이 분류에 속한다. 주원료는 맥아, 옥수수 등을 당화시켜 발효한 다음 연속식 증류기로 증류해서 주정을 만든다. 여기에 주니퍼베리, 코리앤더, 안젤리카의 뿌리, 레몬껍질 같은 방향성 물질을 넣고 단식 증류기로 다시 증류한다. 이렇게 증류된 알코올을 40% 정도의 함량으로 제품화한다.

(2) 네덜란드 진

네덜란드 진은 맥아에 옥수수, 호밀 등을 당화시켜 발효한 다음 단식 증류기로 3회 증류하여 주정을 얻는다. 여기에 주니퍼베리를 넣고 다시 증류하므로 향기성분을 얻게 된다. 영국 진에 비해 중후한 풍미를 가지고 있으며, 홀랜드 진 또는 주네바 진이라고 한다.

(3) 혼성 진

드라이 진에 가당을 한 단맛의 올드톰 진(Old Tom Gin) 그리고 과일이나 허브 향을 첨가한 플레이버드 진(Flavored Gin) 등이 있다

2) 유명한 진 브랜드

(1) Tanqueray(탠커레이)

최상급 곡류를 사용해서 4번 증류하는데, 마지막 증류 시 여러 향신료를 더해 진정한 풍미를 완성하였다. 현재까지의 드라이진으로서는 매우 우수

한 진으로 알려져 있다.

(2) Tanqueray NO 10

슈퍼 프리미엄 진 시장에 혁신을 불러 일으킨 진이다. 일반적인 진과 달리 신선한 라임, 오렌지, 자몽을 주정과 함께 증류해서 시트러스한 풍미가 매우 인상적이다. 또한 유일하게 증류시 카모마일을 사용하는 진으로서 카모마일 외에 안젤리카, 리코리스, 코리안더를 함께 증류해서 부드러움까지 갖추었다.

(3) Hendrick's(헨드릭스)

헨드릭스 진은 스코틀랜드에서 전통 수작업으로 소량생산되는 프리미엄진으로 엄선된 곡물과 11가지 허브, 장미 꽃잎, 오이를 주원료로 하여 고유한 풍미를 느낄 수 있다. 영국 및 미국의 유명 바텐더들에게 매우 인정받는 슈퍼 프리미엄 진이다.

(4) Bombay Sapphire(봄베이 사파이어)

일반적인 진과는 달리 식물을 직접주정에 넣고 끓여서 풍미를 만들지 않고, 주정을 증류하면서 수증기가 10가지의 희귀재료(안젤리카, 고수풀, 레몬껍질, 주니퍼베리, 감초 등)가 담긴 구리 바구니를 통과시켜 은은하면서 독특한 향기가 스며들도록 제조한다.

(5) Beefeater(비피터)

비피터란 런던탑에 주재하는 근엄한 근위병을 뜻한다. 비피터는 100% 그레인 스피릿을 사용해 증류하는데, 증류 전 보태니컬(식물)을 침지하는 방식을 사용한다. 산뜻한 향과 매끄러운 풍미가 특징으로서 여러 전문바에서 진 베이스로서 사용하고 있다.

4. 럼

럼은 설탕의 원료인 사탕수수로 만든 술이다. 사탕수수를 짠 즙에서 사탕의 결정을 분리하고, 나머지 당밀을 물로 희석해서 발효 후 증류시킨다. 럼의 발생지는 사탕수수의 보고(寶庫)인 카리브 해의 서인도 제도이다. 현재 사탕수수는 열대 지방에서 널리 재배되어 그 고장마다 독특한 럼을 만들고 있다. 럼을 색으로 분류하면 화이트와 골드, 다크 세 가지 유형으로 나눌 수 있다. 풍미(風味, 맛)로 분류하면 가벼운 맛의 라이트 럼, 중후한 맛의 헤비 럼 그리고 중간 맛의 미디엄 럼 등이 있다. 이 밖에도 빈티지 럼이 있다. 사탕수수의 원료는 당분이 많아 브랜디나 와인같이 30~50년 장기간 숙성이 가능하다. 양질의 빈티지 럼은 브랜디와 같이 깊이 있는 향과 맛을 즐길 수 있다.

바카디 '럼'

라이트 럼 '바카디'

1) 럼의 종류

(1) Light Rum

라이트 럼은 실버나 화이트 럼으로 불리기도 하며, 달콤하지만 향미가 적어서 주로 칵테일 베이스로 사용된다. 대표적으로 최근 유명한 칵테일 모히토의 베이스로 사용되기도 한다.

(2) Medium Rum

골드 럼으로 불리기도 하며, 색과 풍미가 라이트와 헤비의 중간에 위치하는 럼이다. 버번 위스키를 숙성시켰던 불에 그을린 화이트 오크 배럴에서 숙성되면서 어두운 색을 띄게 된다. 라이트 럼보다 더 깊은 풍미와 강한 맛을 가지고 있다.

(3) Heavy Rum

다크 럼으로 불리기도 하며, 라이트 럼이나 골드 럼보다 더 많이 그을린 오크통에서 오래 숙성되기 때문에 강한 풍미와 짙은 색을 갖는다.

2) 유명한 럼 브랜드

(1) Bacardi(바카디)

바카디 럼은 세계적으로 가장 지명도가 높은 제품의 하나로 꼽히고 있다.

라이트(화이트), 미디엄(골드), 헤비(다크) 럼과 그 외에 75.5%의 알코올을 지닌 바카디 151과 과일 플레이버를 지닌 바카디(애플, 피치, 시트러스 등)까지 생산된다.

바카디 플레이버

모히토

특히 기본적인 라이트 럼의 경우 유명한 모히토 칵테일의 베이스로서 널리 사용되고 있다.

(2) Ron Zacapa(론 자카파)

자카파 럼은 당밀을 기본 재료로 사용하는 기존의 럼과는 달리 버진 사탕수수 허니를 사용해 만들어진다. 증류 후에는 숙성을 거치는데 가장 오래된 럼을 아래로, 가장 최근의 럼을 맨 위로 쌓는 스페인의 셰리와인을 만드는 방식인 '솔레라 시스템'을 이용하여 블렌딩과 숙성을 시킨다.

병에는 3,000년 마야의 전통에 따라 야자수로 잘 짜여진 모든 것을 통합한다는 의미를 지닌 '페타테'라는 띠가 둘러져 있다. 이는 자카파 럼의 생산지역을 대표하는 자랑스러운 역사와 숭고한 정신을 상징한다.

5. 보드카

보드카를 처음 주조한 것은 9세기경 러시아이다.

18세기에 자작나무 활성탄 여과기술을 개발하면서 기존의 잡내와 불순물이 없는 프리미엄 보드카가 탄생하였다.

보드카의 주원료는 일반적으로 감자, 고구마 등과 대맥, 밀, 호밀, 옥수수에 발아한 보리를 가해서 당화 발효시켜 연속증류

영국의 대표 보드카 '스미노프'

기로 주정을 증류한다. 이것을 자작나무의 활성탄이 들어 있는 여과조를 20~30번 반복해서 여과한 후 모래를 여러 번 통과시켜 목탄의 냄새를 제거한 후 증류수로 40~50%로 묽게 희석하여 병입한다.

보드카의 무색, 무미, 무취의 중요 요인은 자작나무 활성탄과 모래를 통과시켜 여과하기 때문이다.

1) 유명한 보드카 브랜드

(1) 그레이구스(프랑스)

전 세계 슈퍼 프리미엄 보드카 중 부동의 1위를 달리고 있는 보드카이다.

프랑스 꼬냑지방의 밀을 사용하여 5번의 증류과정을 거쳐서 깔끔하면서도 부드러운 맛이 일품이다. 대표적으로 오리지널 외에도 배, 오렌지, 시트론 플레이버가 있다.

그레이구스 보드카
(플레인, 배, 오렌지, 시트론)

(2) 시락(프랑스)

일반적인 보드카와 달리 저온발효 후 4회 증류한 마우작블랑 포도와 4회 증류한 꼬냑 지방의 위니블랑 포도와 함께 블렌딩 한 후 5번째 증류과정을 거쳐서 만든 프랑스의 대표 슈퍼 프리미엄 보드카이다. 대표적으로 기본적인 시락 플레이버 외에도 레드베리, 코코넛, 피치 플레이버가 있다.

시락보드카
(플레인, 레드베리, 코코넛, 피치)

(3) 스카이(미국)

보드카 업계 최초로 코발트 블루색 병을 사용한 프리미엄 보드카로서 미국의 판매 1위, 전 세계 5위에 랭크되어 있다.

100% 순수 아메리칸 그레인을 사용해서 4차 증류, 3차 필터링 공법으로 불순물을 최대한 줄여서 생산한다.

스카이보드카
(시트러스, 라즈베리, 패션프룻, 파인애플, 코코넛, 모스카토)

스카이 인퓨전(Infusion)은 천연과일을 사용해 풍부하고 선명한 과일 맛을 제공한다. 대표적으로 기본적인 스카이플레이버 외에도 시트러스, 라즈베리, 패션프룻, 파인애플, 코코넛, 모스카토 플레이버가 있다.

6. 데킬라

데킬라는 용설란과의 아가베를 원료로 하여 만든 멕시코의 국민주이다.

아가베의 잎과 줄기를 제거한 후 몸통을 찌거나 구운 후 분쇄와 압착을 통해 주스를 얻어낸다. 이 주스를 발효한 액체를 풀케라 하는데, 이를 증류한 것을 '메즈칼(Mezcal)'이라 부르고, 이 중 데킬라 마을에서 생산되는 것만을 데킬라로 불린다.

데킬라는 숙성하지 않은 화이트 데킬라(블랑코) 외에 숙성하는 스타일에 따라서 호벤(골드), 레포사도, 아네호, 엑스트라 아네호로 나뉜다.

데킬라 선라이즈 등과 같은 칵테일외에도 손등에 라임이나 레몬즙을 바르고 거기에 소금을 뿌린 다음 핥은 후 데킬라를 단숨에 들이키는 스타일로도 흔히 즐긴다.

1) 데킬라의 분류

돈 훌리오 블랑코

(1) Blanco(블랑코)/ Silver(실버)/ White(화이트)

증류 후 바로 출하하거나 스테인레스 스틸통에서 30일 이하 저장한 뒤 출하하는 제품을 말한다.

(2) Joven(호벤)/ Gold(골드)

숙성에 민감하며 화이트 데킬라에 숙성된 데킬라를 혼합하여 제조한다. 데킬라의 풍미를 부드럽게 하는 과정인 '아보카도'라는 과정을 추가할 수 있다.

(3) Reposado(레포사도)

돈 훌리오 레포사도

레포사도는 숙성을 의미하는 스페인어로서 프렌치 오크 또는 화이트 오크통이나 버번오크통에서 최소 2개월의 숙성과정을 거쳐 부드럽게 만든 제품이다.

(4) Anejo(아네호)

돈 훌리오 아네호

프렌치 오크 또는 화이트 오크통에서 최소 1년의 숙성과정을 거쳐 부드럽게 만든 제품으로서 호박색을 띠며 신선한 견과류, 바닐라, 카라멜과 잘익은 과일, 그리고 숙성된 데킬라 향이 난다. 오크통의 크기는 600L를 초과할 수 없다.

(5) Extra Anejo(엑스트라 아네호)

3년 이상의 숙성과정을 거치며 숙성 기간을 레이블에 표시하지 않는다. 용량이 600L를 초과하지 않는 프렌치 오크나 화이트 오크통에서 숙성되어야 한다.

2) 유명한 데킬라 브랜드

(1) Jose Cuervo(호세 쿠엘보)

호세 쿠엘보

호세 쿠엘보는 데킬라 산업의 창시자이자 대표적인 데킬라 브랜드이다. 그 종류에는 크게 화이트(블랑코), 골드 등이 있다.

(2) 1800

데킬라 1800
(실버, 레포사도, 아네호)

데킬라 1800은 호세쿠엘보 브랜드 가문의 프리미엄 데킬라 브랜드이다.

1800년은 데킬라를 처음 오크통에 숙성한 해를 나타내며, 100% 블루 아가베로 만드는 데킬라이다.

실버는 아메리칸 오크통에서 15일의 단기 숙성을 한 것이고, 레포사도는 프랑스산 오크통에서 6~8개월 숙성한 것이며, 아네호는 프랑스산 오크통에서 3년간 숙성한 것이다.

(3) 올메카

올메카

블루 아가베(Agave)의 잎과 줄기를 제거한 몸통인 피냐를 화산암으로 만든 2톤 중량의 맷돌을 이용한 수공예의 타호나 방법을 사용하여 당분주스를 추출하는데 이 주스를 '타호나 리퀴드'라고 한다. 이 주스를 발효시켜 작은 구리 증류기를 통해 생산한 데킬라이다.

(4) 돈 훌리오

돈 훌리오 데킬라에는 블랑코, 레포사도, 아네호 등이 있다.

블랑코는 숙성을 하지 않으며, 다른 모든 종류는 미국산 오크통에서 다양한 시간동안 숙성하여 생산한다.

레포사도는 8개월 정도, 아네호는 최소 필수기간인 1년 정도 숙성시킨다.

7. 아쿠아비트

아쿠아비트는 곡물이나 감자를 주원료로 해서 아니스와 캐러웨이 등으로 향을 낸 증류주로 북유럽의 특선주이다. 노르웨이는 Aquavit, 덴마크는 Akvait, 스웨덴은 두 단어 모두를 사용한다.

아쿠아비트는 감자 엿기름을 당화시키고 연속식 증류법으로 증류하여 95% 이상의 고농도 알코올을 얻은 다음 물로 희석시켜 각종 성분을 첨가 후 재증류하여 만드는데 진의 제조법과 유사하다.

진이 주니퍼베리향이 강하다면 아쿠아비트는 캐러웨이 향이 강하다. 아쿠아비트는 무색투명하고, 차게하여 스트레이트로 많이 마시며, 식전주로 적당하다. 상품의 종류로는 오보그, 길트타팰, OP 앤더슨, 스카네 등이 있다.

제4절 혼성주(Compounded Liquor)

리큐어는 증류주(Spirits)에 과실, 과즙, 약초 등을 넣어서 설탕이나 그 외 다른 감미료나 착색료 등을 첨가하여 만든 알코올성 음료이다. 프랑스 및 유럽에서는 리큐어(Liqueur)라고 하며 미국에서는 코디얼(Cordial)이라고 하며, 화려한 색채와 더불어 특이한 향을 지닌 이 술을 일명 '액체의 보석'이라고 한다.

원래 약으로 사용되는 술로 약초를 알코올에 담가 보관하며 보존 효과가 좋아지는 것에 착안하여 개발되기 시작하였다. 스카치 위스키나 코냑 등의 오래된 술을 베이스로 하여 여러 재료들을 첨가하여 설탕을 넣어서 만든 음료이다. 단일품으로 마시기도 하나 현재에는 각 특징을 살려 조화를 구성하는 칵테일의 주요재료 중의 하나이다.

1. 리큐어의 제조 방법

(1) 증류법(Distilled Process)

과일, 꽃, 약초, 씨앗, 뿌리 등을 정제된 설탕으로 단맛을 낸 스피릿(Spirits)에 담갔다가 풍미를 우려낸 후 재증류하여 만든다.

(2) 에센스법(Essence Process)

원액 형태의 재료를 첨가하는 방식으로 주정에 천연 또는 합성의 향료를 첨가하여 여과한 후 설탕을 첨가하여 만든다.

(3) 침출법(Infusion Process)

특정 맛을 지닌 재료의 향미 성분을 침출(우려내기)하기 위해 증류주에 담가서 용해시킨 후 여과하여 만든다.

2. 리큐어의 종류

1) 과실류

(1) 오렌지류

① 큐라소(Curacao)

오렌지로 만든 대표적인 오렌지 리큐어로서 일반적으로 오렌지의 껍질을 주원료로 하여 만들었으며 신선한 과일 향이 풍부한 것이 특징이다. 화이트 큐라소, 블루 큐라소, 그린 큐라소, 레드 큐라소, 오렌지 큐라소의 다섯 가지가 만들어지고 있다.

② 트리플 쎅(Triple sec)

미국에서 생산되는 트리플 쎅은 프랑스에서 생산되는 꼬엥뜨로, 네덜란드의 화이트 큐라소와 동일한 제품이다. 칵테일을 만드는데 없어는 안 될 제품이다.

③ 꼬엥뜨로(Cointreau)

오렌지 향과 맛이 좋은 술로서 화이트 큐라소 중에서도 고급품으로 알려져 있으며 스피리트에 비터 오렌지와 스위트 오렌지의 껍질을 주원료로 하여 만들었다.

④ 그랑 마르니에(Grand Marnier)

오렌지 큐라소의 대표적인 상표로 3~4년 된 꼬냑에다 비터 오렌지를 넣어 오크 통에 저장 숙성하여 단맛이 나게 한 리큐어이다.

⑤ 오렌지 비터스(Orange Bitters)

스피리츠에 비터 오렌지의 껍질을 주원료로 하여 10여 종류의 초, 근, 목, 피의 엑기스와 당분을 함께 침지하여 만든 리큐어이다. 향과 맛을 내기 위하여 소량으로 몇 방울 정도만 사용한다.

(2) 베리류

① **슬로 진**(Sloe Gin)

새콤달콤한 야생자두의 맛이 있는 술로서 드라이 진에 유럽에서 자라는 야생자두와 당분을 함께 침지하여 만든 리큐어이다.

② **크렘 드 카시스**(Creme de Casis)

영어로는 Black Currant Brandy(구스베리, 포도의 일종)라고도 한다. 약간의 산미가 있고 훌륭한 소화촉진 효과가 있는 식후주로서 프랑스 부르고뉴 지방의 디종시가 본고장이다.

③ **블랙베리 리큐어**(Blackberry Liqueur)

스피리츠에 검은 딸기와 당분을 넣어 만든 달콤한 리큐어이다. 블랙베리 또는 블랙체리 브랜디라고 부르기도 한다.

(3) 체리류

① **체리 브랜디**(Cherry Brandy)

체리 맛이 강한 술로서 중성 주정에 체리를 주원료로 하여 시나몬, 클로브 등과 당분을 함께 침지한 후 여과하여 숙성시켜 만든 리큐어이다.'

② **마라스키노**(Maraschino)

체리 맛이 강한 술로서 스피리츠에 이탈리아와 유고슬라비아의 국경지대에서 많이 재배되고 있는 마라스카종의 체리와 당분을 섞어서 만들었으며 무색투명한 리큐어이다.

(4) 살구

① **에프리코트 브랜디**(Apricot Brandy)

알코올이 강한 증류주에 살구와 기타 향료 그리고 당분을 넣어 만든 살구향이 강한 달콤한 리큐어이다.

(5) 기타 과실류

① **크렘 드 바나나**(Creme de Banana)

바나나 맛이 있는 술로서 스피리츠에 신선한 바나나, 당분을 첨가하여 만든 리큐어이다. 리큐어 드 바나나라 하여 판매되지 않는 제품도 있다.

② **피치 리큐어**(Peach Liqueur)

복숭아 향과 맛이 강한 술로서 스피리츠에 복숭아 당분을 함께 침지하여 만든 리큐어이다. 복숭아로 만든 리큐어 전체의 의미하여 크렘 드 피치라는 이름으로 판매되는 상품도 있다.

③ **멜론 리큐어**(Melon Liqueur)

멜론이 주로 재배되는 곳은 아프리카, 중동 아시아, 중국 등이다. 유럽에서 식후에 디저트로 많이 먹는 머스크멜론을 사용하여 스피리츠에 멜론, 당분을 함께 침지하여 만든다.

④ **말리부**(Malibu)

근래에 만들어진 리큐어로서 자마이카산의 라이트 럼에 카리브해 지역에서 생산되는 코코넛과 당분을 넣어 만든 무색투명한 리큐어이다.

⑤ **캄파리 비터**(Campari Bitters)

이탈리아의 가스파렛 캄파리에 의하여 만들어진 이탈리아를 대표하는 리큐어 중의 하나이다. 비터 오렌지의 껍질을 주 원료로 하여 코리앤드의 씨앗과 캐러웨이의 씨앗 등을 사용했으며 쓴맛이 강하기 때문에 입맛을 돋우기 위하여 많이 마신다.

식전주로 주로 쓰이는 'Campari'

2) 벌꿀류

① **드람브이**(Drambuie)

스코틀랜드의 유명한 술인 스카치 위스키를 기본으로 하여 만든 리큐어로, 평균적으로 15년 이상 숙성된 하이랜드 몰트 위스키와 약 60여 종류의 스카치 위스키에 약초와 향초를 배합하여 자연 꿀로서 단맛을 나게 한 리큐어이다.

② **아이리쉬 미스트**(Irish Mist)

아일랜드에서 생산되는 대표적인 리큐어로 아이리쉬 위스키에도 10여 종류의 향료와 히드의 꽃에서 얻은 꿀을 섞어서 만든 리큐어이다.

3) 약초, 향초류

① **압생트**(Absinthe)

브랜디나 스피리츠에 여러 가지 약초와 향료를 넣고 침지한 후 이것을 다시 증류하고 당분을 첨가하여 만든 리큐어이다. 초록색이 나는 이 리큐어에 물을 타면 우유같이 하얗게 변하기 때문에 "초록색의 우유"라고도 부른다.

② **아니세트**(Anisette)

스피리츠에 아니스 씨앗을 주성분으로 넛맥, 캐러웨이, 레몬껍질, 시나몬, 코리앤더 등과 함께 당분을 넣어 만든 리큐어이다. 압생트 대용품으로도 사용 가능하고 화이트 압생트이라고도 부른다.

③ **베네딕틴**(Benedictine)

프랑스 베네딕트 수도원에서 사용되는 미사주이다. 중성 주정에 주니퍼베리, 시나몬, 클럽, 냇멕, 바닐라 등 많은 종류의 약초와 향초를 주원료로 하여 꿀과 함께 침지한 후 증류하여 통에 숙성하여 만든 리큐어이다. 병 상표에 있는 D.O.M이란 Deo Optimo Macimo의 약자로 "최대 최선의 신에게"란 뜻이다.

④ **샤르뜨뢰즈**(Chartreuse)

프랑스에서 만든 세계적으로 유명한 최고급품의 리큐어이다. 샤르뜨뢰즈 수도원에서 만들어지던 것이 민간 기업으로 이양되면서 대중화 되었다. 제조방법은 공개되어있지 않으나 스피리트에 약 130여 종의 약초와 함께 당분을 넣어 만든다.

⑤ **크렘 드 멘트**(Creme de Menthe)

크렘 드 멘트
'화이트', '그린'

중성 주정에 박하 잎에서 추출한 박하 오일과 당분을 함께 넣어서 만든 리큐어이다. 무색 투명한 화이트와 녹색의 그린 두 가지 제품이 생산 되고 있다. 화이트는 맛을 내는데 주로 사용하고 그린은 색깔을 내는데 주로 사용한다.

⑥ **갈리아노**(Galliano)

이탈리아의 전쟁 영웅인 장군 이름은 딴 리큐어로 스피리츠에 약초와 향초, 바닐라, 당분을 첨가하여 만들었다. 약초의 쓴맛과 향 그리고 바닐라 맛의 조화가 잘 이루어져 있다.

⑦ **파르펫 아무르**(Parfait Amour)

제비꽃의 색(보라색)과 향을 가진 리큐어이며 스피리츠에 아몬드, 장미, 바닐라 등과 당분을 첨가하여 만든다. 크렘 드 이벳, 크렘 드 바이올렛 등과 같은 종류의 리큐어이다.

4) 종자류

크렘 드 카카오
'화이트', '브라운'

① 크렘 드 카카오(Creme de Cacao)

초콜렛 맛이 나는 리큐어로 카카오 콩을 스피리츠와 함께 침지한 후 증류하여 당분과 바닐라 향을 첨가하여 만든다. 화이트 카카오, 브라운 카카오의 두 종류가 생산 판매되고 있고 브라운은 착색하여 만들었다.

커피 맛이 나는 '칼루아'

② 칼루아(Kahlua)

멕시코에서 생산되는 대표적인 커피 리큐어이며 데킬라에 멕시코산 커피와 당분을 넣어 만든 리큐어이다.

③ 티아 마리아(Tia Maria)

커피 리큐어의 최고급품으로 럼에다 세계최고의 커피인 자메이카산 블루 마운틴 커피를 주원료로 하여 단맛이 나게 한 리큐어이다.

④ 아마레또(Amaretto)

아몬드 향이 강한 리큐어이지만 아몬드는 일체 사용하지 않고 살구 핵을 물에 침지, 증류하여 스피리츠, 당분을 첨가하여 만들었다.

⑤ **디사론노**(Disaronno)

살구씨 오일과 허브 그리고 당분을 넣어 만든 리큐어로서 아몬드 풍미가 특징이다.

⑥ **삼부카**(Sambuka)

이탈리아산으로 아니스 열매에 팔각 열매와 같은 여러 종류의 씨로 만들어 맛과 향이 강한 것이 특징이다. 흔히 삼부카를 제공할 때는 건강, 부자, 행운을 기원하는 의미에서 커피원두를 3개 띄워서 제공한다.

CHAPTER 12

주장의 실무

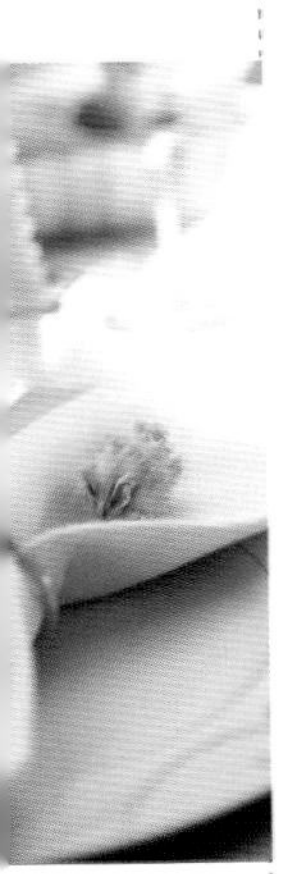

제12장
주장의 실무

Hotel & Restaurant
Food & Beverage Service

제1절 주장의 개념

1. 주장의 개념

주장경영이란 주장에서 동원한 모든 자원을 사용하여 업소에 궁극적인 목표달성을 하기위해 조직에서 노력을 하는 일련의 제반 활동을 말한다. 주장경영은 과거와 달리 인건비와 운영경비의 상승으로 이윤감소, 소비심리 위축으로 매출 감소, 고객의 상품주기율과 가치관의 변화, 지나친 경쟁으로 인한 마케팅 경비부담의 증가 등으로 주장을 둘러싸고 있는 환경이 급변하고 있어 환경변화에 능동적으로 대처하는 경영전략이 필수라 할 수 있다. 따라서 식음료 경영에 있어 Bar는 없어서 안 될 필수적인 부분으로 고객에게 휴식과 즐거움을 제공하는 장소가 되었다.

서울 'H'호텔 Bar 전경

주장에서 의미하는 Bar는 프랑스어인 Barie에서 그 어원을 찾을 수 있다. 고객과 조주사 사이에 놓인 카운터를 Bar라고 부르던 말이 지금에 술을 판매하는 식당의 의미로 사용되고 있다.

2. 주장의 정의

Bar는 주로 음료를 판매하는 곳으로써 식당이 음식을 통하여 고객에게 식욕을 충족시켜 주는 물적 장소라면 바는 고객에게 각종 음료를 제공하면서 분위기 요소를 가미한 환경적 서비스를 제공하는 정신적 장소라 할 수 있다. 따라서 Bar의 정의는 고객이 이용하기 편리한 장소에 일정한 음료 서비스를 할 수 있는 시설을 갖추어 놓고 이를 판매하는 곳이라 할 수 있다.

제2절 칵테일 제조방법

칵테일을 만들 때 가장 중요한 것은 각각의 칵테일이 갖는 특성을 잘 이해하여 만드는 것이며 칵테일 그 자체의 맛을 변화시키면 안 된다. 항상 그 칵테일의 목적에 맞는 맛, 색깔, 장식, 알코올도수 등을 생각하여 만들어야 되며 고객의 입맛에 맞도록 임의로 만들어서는 안 된다. 예를 들어 신맛이 생명인 칵테일을 고객이 단맛을 좋아한다고 하여 단맛이 나는 칵테일로 만들어서는 안 되는 것이다. 차라리 단맛이 나는 다른 칵테일을 추천하는 것 옳은 방법이다. 이렇게 제대로 된 칵테일을 만들기 위해서는 다음과 같이 칵테일을 만드는 방법을 정확하게 알고 있어야 한다.

1. 제조방법

1) 빌딩(Building)법

칵테일을 만드는 방법 중 가장 쉬우면서도 맛을 내기가 가장 까다로운 방법이 빌드 방법으로 만드는 것이다. 쉐이커나 믹싱글라스 등의 기구를 사용하지 않고 글라스에 직접 재료를 넣고 만드는 방법을 말한다. 대표적인 것으로는 진 토닉, 블랙 러시안 등이 있으며 글라스에 얼음과 주재료, 부재료의 순서대로 넣고 바 스푼으로 저어서 만든다.

주의할 것은 리큐어, 주스, 우유 등은 잘 섞이지 않아 바 스푼으로 여러 번 저어야 되지만 탄산가스를 함유하고 있는 콜라나 토닉 워터 등은 탄산가스가 빠지지 않게 조심해서 저어야 한다.

빌딩법은 다음과 같다.

① 글라스에 얼음을 넣는다. 얼음은 크랙트 아이스 3~4개, 글라스 8부 정도까지 넣는다. 글라스에 가득 채우면 마지막에 스터가 잘되지 않기 때문에 주의한다.
② 해당 재료를 붓는다.
③ 가볍게 스터한다. 보통 2~3회, 발포성이라면 1~2회가 좋다.

2) 쉐이킹(Shaking)

쉐이킹법은 칵테일을 만드는 방법 중에서 가장 기본이 되는 것이다. 계란이나 리큐어, 시럽, 크림 등의 잘 섞이지 않는 재료들은 전부 쉐이커라는 기구에 넣어 쉐이커 방법으로 만든다.

쉐이커는 세 부분(Cap, Strainer, Body)으로 나누어져 있으므로 얼음과 재료를 넣고 흔들기 전에 먼저 이 세 부분이 정확히 결합되어 있는가를 확인하여야 한다. 그리고 고객을 중심으로 30도 정도 좌측으로 비스듬히 하여 쉐이커를 하여야 한다.

항상 두 손을 사용하여 쉐이커를 해야 하며 가슴에서 곧바로 전, 후진을 하여 흔드는 것이 좋다. 처음에는 "흔든다"는 개념으로 하지만 프로가 되기 위해서는 "섞는다"라는 개념으로 해야 된다.

쉐이킹의 기술은 다음과 같다.

① 얼음을 쉐이커에 적당량 넣는다.
② 해당 재료를 넣는다.
③ 스트레이너를 닫은 다음 Top을 조용히 닫는다. 순서를 반대로 하면 쉐이커 부분의 공기가 압축되어 Body가 튀어 분리되기 때문이다.
④ Top은 손앞으로 해서 왼손 엄지손가락으로 스트레이너를 누르고 중지와 약지의 길은 Body의 바닥 또는 가장자리에 댄다.
⑤ 우측 엄지 손가락 끝은 Top을 누르고 양손으로 쉐이커를 껴안 듯이 잡는다. 등 쪽의 힘을 빼고 양쪽 겨드랑이는 죈다.
⑥ 쉐이크한다. 횟수는 15~16회로 기준으로 하고 계란, 생크림 등 섞이기 어려운

재료는 20~25회를 눈대중으로 한다.

ⓐ 쉐이크 중 얼음이 강하게 부딪치지 않도록 직선적으로 흔들지 않도록 한다. 얼음이 깨어져 너무 싱겁게 되지 않도록 한다.

ⓑ 재료에 공기가 녹아 들어간 것 같은 기분으로 흔든다. 공기가 많이 포함된 음료는 맛이 좋다.

ⓒ 손목의 스냅을 주어 리드미칼하게 쉐이크한다.

ⓓ 쉐이커가 끝나면 우측 손으로 스트레이너와 Body를 누르고, 좌측 손으로 Top을 열어 재빠르게 우측 손으로 글라스에 붓는다.

Shaking시 3S'
Speedy , Snappy, Sharp

3) 스티어링(Stirring)

순도가 높고 투명도가 좋은 재료는 쉐이크하여 만들면 색깔이 탁해지거나 깔끔한 맛이 없어진다. 이러한 재료를 사용하여 칵테일을 만들 때는 믹싱글라스에 얼음과 재료를 넣고 바 스푼(Bar Spoon)으로 가볍게 저어서 만들어야 한다.

믹싱글라스에 먼저 얼음과 주재료, 부재료의 순서로 넣고 바 스푼을 사용하여 천천히 저어서 만든다. 글라스에 따를 때는 스트레이너를 사용하여 얼음을 걸러 줘야 한다.

이때 주의할 것은 너무 오래 휘젓거나 시간이 걸릴 경우 칵테일이 너무 희석되어 제 맛을 내지 못하게 된다. 이 방법에 의하여 조주되는 대표적인 칵테일로는 마티니(Martini)와 맨해튼(Manhattan)등이 있다.

스티어링의 기술은 다음과 같다.

① 쉐이커 때보다 더 큰 얼음을 선택하여 재료위로 얼음의 머리 부분이 조금 나올 정도로 넣는다. 재료에 닿지 않는 여분의 얼음이 있다면 물 같고 맛없는 칵테일이 돼 버린다.

② 믹싱글라스에 재료를 넣는다.

③ 믹싱 글라스를 따를 때 입구는 좌측으로 하고 좌측 손으로 아래쪽을 눌러서 고정 시킨다. 이 방향으로 해두면 완성된 칵테일을 빠르게 글라스 부분에 따를 수가 있다. 바스푼은 중지와 약지로서 나선상으로 된 부분을 사이에 끼우고 엄지손가락과 집게 손가락을 가볍게 잡는다. 스푼의 등은 믹싱글라스 안쪽에 닿는 상태 스푼의 끝은 믹싱글라스의 바닥에 붙은 상태로서 끌 듯이 돌린다. 정확히 스터하면 바 스푼 자체가 회전한다. 얼음도 전부 함께 돌리며 얼음과 얼음은 부딪치지는 않는다. 프로 바텐더는 얼음의 소리가 나지 않고 어루만지듯이 스터(Stir)한다. 또 글라스를 조금 기울이면 잘 섞인다. 회전시키는 횟수는 15~17회 정도이지만 양에 따라서 다르기 때문에 좌측 손의 엄지로서 적당한 온도를 판단한다.

④ 재료가 충분히 냉각되면 스푼을 얼음의 회전에 맞추어서 재빠르게 뺀다. 얼음의 1회전을 갑자기 정지시키면 얼음에 재료가 닿아져 물같이 되어 버린다(싱거워짐)

⑤ 믹싱글라스에 스트레이너를 덮는다.

⑥ 집게 손가락으로 스트레이너의 중앙을 누르고 다른 4손가락으로 믹싱 글라스를 잡고 칵테일 글라스에 따른다.

4) 블렌딩(Blending)

블렌드란 "혼합하다"란 뜻으로 여러 가지 재료를 전기 믹서기에 넣고 고속 회전시켜 만드는 방법을 말한다. 우리나라에서는 전기 믹서기라고 부르고 있지만 미국에서는 블렌더(Blender)라고 부르고 있다. 주로 프로즌 스타일을 만들 때 사용하며 만들어진 칵테일 샤벳트식으로 제공된다. 과일이 들어가는 것은 과일을 먼저 넣고 가루 얼음, 주재료 등의 순서대로 넣는다.

블렌딩의 방법은 다음과 같다.

① 블렌더에 술, 과일, 주스류, 크러쉬드 아이스 등의 재료를 정해진 분량만큼 넣는다.

② 도중에 튀어나가지 않도록 뚜껑을 닿고 스위치를 넣는다.

③ 중간상태에 점검하면서 적당히 되었을 때 스위치를 끈다.

④ 글라스에 붓는다. 프론즈 스타일(frozen-style)인 것은 바 스푼으로 긁어내지만 글라스에 깨끗하게 담도록 주의 한다.

5) 플로팅(Floating) / 레이어링(Layering)

플로팅이란 비중이 서로 다른 술을 색깔별로 층층이 쌓아서 만드는 것을 말한다. 주로 푸스 카페 글라스나 리큐어 글라스를 많이 사용하며 이렇게 층층이 쌓아서 만드는 칵테일을 푸스 카페 스타일이라고 한다. 플로팅할 때는 바 스푼의 뒷부분을 이용하여 밑에 재료와 서로 섞이지 않게 천천히 조심해서 쌓아야 한다.

6) 프로스팅(Frosting)

프로스팅이란 글라스 가장자리에 레몬이나 라임 즙을 바르고 설탕이나 소금으로 장식을 하는 것을 말한다. 일명 스노우 스타일(Snow style)이라고도 부르는데 이것은 네덜란드식 영어 표기이다. 먼저 글라스 가장자리에 레몬이나 라임 즙을 바르고 접식에 담겨 있는 설탕이나 소금을 묻히면 된다. 스노우 스타일이라 하는 것은 소금이나 설탕을 글라스 가장자리에 묻히는 것인데 마가리타와 같이 소금을 사용하는 것을 Salt Style이라고도 하며 암염을 사용하는 것이 정통이라고 한다.

스노우 스타일을 한 글라스에 칵테일을 따를 때에는 8부까지 따른다. 설탕(소금)의 부분이 조금이라도 젖으면 그 부위가 더러워지기 때문에 주의 한다.

① 글라스 테두리에 반으로 자른 레몬을 맞추어 1회전 시켜서 즙으로 바른다.
② 평평한 접시에 설탕이나 소금을 전면에 깔아서 반대로 한 글라스에 누른다.
③ 글라스를 조금 돌려서 들어올린다.
④ 여분의 설탕이나 소금은 글라스를 손으로 튀겨서 털어낸다. 설탕은 그래뉴당, 소금은 가정용 정재염을 사용한다.

2. 계량컵 사용법

칵테일을 만들 때의 모든 재료는 계량컵을 사용하는 것을 원칙으로 한다. 계량컵을 손으로 잡을 때는 엄지와 검지를 사용하여 계량컵의 허리 부분을 잡고 나머지 손가락은 자연스럽게 붙인다. 그리고 양을 계량할 때는 윗부분인 포니만 사용하고 아랫부분인 지거(Jigger)부분은 사용하지 않는다.

술을 따를 때는 계량컵의 가장자리에 병목이 닿지 않도록 주의해야 하고 가장자리로부터 위로 약 1cm 정도 띄워서 따른다.

3. 병 사용법

칵테일을 만들기 위하여 술병을 잡을 때는 주의해야 된다. 그것은 정확한 양을 위한 것이며, 고객에 대한 서비스이기도 하다. 병을 잡을 때는 무게의 중심을 잡을 수 있도록 병의 중간 부분을 잡아야 하며 병목을 잡으면 안 된다. 또 상표를 고객이 볼 수 있도록 항상 상표 뒷부분을 잡아야 된다.

4. 칵테일 장식법

칵테일은 맛이 있어야 할 뿐만 아니라 보기에도 아름다워야 하므로 장식은 칵테일에 있어서 매우 중요하다. 칵테일을 장식하는 데코레이션은 가니쉬라고도 하며 그것은 칵테일의 색체 변화와 향기를 조화시키는 역할을 한다.

정통적인 칵테일에서는 데코레이션 유무가 결정되어 있는 일이 많다. 그러나 칵테일은 재료의 배합 비율이 같은 것이라도 데코레이션에 따라 그 명칭이 달라지는 것이다.

장식에 사용되는 재료는 과실류들이며, 장식하는 요령은 바텐더의 창의성과 기술에 의해서 신선한 재료를 청결한 칼로 예쁘게 썰어 칵테일의 분위기를 살려야한다.

칵테일 장식에 있어서 유의사항은 다음과 같다.

① 과일은 잘 씻어 청결해야 하며 신선해야 한다.
② 장식은 색이나 맛에서 칵테일과 어울려야 한다. 즉 체리는 감미 타입의 칵테일에 사용하며 올리브는 쌉쌀한 칵테일에, 오렌지는 오렌지 주스가 가미된 칵테일에 장식하는 것이 좋다.
③ 장식이 조잡하거나 많은 손질이 가미된 장식은 피해야 한다.
④ 글라스 크기 및 칵테일의 양에 어울리는 장식의 크기, 두께 등을 선택해야 한다.
⑤ 짜거나 달거나 신 맛 등의 인공미를 가하지 않은 원상태의 과일을 사용한다.
⑥ 과일장식 외에 다른 맛이 배어서는 안 된다.
⑦ 지나친 장식이 있는 칵테일 핀은 가급적 피한다.
⑧ 지나친 장식이 있는 스트로는 가급적 피하며, 칵테일에 어울리는 스트로우의 색상을 선택한다.
⑨ 칵테일은 전체적인 아름다움이 있어야 한다.

5. 칵테일 조주 시 유의사항

칵테일은 바텐더가 조주기법에 의한 술을 혼합하여 만드는 것으로써 각각의 성분들이 조화롭게 이루어져야 한다. 전 세계적으로 헤아릴 수 없을 만큼 많은 칵테일이 있어 실로 무제한이라 할 수 있다. 칵테일 조주 시 바텐더가 지켜야 할 기본적인 사항은 다음과 같다. 칵테일 조주 기구는 항상 청결하며, 정리 정돈이 되어 있어야 한다. 각종 기물의 사용 후 즉시 세척하여야 한다.

칵테일 조주 시 표준 레시피(Recipe)의 용량을 지켜 칵테일의 양이 모자라거나 남아서는 안 된다. 칵테일의 재료 및 부재료는 항상 신선함을 유지해야 한다. 각종 기물 및 음료를 조금 사용해야 한다. 칵테일에 맞는 글라스를 사용해야 하며 글라스를 올바르게 잡아야 한다. 칵테일의 장식은 조잡스럽지 않아야 하며, 가급적 손으로 만지지 않도록 해야 한다.

조주 시 떨거나 우물쭈물함이 없이 자신감 있게 신속히 조주해야 한다. 혼합되는 재료와 부재료의 성분과 특성을 충분히 고려하여 그에 맞는 조주의 강도 및 시간 등을 배려해야한다.

바른 자세로 조주해야 하며 올바른 조주기법(순서)을 지켜야 한다. 음료를 흘리거나 튀거나 하여 바 카운터가 지저분하지 않도록 해야 한다. 음료의 위치를 칵테일의 조주에 용이하도록 진열하여 칵테일 조주 시 음료의 위치를 몰라 찾아 다녀서는 안 된다. 공손하며 밝은 표정으로 올바르게 서브한다.

청량음료나 과즙음료의 제공 시 얼음을 과다하게 넣어 음료의 맛을 떨어뜨려서는 안되며, 탄산가스가 주입된 음료는 쉐이크 해서는 안 된다. 각각 다른 칵테일의 조주 시 온도변화가 작은 칵테일을 조주하고 온도변화에 민감한 칵테일은 마지막에 조주한다. 진열된 글라스와 기물 및 각종 양주의 청결에 유의해야 한다. 글라스 파손에 유의해야 하며 글라스의 이상 유무를 확인한다. 고객의 기호에 부흥하는 조주를 해야 한다. 고객이 바텐더를 항상 지켜보고 있음을 인식하고 예의바른 몸가짐과 위생 청결에 유의하여 업무를 수행해야 한다.

6. 칵테일 부재료

칵테일에 아름답게 장식된 과일이나 야채는 물론 먹어도 괜찮지만 기술적으로 칵테일을 마시면서 즐기는 것이다. 따라서 칵테일을 만들 때 없어서는 안 될 것이기 때문에 바에서는 꼭 갖추어 놓아야 할 재료들이다.

1) 장식과실 및 향신료

*** 레몬(Lemon)**

원산지는 동남아시아지만 이탈리아와 미국이 주 생산지이다. 칵테일을 만들 때 부재료로 가장 많이 사용하며 주로 생과일을 짜서 즙을 내어 이용하거나 얇게 썰어 글라스에 장식을 할 때 많이 사용한다. 신선하고 껍질이 얇은 것을 고른다. 크기는 적은 것도 있지만 45ml 정도 주스를 짜낼 수 있는 것으로서 칵테일 만드는데 충분하다. 장식을 할 경우에는 모양이 바르고 노란색의 것을 고른다.

*** 라임(Lime)**

아시아가 원산지이며 레몬과 비슷하나 완전히 익은 후에도 녹색을 띠고 있고 레몬보다 약간 작은 과실로서 과즙의 신맛은 레몬보다 훨씬 더 강하다.

*** 그레이프프루트(Grapefruit)**

서인도가 원산지인 자몽이 바아베이도즈에서 자연변이 된 것으로 껍질이 매끄럽고 열매가 탄력이 있는 것이 좋으며 피로 회복이나 피부미용에 좋은 과실이다.

*** 오렌지(Orange)**

오렌지는 많은 종류가 있으며 그 중에서도 발렌시아 오렌지가 가장 많이 알려져 있다.

지금은 미국 캘리포니아나 플로리다에서 많이 생산되고 있으며 주스용은 껍질이 얇아야하고 장식용은 두꺼운 것이 좋다.

*** 파인애플(Pineapple)**

아나나스과의 식물로 원산지는 남아메리카이며 이 식물에서 열리는 열마개 파인애플이다. 장식에는 열매를 그대로 사용하는 것도 있지만 깡통으로 된 통조림을 많이 사용한다.

*** 체리(Cherry)**

체리는 벚나무에서 열리는 열매인 버찌를 말한다. 주 생산 지역은 미국과 유럽이며 이 버찌를 가공하여 병에 넣어 장식용으로 많이 사용하는데 레드 체리와 그린 체리 두 가지 형태로 만들어지며 두 제품 모두 단맛의 칵테일을 장식한다.

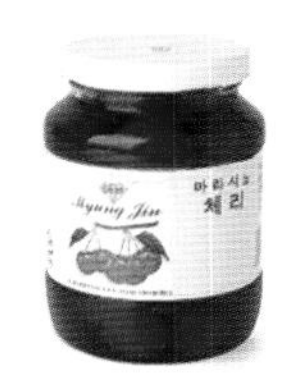

*** 올리브(Oleve)**

원산지는 지중해 연안으로 올리브 나무에서 열리는 열매를 말한다. 칵테일용으로 사용되는 올리브는 익지 않은 녹색 열매의 씨를 빼고 그 안에 빨간 피망을 넣은 것을 사용하며 완전히 익은 올리브는 요리용으로 사용한다.

*** 어니언(Onion)**

우리나라에서는 양파라고 부르며 칵테일에 사용되는 것은 작은 구슬 크기의 양파로써 드라이한 칵테일의 장식용으로 사용된다.

*** 넛맥(Nutmeg)**

인도네시아가 원산지로 넛맥 나무의 열매 안에 있는 씨앗을 가지고 만들며 칵테일에서는 계란이나 생크림 등의 재료로 만든 칵테일의 비린내를 제거시키기 위하여 사용한다. 약간을 달고 우유나 생크림 냄새가 난다.

*** 시나몬(Cinnamon)**

중국이나 인도네시아 등이 원산지로 우리나라에서는 계피라고 부르며 칵테일에서는 주로 뜨거운 칵테일에 향을 내기 위해 사용된다.

*** 박하(Mint)**

박하에는 멘톨이라는 성분이 있어 입안을 상쾌하게 해주므로 여름에 시원하게 마시는 칵테일의 장식용으로 많이 사용하며 박하향의 리큐어를 만들 때도 많이 사용한다.

*** 클로브(Clove)**

인도네시아가 원산지로 우리나라에서는 정향이라고 부르며 뜨거운 칵테일을 만들 때 사용한다. 분말도 있다.

2) 얼음/시럽 및 기타

* 얼음

양질의 얼음을 사용하지 않으면 칵테일의 맛에 많은 영향을 준다. 잘 녹지 않는 얼음이 아니면 칵테일이 너무 싱거워져 버린다. 수돗물은 칼크(석회)냄새가 남아 있기 때문에 가정에서 만들어 사용할 때는 미네럴 워터를 사용하거나 시판되는 생수를 사용하면 편리하다.

① 큐브드 아이스(Cubed Ice)는 한 면이 3cm정도의 입방체의 얼음으로서 냉장고나 제빙기에서 만드는 일반적인 정육면체 얼음이다.

② 크래크트 아이스(Cracked Ice)는 큰 덩어리 얼음을 아이스픽으로 깨서 만든다. 직경이 3cm 정도의 크기로서 쉐이커나 스터에 사용하기 때문에 둥근 것이 이상적이다.

③ 크러시드 아이스(Crushed Ice)는 작게 깬 알갱이 모양의 얼음으로서 대량으로 만들면 얼음분쇄기가 편리하지만 소량이라면 다음과 같은 방법으로 만들면 된다.

1. 얼음을 마른 큰 타올 주머니에 넣는다.
2. 아이스픽의 머리부분으로 (망치)로서 전체를 골고루 두드린다.

④ 쉐이브드 아이스(Shaved Ice)는 크러시드 아이스보다 더욱더 입자가 작다. 빙수용으로 쓰이는 얼음과 같이 눈처럼 곱게 빻은 것이다.

⑤ 블록 오브 아이스(Block of ice)는 1kg 이상의 큰 얼음덩어리로서 아이스픽으로서 깨어 서 사용한다. 파티 때 펀치 볼에 넣어 화려함을 즐긴다.

⑥ 럼프 오브 아이스(Lump of Ice)는 일반적으로 On the Rocks에 가장 적당하며 너무 올록 볼록하지 않는 것이 잘 녹지 않아 좋다.

칵테일에 얼음을 사용하는 이유는 칵테일을 차갑게 함과 동시에 잘 섞이게 하기 위함이다. 얼음은 여러 가지 종류로 만들어지고 있지만 칵테일용으로 적당한 얼음은 공기가 들어가 있지 않고 투명한 크렉크드 아이스이다. 이것은 단단하게 얼어 있기 때문에 쉐이커나 스터법으로 만들 때 얼음이 잘 녹지 않고 칵테일을 차게 할 수 있기 때문이다. 일반적으로 업소에서 많이 사용하는 각 얼음(Cubed Ice)은 주스나 콜라를 마실 때 사용하는 얼음이다. 여름에 즐겨 마시는 트로피칼 칵테일의 시원함을 더하기 위하여 크러스드 아이스나 쉐이브드 아이스도 칵테일을 만들 때 사용하는 얼음이다. 이 외에 펀치볼,컵 등 대용량의 칵테일을 만드는데 사용되고 있다.

* 시럽(Syrup)

불어로는 시롭(sirop), 영어로 (syrup)이라고 하며 사탕과 물을 넣어 끓인 시럽이나 당밀 등에 여러 가지 과즙을 넣어 맛을 내게 한 것이며 칵테일에는 주로 다음과 같은 종류를 사용한다.

① 플레인 시럽(Plain Syrup) : 백설탕을 물에 넣어 끓인 것이며 심플 시럽 또는 슈가 시럽이라고 한다. 과거에 칵테일을 만들 때 가루 설탕을 사용했으나 좀 더 잘 섞이게 하기 위하여 지금의 바에서는 거의 대부분 플레인 시럽을 사용한다.

② 검 시럽(Gum Syrup) : 플레인 시럽을 오래 방치해 두면 설탕이 밑으로 가라 앉아 결정체를 이루게 된다. 이것을 방지하기 위하여 플레인 시럽에 아라비아의 검 분말을 첨가하여 만든 설탕 시럽이다.

③ 그레나딘 시럽(Grenadine Syrup) : 당밀에 석류의 풍미를 가한 적색의 시럽이다. 과실 향을 넣은 시럽으로 칵테일에 가장 많이 사용되는 시럽이다.

◀ 그레나딘 시럽

④ 라즈베리 시럽 : 당밀에 나무딸기의 풍미를 가미한 시럽이다. 이와 비슷한 블랙베리 시럽도 있다.

⑤ 메이플 시럽(Maple Syrup) : 미국, 캐나다 등지에서 재배되고 있는 사탕 단풍의 수액을 짜서 만든 것으로 독특한 풍미가 있다. 칵테일에는 사용되지 않으며 빵이나 케이크를 먹을 때 사용하는 시럽이다.

* 설탕

설탕은 사탕수수로부터 만들어지는 천연 감미료를 말하며 설탕의 결정이 큰 그레뉼 설탕, 각설탕, 가루 설탕 등 많은 종류가 생산되고 있지만 칵테일을 만들 때는 차가운 물에도 잘 녹는 가루설탕을 사용한다.

* 계란(egg)

계란의 크기는 여러 가지가 있지만 칵테일에 사용되는 계란은 중란을 사용하는 것이 좋다. 칵테일을 만들 때는 계란에 들어 있는 알끈은 반드시 제거시켜야 한다.

제3절 기구와 글라스

1. 바 기구

① 쉐이커(Shaker)

잘 섞이지 않는 칵테일의 재료를 얼음과 함께 잘 섞이도록 하는 기구로서 칵테일을 만드는데 필요한 대표적인 기구이다. 주로 스텐레스로 된 것을 많이 사용하며 유리등의 다른 제품도 사용하고 있다. 일반적으로는 사용하는 스탠다드 쉐이커와 보스톤 쉐이커의 두 종류가 있으며 쉐이커는 캡(Cap), 스트레이너(Strainer), 보디(Body)의 세 부분으로 되어있다.

② 믹싱 글라스(Mixing Glass)

쉐이커에 넣고 섞으면 맛이 없어지거나 색깔이 탁해지는 재료들을 가지고 칵테일을 만들 때 사용하는 기구이다 주로 유리로 된 것이 많으며 스텐레스로 된 것을 사용하기도 한다.

③ 바 스푼(Bar Spoon)

칵테일을 만들 때 재료를 혼합하기 위하여 사용하는 손잡이가 긴 스푼이다. 한쪽은 스푼으로 되어 있고, 다른 한쪽은 포크로 되어 있는 것을 많이 사용한다.

④ 스퀴저(Squeezer)

레몬이나 라임 등의 과즙을 짤 때 사용하는 기구이다.

⑤ 메저 컵(Measure Cup)

칵테일을 만들 때 주재료와 부재료인 모든 술과 주스, 크림 등의 분량을 측정하는 금속성 기구로서 윗부분을 포니(Pony), 아랫부분을 지거(Jigger)라고 부르고 있다.

⑥ **아이스 픽(Ice Pick)**

칵테일에 사용되는 얼음을 깨는데 필요한 송곳을 말한다. 얼음은 칵테일에서 절대적인 것이므로 바에서는 없어서는 안 되는 기구이다.

⑦ **코르크스크류(Corkscrew)**

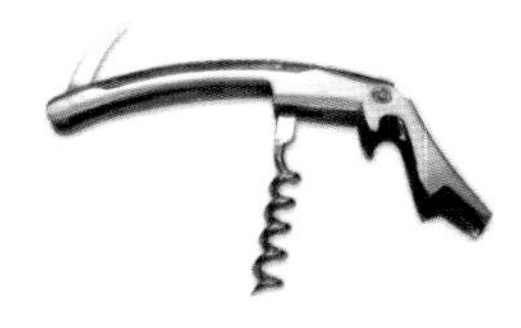

와인 웨이터(Sommelier)들이 와인의 코르크 마개를 딸 때 사용하는 기구이다. 전문가용과 일반용 등 여러 가지 종류가 시판되고 있다.

⑧ **바 스트레이너(Bar Strainer)**

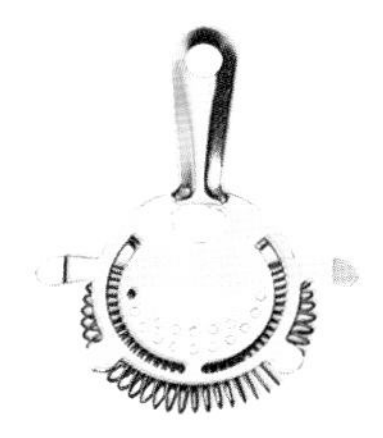

믹싱 글라스에서 만든 칵테일을 글라스에 따를 때 얼음 조각을 걸러 주는 역할을 하는 기구이다.

⑨ **비터 보틀(Bitter Bottle)**

비터를 사용하기 위한 작은 병이다. 아로마틱 비터를 사용할 때는 소량 사용하므로 따로 비터 보틀에 넣어 사용한다. 비터 보틀(Bitter Bottle)은 끝이 스포이드처럼 생겨 한방울씩 떨어뜨려 사용할 수 있다.

⑩ **스톱퍼(Stopper)**

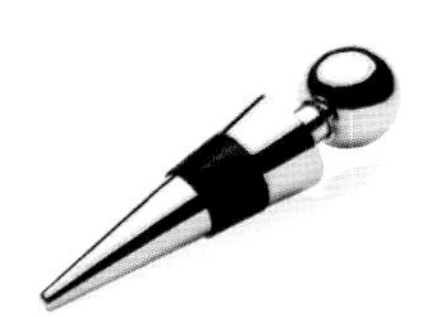

왕관마개를 사용하는 탄산음료의 쓰고 남은 것을 보관하기위하여 병 입구를 막아주는 보조 병마개이다.

⑪ **코스터(Coaster)**

글라스에 흘러내리는 물을 흡수하기 위한 받침대로서 안정성 유지 및 품위를 높이기 위해서도 사용된다. 물을 잘 흡수할 수 있는 두꺼운 종이나 헝겊으로 만들어져 있는 것이 좋다.

⑫ **칵테일 핀(Cocktail pin)**

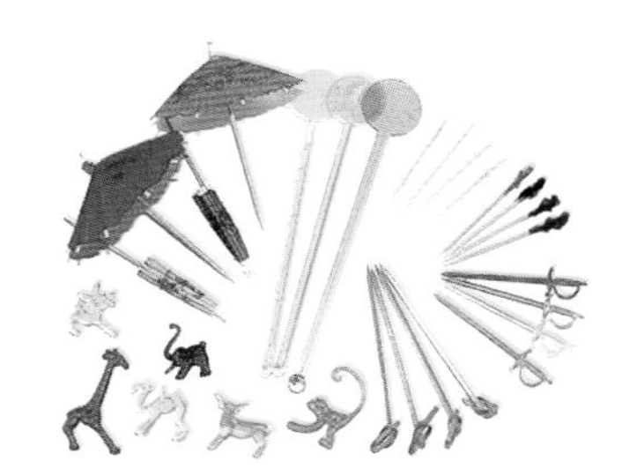

칵테일에 장식되는 과실 등에 모양을 주기 위하여 사용하는 칵테일 장식용 꽂이이다. 우산, 학 등 여러 가지가 시판되고 있다.

⑬ **머들러(Muddler)**

반제품의 칵테일에 제공하여 고객이 직접 설탕이나 레몬 등을 짜서 저어 마실 때 사용하는 긴 막대기이다. 진 토닉 등의 탄산음료가 들어 있는 칵테일에는 사용하지 않는 것이 좋다.

⑭ **스트로(Straw)**

원칙적으로 모든 음료에는 빨대를 사용하지 않지만 칵테일을 마시기 불편할 때 종종 사용된다. 여러 가지 종류가 시판되고 있으며 사용할 때는 주의를 해야 된다. 마시는 음료에 직접 닿기 때문에 손으로 잡을 때는 음료에 닿지 않는 부분을 잡아야 된다.

⑮ **포우러(Pourer)**

비중이 가벼운 증류주의 양을 잘 조절하기위해서 병 입구에 부착시키는 보조 병마개이다. 성분을 함유하고 있어 비중이 무거운 리큐어 종류에는 사용하지 않는 것이 좋다.

이외에도 사용되는 기구로서 장식용 과일을 자를 때 사용하는 페티 나이프(Petit Knife)와 도마, 장식을 할 때 사용하는 칵테일 핀, 와인을 냉각시킬 때 사용하는 와인 쿨러, 바 카운터에서 칵테일을 만들 때 사용하는 위생수건인 바 타월 등이 있다.

2. 글라스

칵테일이란 맛, 색깔, 장식 등 모든 것이 조화를 이루어야 하는 하나의 예술 작품이다. 그래서 이러한 작품을 담는 글라스의 선택은 작품이 갖는 내용이나 이미지에 영향을 미치기 때문에 세심한 배려가 필요하며 아주 중요한 일이기도 하다. 그리고 글라스의 모양에 따라 작품 이름이 바뀌는 칵테일도 있다. 그러므로 각각의 글라스의 특징이나 용량 등을 잘 알고 있어야 한다. 칵테일에 사용되는 Glass에는 크게 나누어 밑이 평평한 것과 Stem이 있는 Glass 등 두 종류가 있다. 또 일반적으로 알코올 도수가 높은 술이나 짙은 맛의 술은 작은 Glass를, 가벼운 술이나 Long Drinks는 큰 글라스를 사용한다. 어느 것이나 Glass에 가득 채우지 않고 마시기 쉽도록 윗부분을 조금 남겨두면 좋다.

〈글라스(유리컵)의 종류〉

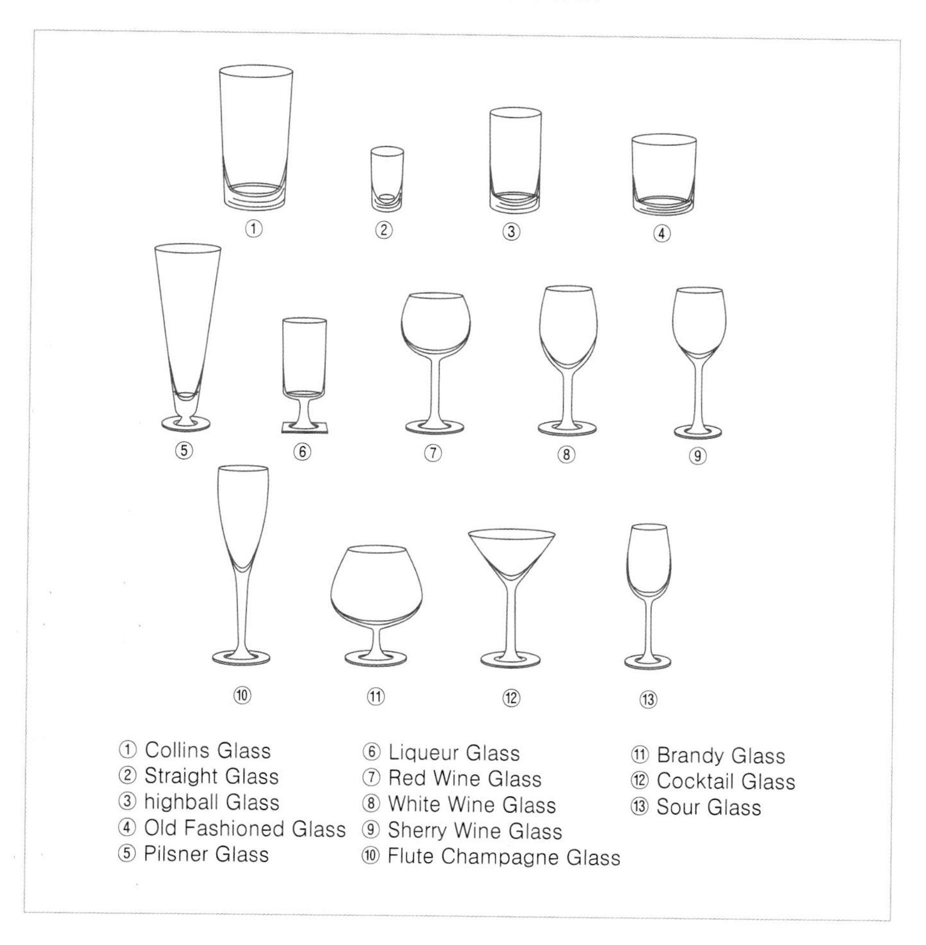

① 위스키 글라스(Whisky Glass)

위스키 등을 스트레이트로 마시기 위한 글라스, Straight Glass 혹은 건배를 의미하는 Shot을 붙여서 Shot Glass라고도 한다. 용량이 30ml인 싱글, 60ml인 더블이 있다.

② 올드 패션드 글라스(Old Fashioned Glass)

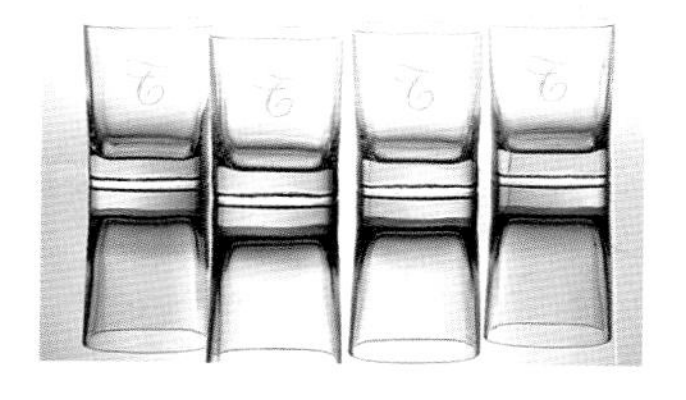

현재 텀블러의 원형이 된 고풍스러운 Glass, 위스키나 칵테일을 on the Rocks 스타일로 마실 때 사용한다. 미국이나 일본에서는 Rock(락) Glass라고 하는 명칭이 대충적

이다. 근래에 와서 다양한 Short Drinks를 캐주얼한 Rocks 스타일로 마시게 되었다. 용량은 180~300ml이 있다.

③ 텀블러(Tumbler)

Highball Glass(하이볼)라고도 하며 하이볼 진토닉 등 Long Drinks, Soft DrinKs 등에 폭넓게 사용되고 있다. 용량은 180~300이며 더욱더 큰 것도 있다. 우리나라에서는 240ml(8oz 텀블러)가 가장 대중적이지만, 국제바텐더협회에서는 10oz 텀블러를 기준 Glass로 지정하고 있다.

④ 콜린스 글라스(Collins Glass)

Tall Glass, Chimney Glass라고도 한다. Tumbler에 비교해서 길이가 길고, 입구의 직경이 작기 때문에 탄산가스를 유지하기가 쉽다. 콜린즈(Collins) 스타일의 칵테일을 비롯한 탄산음료, 발포성 와인 등이 들어 있는 칵테일에 적당하다. 용량은 300~360ml가 있다.

⑤ Jug

손잡이가 달려있는 Glass 영어의 발음은 Jug이지만 일본에서는 쬭키(죽키)라고 불려진다. Beer Jug와 같은 대형의 것에서부터 소형의 와인 Jug까지 다양하다. 소형의 Jug는 펀치 칵테일용 으로도 사용된다.

⑥ Punch Cup

Punch bowl 만든 Punch를 나누어 따른 손잡이가 있는 평지 Glass, Bowl과 셋트로 되어 있는 것도 많다. 용량 200ml 정도 Stem이 있는 Glass이다.

⑦ 리큐어 글라스(Liqueur Glass)

리큐어를 스트레이트로 마시기 위한 글라스 위스키나 스피리츠를 스트레이트로 마실 경우에도 사용된다. Bowl(액체를 넣는 부분)이 단형인 푸스카페에 맞는 디자인의 리큐어 글라스도 있다. 용량은 30~45ml의 것이 일반적이다.

⑧ 쉐리 글라스(Sherry Glass)

쉐리를 마시기 위한 글라스이지만 근래에 와서는 위스키나 스피리츠를 스트레이트로 향미를 천천히 즐기면서 마시는 경우에도 사용된다. 와인 글라스보다 조금 적고 Slim한 디자인으로서 용량은 60~75ml가 있다.

⑨ 사워 글라스(Sour Glass)

사워 스타일의 칵테일을 마시는 글라스로서 용량 120ml 중간크기의 글라스로 우리나라에서는 Stem이 있는 Glass가 거의 대부분이지만 외국에서는 평형의 Glass가 사용되고 있다.

⑩ 칵테일 글라스(Cocktail Glass)

Short Drink의 칵테일을 위한 글라스는 글라스를 너무 기울이지 않아도 마실 수 있는 삼각형의 Bowl을 가진 것과 우아한 곡선의 것 등 디자인도 다양하다. 용량은 90ml가 표준이지만 60ml, 75ml의 칵테일 글라스도 있다. 용량 120ml~150ml의 대형 칵테일 글라스(large cocktail Glass)는 계란을 사용한 칵테일에 사용된다.

⑪ 샴페인 글라스(Champagne Glass)

윗부분이 넓은 소서형 샴페인 글라스와 입구가 좁고 글라스의 길이가 큰 플루트형 샴

페인 글라스가 있다. 소서형은 건배용으로 사용되는 경우가 많으며 탄산가스가 빨리 달아나기 쉽다. 오히려 계란을 사용한 양이 많은 칵테일이나 파르페, 프로즌 스타일의 칵테일 등에 편리한 글라스라고 하겠다. 플루트형은 탄산가스가 날아가기 어렵기 때문에 식사와 함께 샴페인을 즐기 수가 있다. 샴페인의 발포성을 살린 칵테일에 어울리는 글라스이기도 하다. 용량은 어느 것이나 120ml가 표준이다. 샴페인은 글라스는 실온에 보관하였다가 이용하면 샴페인을 따를 때 기포를 오래 동안 볼 수 있어서 미적 자극을 가져올 수 있다.

⑫ 와인 글라스(Wine Glass)

와인의 전통이 넘쳐나는 유럽의 여러 나라를 비롯한 각국에서 그 나라의 특색을 느끼는 다양한 디자인의 와인 글라스가 생겨나고 있다. 또 Red Wine용, White Wine용 등 와인의 종류에 따라서 디자인이나 크기도 다르다. 일반적으로 와인의 색, 향기, 맛을 보존하고 즐기기 위하여 무지 무색투명, 글라스의 테두리가 얇고 Stem이 있는 것. 글라스의 테두리가 안쪽으로 굽어서 향기를 글라스 내에 가두어 두는 디자인이며, 구경이 6.5cm 이상(마실때에 코가 글라스 내에 들어감)이 이상적이다. 용량은 150~200ml 이상은 필요하다.

⑬ 고블렛(Goblet)

얼음을 넣은 Long Drinks 나 Soft Drinks, Beer 등에 사용된다. 용량 300ml가 표준이지만, 대형의 고블렛도 많이 있다.

⑭ 브랜디 글라스(Brandy Glass)

튤립형의 대형 글라스로서 윗부분이 오므라진 부분에 향기가 모이도록 만들어져 있다. 스니프터(Snifter 향기를 맡

는 곳)이라고도 하며 브랜디의 향미(향과 맛)를 스트레이트로 맛보는 글라스 용량은 240~300ml가 표준이다. 참고로 국제 바텐더 협회에서 개최하는 칵테일 대회에서 사용하는 기준글라스의 용량은 다음과 같다.

기준 글라스 용량

- Cocktail Glass : 90ml
- Double Cocktail Glass : 4~5oz = 120~150ml
- Brandy Snifter : 8oz = 240ml
- Tumbler : 10oz = 300ml
- Old – Fashioned Glass : 9oz = 270ml
- Champagne Glass Flute : 50oz = 150ml

제4절 바텐더 기술과 경영

1. 바의 구조와 경영

1) 바(Bar)의 구조

[Bar]는 불어의 'Bariere'에서 말로 손님과 바 맨 사이에 가로질러진 널판을 바(Bar)라고 하던 개념이 지금에 와서는 술을 파는 식당을 총칭하는 의미로 사용되고 있다. 즉 바라는 것은 아늑한 분위기로 된 장소에서 바텐더(Bartender)에 의해 고객에게 술(alcoholic Beverages)을 팔거나 제공하는 장소를 말하며, 바의 종류에는 다음과 같다.

① 메인 바

호텔의 대표적인 주장으로서 다양한 메뉴를 확인하고 대고객 서비스에 기여함과 동시에 각 주장의 원할한 음료의 공급과 분배를 조정 통제하는 주장이기도 하다.

② 멤버쉽 클럽 바

회원제로서 회원의 입회비와 연회비로 운영되므로 회원과의 동행인만이 출입을 할 수 있는 고급주장으로서 회원에게 제공되는 여러 가지 부가적 특전이 있다. 또한 입회비와 연회비는 호텔주장마다 차이가 있으나, 지역에 따라 특1등급 관광호텔의 경우 회원 입회비가 1,500~2,500만원 정도이다.

③ 라운지 바

라운지가 위치한 성격에 따라 스카이 라운지, 로비라운지 혹은 칵테일 라운지라고도 한다. 라운지 바는 커피숍과 같이 비알코올성 음료를 판매하기도 하지만, 식사는 제공하지 않으며, 주로 스페셜 음료를 갖추고 고객의 만남의 장 혹의 휴식의 장으로 많이 활용된다.

④ 레스토랑 바

주로 양식당의 일정부분을 분할하여 주장시설을 갖추고 양식당의 각종음료를 원활히 함과 동시에 , 주장고객을 확보하고 주방의 효율성을 갖기 위해 식당내부에 주장을 함께 운영하는 주장이다. 그리고 이와 유사한 Pub 레스토랑 바는 회원제의 고급 주장이 아닌 대중식당 바, 즉 선술집을 의미한다.

⑤ 나이트클럽 바

나이트클럽은 호텔 직영과 임대로 구별되며, 호텔 내 · 외의 고객을 대상으로 영업을 하며, 특수조명과 무대를 설치하고 무도장을 확보하여 술과 음악 그리고 춤을 상품의 구성요소로 한다.

⑥ 웨스턴 바

서구식 풍의 현란한 음악과 함께 주로 스툴 췌어(stool-chair)를 설치하여 가볍게 술을 즐기는 주장으로써 주로 젊은 층을 겨냥하고 있으며, 놀이시설(포켓볼, 다트 등)을 설치하고 있어 스포츠 바와의 영역의 구별이 쉽지 않다.

⑦ 스포츠 바

주장에 다트나 포켓볼, 당구대, 오락게임기 등의 스포츠성 기기를 설치하고 이를 무료로 이용하도록 하며, 동시에 음료와 식료를 판매하는 공간으로써, 간이무도장을 설치한 영업 컨셉의 주장도 있다. 주로 젊은 층의 고객을 대상으로 영업하고 있으며 일명 엔터테인먼트센터라고도 한다.

⑧ **이동식 바**

각종 연회행사에 지원되는 임시 주장과 각 주장 혹은 식당, 객실 등에 각종 음료를 조주할 수 있고, 고객 앞에서 각종 음료를 제공할 수 있는 이동식 바이다.

⑨ **재즈 바**

근래에 등장한 영업 컨셉으로 젊은층을 겨냥하여 재즈 음악을 즐겨 들려주거나 재즈 연주, 재즈풍의 장식으로 설비된 바이다.

⑩ **노천 카페**

호탈 밖 측, 광장, 가든, 수영장 등지에 간이 주장을 설치하여 운영하는 주장으로써 가격이 저렴하다는 장점이 있으며, 여름이나 가을 한 철 개장하는 계절성 주장이다.

⑪ **가라오케 바**

고객이 음악반주에 맞춰 노래를 부를 수 있는 유흥적 요소를 제공함과 동시에 음료를 판매하는 영업 컨셉이다. 그리고 오늘날 객실을 마련하여 동행인들만이 가무를 즐기도록 별도의 시설을 갖추고 있는 경우도 있다.

이 외에 주로 임대 주장에서 운영하는 룸 싸롱, 단란주점, 가요주점, 카바레 등도 있다. 특히 호텔 바에는 시설 분위기에 있어서 호텔의 성격에 알맞은 도구와 디자인이 필요하고, 조명과 음악의 특징이 있어야 함은 물론, 조주의 기술과 서비스가 뛰어나야 한다. 조주사(bartender)는 고객과 마주서서 같이 환담을 즐기며 서비스를 제공하지 않으면 안된다. 바에는 헤드 바텐더(head bartender)를 위시해 바텐더(bartender), 바 포터(bar porter), 셀러 맨(cellar man : 술 관리자), 바보이(bar boys : 술의 주문과 서비스를 담당) 및 엑스트라(extras: 집기 세척 및 준비)등으로 인원이 구성되고 있다. 바의 카운터 테이블 모형은 가족적인 분위기를 조성할 수 있는 클래식형과 공간을 경제적으로 이용할 수 있는 엘(L)자형으로 나눌 수 있으며, 그 카운터 테이블의 폭은 일반적으로 40cm 그리고 높이 120cm 정도로 기준을 하여 설치하는 것이 가장 이상적이다.

2. 바 종사자의 직무분석

주장의 경영에서 미래지향적이며 경영성과를 극대화하기 위해서는 전문성을 가진 유능한 종사자의 확보가 무엇보다 중요하며, 이는 곧 경쟁력이다. 따라서 주장에 근무하는 각 종사자들은 각종 음료에 관한 전문적인 지식의 습득은 물론, 오랜 경험을 필요로 한다. 그러므로 개개인의 업무수행이 팀웍으로서 작업이 형성될 수 있으며, 대고객 서비스에 만전을 기할 수 있다.

주장 종사자의 직무를 살표보면 다음과 같다.

1) Manager의 주요 업무

- 시설물관리, 원자재(식재료, 주류, 음료) 구매 통제관리
- 식음료에 대한 풍부한 지식을 가지고 종사원들의 교육훈련을 담당한다.
- 고객서비스를 철저히 지휘 감독하여 고객관리에 만전을 기한다.
- 메뉴 관리, 재고관리, Bar의 청결 및 장비상태 점검, 감독, 필요시 접객서비스도 담당한다.
- 종사원의 근무시간표 및 근무상태 관리 및 총괄적인 영업에 책임을 진다. 영업종료 후 영업일지 및 Inventory Sheet를 작성 보고한다.

2) Assistant Manager

부지배인(assistant manager)은 평상시 지배인을 보좌하며, 영업장 운영관리, 특히 대고객 서비스 관리를 주 업무로 하며, 지배인의 부재 시 업무를 대행한다.

- 지배인의 업무를 보좌한다.
- 지배인이 부재시 업무를 대행하며 행정 및 고객관리 업무를 수행한다.

3) Head/Captain

- 음료를 직접 주문을 받고 만들기도 하고 서비스한다(Bartending & Service).
- 필요시 지배인의 업무를 보좌하며 담당 구역 및 준비사항을 점검한다.
- 음료물품 구매 의뢰, 고객 환대 및 환송서비스를 한다.
- 전문적 음료 지식을 숙지하여야 한다.
- Bar의 청결유지와 장비상태를 점검한다.

4) Wine Steward(Sommelier)

- Wine의 진열과 음료 재고를 점검, 관리하며 필요시 음료 창고로부터 보급 수령한다.
- Aperitif, Table Wine, Dessert Wine 등을 권유하고 주문을 받는다.
- 주문받은 와인을 규칙대로 정중하게 서브한다.
- 시간이 있을 경우 아이리시 커피나 다른 리큐어의 후램베(Frambée)를 준비한다.
- 업장 서비스 매뉴얼과 호텔 규정에 대하여 숙지하고 있어야 한다.

5) Bar Helper/Porter

- 바텐더를 돕는다.
- 영업용 물품구비 및 정리 정돈, 청소 등을 한다.

6) Waiter & Waitress

- 고객영접 및 환송
- 고객으로부터 주문된 음료서비스
- 홀 안의 청결 유지.

7) Bartender

(1) Head Bartender

Bar의 메인으로 고객과 직접 대화를 하며 지식을 겸비한 바텐더가 설 수 있는 자리이다. 대고객 서비스 판매, 재고파악, Bar 카운터 내 청결 정리정돈 그리고 바의 운영에 대한 모든 것에 대해 책임을 갖는다.

(2) Bartender

홀의 웨이터, 웨이트리스가 고객에게 주문을 받는 칵테일을 만들어 주는 바텐더로서 주로 칵테일 조주가 주된 업무이다.

(3) Bar Porter

Bar에 소속되어 있지만 홀 업무를 병행하며 바텐더의 일을 도와주는 역할을 한다. Bar

의 부족한 부분을 채우며 청결을 유지하는 등 Bar 내부의 공급과 청결에 대한 책임감을 갖는다. Bar의 일을 처음 시작하는 사람들이 행할 수 있는 역할이다.

Tip

1. 특급호텔중 일부 몇 개 호텔에는 소몰리에가 따로 있으나 대부분 헤드바텐더나 메니저가 소몰리에의 역할을 겸하고 있는게 현실이다.
2. 특급호텔의 바에서 판매하는 대부분의 칵테일 가격은 대략 18,000원~28,000원 정도이다.

3. 바의 경영

1) 조주자로서의 경영

(1) 조주자로서의 기술

치프 바텐더(Chief Bartender)는 먼저 칵테일(Cocktail) 제법의 기술을 몸에 익혀야만 한다. 물론 많은 경험도 필요하지만, 이에 관한 전문적인 지식을 습득하여 이론과 실제가 균형있게 유지되어야 한다. 경험만을 쌓은 바텐더는 기술자로서의 자격은 있어도 치프, 바텐더로서는 자격을 다 갖추고 있다고는 할 수 없겠다.

이와 같이 조주 기술은 많은 경험과 깊은 지식을 필요로 하는 것이므로 기술을 경시하거나 또는 지식을 경시하여서는 절대 안 된다. 그러나 일단 영업적인 측면에서는 바텐더의 기술이 개개인의 동작보다는 팀웍으로서 작업이 형성되므로 팀 전원의 조화와 평균수준 이상의 기술과 지식이 배합되어야 하겠다.

(2) 칵테일의 표준 메뉴

세계에서 애용되고 있는 칵테일의 수를 헤아리기는 어렵다. 더욱이 때에 따라서는 점점 새로운 칵테일이 만들어 지고 있다. 이 모두를 알기에는 한계가 있고 또 다 알 필요도 없다. 상당한 경험과 지식을 쌓은 바텐더는 일상생활의 것 이외는 전문서적을 이용하여 수시로 그 칵테일의 제법을 쉽게 찾아 응용할 수가 있기 때문이다. 비록 동일의 칵테일이 실수로 인해 용량측정을 달리하여 만들어졌다 하여도 손님에게는 동일한 내용의 상품으로 제공되어야 한다. 그러나 칵테일의 표준 처방으로 표준 원가를 계산하여 과학적인 방법으로 칵테일을 제조하지 않으면 안 된다. 일반적으로 칵테일 기술은 바텐 전원이 같은 레벨로서 사용 원료와 종류, 그리고 분량과 원가 계산에 대한 공통의 표준지식을 알고 있어야 한다.

(3) 칵테일의 처방

칵테일의 처방 표준 메뉴가 주어지는 대로 제법이 확정된다. 즉 조주자는 주어진 처방에 따라서 칵테일을 만들어야 되며 자기 임의로 과거의 경험으로 인한 기술로 만들어서는 안 된다.

칵테일은 원료비에 의해서 그 메뉴가 결정되지만, 가능한 한 표준 원료비와 실제 원료비와의 차이가 심하지 않아야 한다. 표준 원료비란 표준 메뉴로 결정된 원료비를 말하며 실제 원료비란 실제로 제공된 비용을 말한다.

2) 접객자로서의 책임

① 바텐더는 곧 접객자이다.

바라는 영업 형식은 바 카운터(bar counter)가 있어 그 곳에서 고객이 자리를 잡고 술을 마시는 경우가 많다. 따라서 바텐더는 고객과 직접 대화를 할 수 있는 카운터에서 접객자로서의 역할을 다하여야 한다. 그렇지 않더라도 웨이터 또는 웨이츄레스로서 간접적인 접객 역할을 망각하여서는 안 된다. 고객은 모두 일정하지 않아 천차만별의 차이가 있어 그들의 기분을 모두 만족스럽게 봉사한다는 것은 심히 어려운 일이나, 여하간 성심성의껏 고객과 밀착하여 생산적인 판매기술을 발휘하지 않으면 안 된다.

② 서비스의 이원성

서비스는 고객을 만족시켜 주는 것이라면 일방적으로 고객의 편의만 제공하여 주는 봉사성일까? 그러나 영업적인 측면에서의 서비스란 곧 고객에게 만족을 줄 수 있는 행위로서 또한 영업자로서도 이익을 보장하여 줄 수 있는 복합적인 의미를 갖고 있다고 말할 수 있겠다. 즉 고객에게 일정한 상품을 팔고 일정한 요금을 지불받을 수 있도록 고객을 만족시켜 줄 수 있는 행위를 우리는 완전한 서비스라고 말할 수 있는 것이다.

③ 고객에게 구매의욕을 주어라

고객에 만족을 주는 것이 서비스라고 하였지만, 고객이 무엇을 원하고 있는지 그 구매동기를 충족시켜 주는 것이 더욱 중요하다. 바에서 손님은 어떤 칵테일을 마실까, 또는 어떤 맛이 좋을까 망설이다가, 비싸거나 또는 칵테일에 대한 지식이 부족하여 우물쭈물하다가 가벼운 맥주 정도로 끝내는 손님이 종종 있다. 이러한 손님에게 적당한 칵테일을 선택하여 권할 수 있는 기교가 필요한 것이다. 따라서 찬 것을 찾는 손님에게는 시원한 칵테일을 조주하여 충분한 설명과 함께 제공할 수 있는 손님의 구매의욕을 감지하여 적극적으로 권하는 것이 영업적인 측면에서 바람직한 서비스가 되는 것이다. 또한 이러한 손님에게 술로 취하는 것보다 분위기에 취할 수 있도록 무드를 조성하여 주는 것이 중요하다. 손님에게 알맞은 대화, 음악, 실내장식, 조명, 칵테일의 장식 등으로 한잔 두잔 그 이상 구매할 수 있는 구매의욕을 계속적으로 충족시켜 주도록 바텐더는 노력해야 한다.

3) 관리자로서의 책임

① 부하 통솔

지금까지의 책임은 바텐더로서의 필요한 책임사항들이지만 여기서 생각할 문제는 기업의 조직 구성상 관리자로서의 치프 바텐더의 책임이다. 치프(chief)라고 하는 것은 조직상에 몇 명의 부하들을 통솔할 수 있는 직위인 것이다. 그러나 그가 기업의 최고 책임자는 아니다. 자기도 상관의 직접명령을 받고 이를 수행하는 입장으로 부하 교육의 한계를 규정하고 업무의 분담을 위해 일정한 조직도가 필요하며, 조의 원칙은 반드시 명령의 수직화를 또는 일원화에 따라 1인의 명령에 복종할 수 있는 한계가 분명해야 한다.

② 권한과 책임

조직상의 각 구성원의 직무가 확정되더라도 각 직무 사이의 상호관계가 정해지지 않으면 각 구성원의 활동을 조정할 수 없다. 어느 사람은 그 권한을 남용하거나 책임을 회피하는 경우가 생기므로 직위간의 책임 권한 관계를 명확하게 하여야 한다는 원칙이 책임과 권한의 원칙(Principle of Responsibility and Authority)이다. 수직적인 권한관계 또는 수평적인 권한관계가 명확하게 되어야 비로소 각 직무의 상호관계가 정해지고 일체적인 조직 구조가 형성되는 것이다.

③ 경영자적 입장

치프(Chief) 바텐더가 관리자로서 일정한 권한을 갖고 있다고 하는 것은 경영자의 경영권의 일부를 책임진다는 의미이다. 즉 직무상 기업의 운영 일부를 맡고 있다는 것이다. 따라서 기업의 이윤추구에 적극 노력하지 않으면 안된다. 전에는 다만 주어진 업무만 수행하면 되었지만 책임자가 되고는 경영의 합리화를 위한 연구, 창안, 실천에 즈음하여 원가의식을 갖고 제반 경비 지출의 토제와 구매 방법의 합리화에 적극 노력하지 않으면 안된다.

CHAPTER 13

Bar 서비스

제13장
Bar 서비스

Hotel & Restaurant
Food & Beverage Service

1. 음료서비스의 기본

(1) 일반 와인과 스파클링 와인

서브 시 일반적으로 레드 와인은 큰 글라스를 사용하고 화이트 와인은 작은 글라스를 사용한다. 레드 와인은 병을 오픈시킨 후 약 30분~1시간 호흡시켜 서빙된다. 와인은 오랜 동안 병 속에서 숙성되어야 하며 특히 레드 와인은 공기와 접촉시키면 그 맛이 좋아진다. 와인 글라스는 절대로 차갑게 해서는 안 된다(와인 특유의 증발을 억제 한다). 와인글라스에는 와인을 반 이상 채우지 않는 것이 좋다. 와인 서빙의 적절한 온도는 화이트 와인(8~12℃), 스파클링 와인(8℃ 이하), 레드 와인(14~18℃)이다. 와인 저장에 적당한 온도는 실내 13℃이다.

와인병과 코르크를 수평상태로 저장하여 콜크가 마르는 것을 방지하여야 한다. 화이트 와인과 로제는 서빙 한시간 전에 미리 차갑게 하는 것이 바람직하다. 와인은 2주간 이상 차갑게 저장해서는 안 된다.(오랫동안 지속되면 그 와인의 특성을 파괴시킬 우려가 있다). 화이트 와인과 로제는 테이블 옆의 와인 버켓(wine-Bucket)에 담아 서브하여야 하고 레드와인은 테이블 위에 세우거나 테이블 뒤 서비스 테이블에 세워두고 서빙한다. 숙성기간이 짧은 와인은 약간만 차갑게 해야 한다. 고객이 레드 와인을 차갑게 서브해 주길 원하면 약 10분 가량 와인 버켓에 담아두었다가 서브한다. 그 나라의 음식은 그 나라의 와인과 함께 하면 더욱 일품이다.

(2) 음료와 드링크 서비스의 기본

접객원은 판매하고 있는 음료의 레시피(제조법)을 항상 숙지하여야 한다. 접객원은 고객이 주문한 음료를 재확인하기 위하여 재차 묻고 특정한 품목을 메모한다. 모든 음료는 고객의 오른쪽에서 서빙한다. 글라스류는 항상 깨진 것, 금간 것, 입술자국, 손자국 등이 없도록 하여야 한다. 모든 글라스류를 잡을 때에는 밑 부분을 잡아야 한다(사용되어졌던 글라스도 내부에 손을 넣어서는 안 된다). 항상 숙녀 우선의 원칙 아래 서브되어야 한다. 테이블에서 음료를 따를 때는 글라스가 테이블로부터 떨어져서는 안 된다. 음료를 글라스에 담을 때는 8/10 정도를 채우면 이상적이다(와인의 종류는1/2 정도가 이상적). 주문이 잘못 서브된 음료는 즉시 교체해 주어야 하며 따로 계산 받을 수는 없다. 고객의 글라스에 한 모금 정도가 남아 있거나 빈 글라스를 치우기 직전에 고객에게 두 번째 음료를 권해야만 한다. 호텔에서는 캔으로 된 음료나 맥주는 캔 그대로 서브하면 안 된다(병은 서브 가능함).

2. 서비스의 순서

(1) 음료업장

① 항상 웃음 띈 표정으로 고객의 호칭이나 존칭어를 사용한다.
(선생님, 사모님, Sir, Madam)
② 테이블 안내 (This way, please.)
③ 고객에게 테이블 선택 의향을 묻는다. (Will this table be all right?)
④ 고객이 다른 테이블을 원할 경우 가능한 한 고객이 원하는 데로 테이블로 안내함이 좋다.
⑤ 고객이 특별 메뉴나 음료 메뉴를 원하면 보여 드려야 한다.
⑥ 코스타는 고객 바로 앞에다 깔아 놓는다.
⑦ 주문 받는 요령은 보다 나은 판매방식을 이용하여 권한다.
⑧ 항상 메뉴를 보여 드리고 주문을 받아야 한다.
⑨ 정해진 표준약자를 이용해서 직접 계산서에 적는다.
⑩ 주문을 반복해서 말한 뒤 “주문해 주셔서 감사합니다”라고 이야기 한다.
⑪ 주문 받는 순서대로 츄레이에 옮겨 담는다.
⑫ 기준음료 서비스 진행절차에 따라서 음료를 서브한다.

⑬ 테이블 위의 계산서 받침에 계산서를 꽂아 놓는다.
⑭ 음료판매의 증진을 위하여 더 드실 것인가를 확인하고 재떨이도 교체한다.
⑮ 고객이 떠날 때는 계산을 확인한며 따뜻한 웃음과 함께 "감사합니다, 즐거운 하루가 되시기 바랍니다"라고 얘기한다.
⑯ 담당자는 테이블 정리의 진행절차에 따라서 자동적으로 다음 영업 준비를 한다.

(2) 칵테일 서비스 진행 절차

① 서비스 트레이(Service Tray) 위에 술과 믹스를 각각 용기에 담고서 집게, 아이스 박스 글라스, 롱 스푼, 냅킨 등을 준비한다.
② 먼저 코스타(글라스 받침)위에 장식물과 함께 글라스를 놓는다.
③ 고객에게 음료수에 "몇 조각의 얼음을 넣을까요?"라고 묻는다.
④ 얼음 집게를 이용해서 고객의 요구대로 글라스에 얼음을 담는다.
⑤ 얼음 위에 술을 붓는다.
⑥ 정확하게 장식물이 원하는 부분에 위치하고 있나를 확인한다.
⑦ 고객에게 믹스(혼합물)는 얼마나 부어 드릴까를 확인한 뒤 원하는 만큼을 붓고 디캔더는 트레이 위에 놓는다.
⑧ 칵테일 용 냅킨을 고객의 글라스 오른쪽에 놓고 젓는 막대를 그 위에 놓는다.
⑨ "맛있게 드십시오"라고 인사를 한다.

3. 바의 영업장 서비스

(1) 바 종사원의 태도 및 몸가짐

바텐더나 바 종사원의 역할은 주장 영업에 있어서 매상과 직접적인 관련이 있기 때문에 몸가짐 관리가 특히 중요하다. 바 종사원이 올바른 몸가짐을 갖기 위해서는 우선 영업장내 동료들과 좋은 인간관계를 유지하고 서로 협동해야 하며 다음과 같은 사항을 명심하여 업무에 임해야 하겠다.

- 바텐더나 Bar 종사원의 역할은 주장영업에 있어서 매상과 직접적인 영향이 있기 때문에 몸가짐의 관리가 중요하다.
- 동료들과 좋은 인간관계를 유지하고 서로 협동해야 한다.
- 복장은 항상 깨끗하고 단정해야 한다.

- 머리는 짧게 깎고 손질을 자주해서 깔끔하게 한다.
- 단골고객의 기호와 성격 등을 기억해야 한다.
- 고객과 대화시에 정치문제, 타인에 대한 소문이나 험담, 개인적인 인신공격 등은 해서는 안된다.
- 항상 예의바르고 분명한 언어와 태도로 고객을 유도해 나간다.
- 손님에게 지나친 주문은 요구하지 않는다.
- 주류는 음료와 달라 욕망 한계가 불명확하기 때문에 고객의 숙취상태를 파악하고 있어야 한다.

(2) Bar 종사원의 자세

- 칵테일 조주는 Recipe(양목표)에 의하여 만들어야 한다.
- 항상 명랑하고 쾌활하여야 하며 "고객은 항상 옳다"고 생각해야 한다.
- 술은 규정대로 서비스해야 하며 조주는 손님이 보는 앞에서 만들어야 한다.
- 특정한 고객이나 동료직원에게 술을 무료로 주어서는 안된다.
- Bar Counter 내에서 식사를 해서는 안된다.
- Recipe에 있는 술이 없을 경우, 유사품을 사용하되 대치된 술의 요금을 받도록 한다.
- Bar 카운터 내에서 음주나 흡연을 해서는 안된다.
- 빈병이라고 해서 함부로 손님에게 드려서는 안된다.
- 근무시간 외에는 업장 출입을 삼가야 한다.

(3) 음료업장의 Waiter, Waitress의 자세

- 단골고객이 즐겨 드시는 술의 이름과 특징을 잘 기억하고 있어야 한다.
- 주문을 받을 때에는 반드시 반복하여 주문내용을 확인해야 한다.
- 주문을 받으면 신속하게 서브하며 부족한 것이 없나 손님의 주의를 살펴야 한다.
- 계산서를 작성하기 전에 한 사람이 계산할 것인가, 각자 계산할 것인가를 여쭈어 보아야 한다.
- 주문을 받을 때에는 어느 특정 고객을 정하고 시계바늘 도는 방향으로 주문을 받기 시작한다. 음료 주문 내용을 빠뜨리지 않고 기록하여야 한다. 주문서는 3장으로 되어 있고 1장은 Cashier(경리)에게, 1장은 Bar에 보관, 나머지 1장은 Table 담당 Captain에게 주지시켜 착오가 없도록 한다.

- 글라스를 테이블위에 내려놓을 때는 Cocktail Napkin이나 Coaster를 깔고 조용히 놓는다.
- 글라스가 절반 이상 비워지면 재주문(Second Order)여부를 신속히 여쭈어야 한다.
- 손님이 퇴장시 정중하고 예의바르게 인사한다.
- 손님이 떠나고 나면 신속하게 테이블, 의자, 바닥 등을 청결하게 하여 다음 손님 맞을 준비를 한다.

(4) 주문받는 자세

- 고객에게 음료를 팔기 전에 자신을 팔아야 한다.
- 서비스와 친절을 함께 팔아야 한다.
- 가격을 파는 것이 아니라 가치를 팔아야 한다.
- 음료 뿐만 아니라 분위기를 함께 팔아야 한다.

4. Bar 영업준비(Mise-En-PlaCE)

(1) 준비조(Morning Shift)

- Front Office로부터 Key를 찾아 문을 연다.
- 전원스윗치를 Full 가동해 보고 전구 등의 이상여부를 확인한다.
- 테이블을 깨끗이 닦는다.
- 모든 Glass Ware의 청결상태를 점검한다.
- 각종 비품 및 장비 등을 청결히 한다.
- Hall, Bar, Counter, 출입구, 업장 주변을 깨끗이 청소한다.
- 재고 상태를 파악하여 재고량을 충분히 한다.
- 각종 기물류, 냅킨, Coaster(받침), Muddler, Cocktail Pick 등을 점검한다.

(2) 마감조(Closing Shift)

- 업장 내외를 청결히 한다.
- 가구류 등은 물기 없는 마른헝겊으로 닦는다.
- 모든 사용된 기물은 깨끗이 세척되어야 한다.
- 각종 주류창고 및 냉장고는 잠가야 한다.

- 재고를 파악(Inventory)한다.
- 다음날 수령할 품목을 작성하여 근무일지와 같이 F&B Office의 확인을 받는다.
- 냉장고를 제외한 전원 스위치를 내린다.
- 모든 열쇄는 Front Office에 보관한다.

5. 주장관리

(1) 저장관리(F.I.F.O)

- 선입 (先入) 선출(先出)의 원칙을 지킨다.
- 정기적인 재고조사를 실시하여 재고카드(bin card)를 만들어 비치한다.

(2) 설비관리

- 바의 수도시설은 Mixing Station(작업대) 바로 후면에 설치한다.
- 바텐더가 필요시 올라설 수 있는 받침대를 설치한다.
- Garnish(Cherry, Olive, Onion) 보관통은 Mixing Station 밑의 냉장고에 냉장 보관한다.
- 배수구는 바텐더 바로 앞에 설치하고 바의 높이는 고객이 작업을 볼 수 있게 설치한다.
- Soft Drink정도는 웨이터나 웨이트리스도 다룰 수 있게 설치한다.
- 카운터 테이블은 일반적으로 폭 40cm, 높이 120cm 가 적당하다.

(3) 글라스(Glass)의 취급관리

- 글라스는 반드시 종사원으로 하여금 깨끗하게 닦아 사용하게 해야 한다.
- 글라스는 불쾌한 냄새나 연기, 먼지, 기름기가 없고 환기가 잘 통하는 장소에 보관한다.
- 글라스를 차게 할 때에는 식재료 보관창고에 넣지 말고 냄새가 전혀 없는 냉장고에 넣어 frosting 시킨다.
- 얼음으로 frosting할 때에는 반드시 냄새가 없는 얼음인가를 확인해야 한다.
- 이가 빠지거나 금이 간 글라스는 사용하지 않는다.
- 세척시 지나치게 뜨거운 물은 사용하지 않는다.

(4) 주류선정

- 판매할 주류상품을 바텐더나 주장지배인이 추천한다.
- 주류의 선정은 고객에게 인기있는 상품으로 고려한다.
- 고객이 특정상표의 위스키를 주문시 다른 위스키의 제공은 금한다.

CHAPTER 14

2024년 조주기능사 실기 칵테일

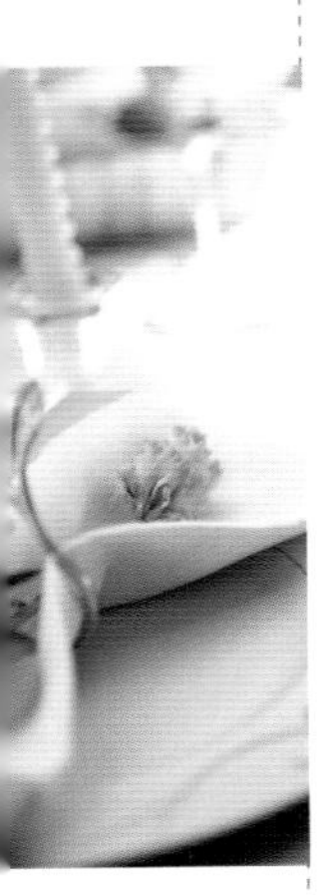

제14장
2024년 조주기능사 실기 칵테일

Hotel & Restaurant
Food & Beverage Service

칵테일의 종류는 수천 가지가 넘고 계속해서 각 주류회사에서 새로운 칵테일 주조법을 연구하여 개발하고 있다. 그중에서 가장 많이 알려지고 애용되고 있는 칵테일의 종류를 기본주별(基本酒別)로 분류해 보기로 한다.

1. Gin Base Cocktail

1) 드라이 마티니(Dry Martini)

재료(Ingredient)	드라이 진(Dry Gin) 2oz 드라이 버무스(Dry Vermouth) 1/3oz
기법(Method)	휘젓기(Stir)
글라스(Glass)	칵테일 글라스(Cocktail Glass)
가니쉬(Garnish)	그린 올리브(Green Olive)

2) 싱가폴 슬링(Singapore Sling)

재료(Ingredient)	드라이 진(Dry Gin) 1 1/2oz 레몬 주스(Lemon Juice) 1/2oz 설탕(Powdered Sugar) 1tsp 클럽 소다로 채운다.(Fill With Club Soda) 체리 브랜디 1/2oz를 띄운다. (On Top with Cherry Flavored Brandy)
기법(Method)	흔들기(Shake) / 직접넣기(Build)
글라스(Glass)	필스너 글라스(Footed Pilsner Glass)
가니쉬(Garnish)	슬라이스 오렌지와 체리 (A slice of Orange and Cherry)

3) 네그로니(Negroni)

재료(Ingredient)	드라이 진(Dry Gin) 3/4oz 스위트 버무스(Sweet Vermouth) 3/4oz 캄파리(Campari) 3/4oz
기법(Method)	직접넣기(Build)
글라스(Glass)	올드 패션드 글라스(Old-fashioned Glass)
가니쉬(Garnish)	레몬필(Twist of Lemon peel)

4) 진 피즈(Gin Fizz)

재료(Ingredient)	진(Gin) 45ml 레몬주스(Lemon Juice) 15ml 파우더 설탕(Powdered Sugar) 1tsp, 1/6oz, 5ml 소다수로 채운다.(On Top with Soda Water)
기법(Method)	흔들기(Shake) / 직접넣기(Build)
글라스(Glass)	하이볼 글라스(Highball Glass)
가니쉬(Garnish)	슬라이스 레몬(A Slice of Lemon)

2. Rum Base Cocktail

1) 다이퀴리(Daiquiri)

재료(Ingredient)	라이트 럼(Light Rum) 1 3/4oz 라임 주스(Lime Juice) 3/4oz 설탕(Powdered Sugar) 1tsp
기법(Method)	흔들기(Shake)
글라스(Glass)	칵테일 글라스(Cocktail Glass)
가니쉬(Garnish)	없음

2) 바카디(Bacardi)

재료(Ingredient)	바카디 럼 화이트(Bacardi Rum White) 1 3/4oz 라임 주스(Lime Juice) 3/4oz 그레나딘 시럽(Grenadine Syrup) 1tsp
기법(Method)	흔들기(Shake)
글라스(Glass)	칵테일 글라스(Cocktail Glass)
가니쉬(Garnish)	없음

3) 쿠바리브레(Cuba Libre)

재료(Ingredient)	라이트 럼(Light Rum) 1 1/2oz 라임 주스(Lime Juice) 1/2oz 콜라로 채운다.(Fill With Cola)
기법(Method)	직접넣기(Build)
글라스(Glass)	하이볼 글라스(Highball Glass)
가니쉬(Garnish)	웨지 레몬(A Wedge of Lemon)

4) 마이타이(Mai-Tai)

재료(Ingredient)	라이트 럼(Light Rum) 1 1/4oz 트리플 섹(Trip Sec) 3/4oz 라임 주스(Lime Juice) 1oz 파인애플 주스(Pineapple Juice) 1oz 오렌지 주스(Orange Juice) 1oz 그레나딘 시럽(Grenadine Syrup) 1/4oz
기법(Method)	블렌딩 / 갈기(Blending)
글라스(Glass)	필스너 글라스(Footed Pilsner Glass)
가니쉬(Garnish)	웨지 파인애플(오렌지)과 체리 (A Wedge of Pineapple(Orange) and Cherry)

5) 피나콜라다(Pina Colada)

재료(Ingredient)	라이트 럼(Light Rum) 1 1/4oz 피나 콜라다 믹스(Pina Colada Mix) 2oz 파인애플 주스(Pineapple Juice) 2oz
기법(Method)	블렌딩 / 갈기(Blending)
글라스(Glass)	필스너 글라스(Footed Pilsner Glass)
가니쉬(Garnish)	웨지 파인애플과 체리 (A Wedge of Pineapple and Cherry)

6) 블루 하와이안(Blue Hawaiian)

재료(Ingredient)	라이트 럼(Light Rum) 1oz 블루 큐라소(Blue Curacao) 1oz 말리부 럼(Malibu Rum) 1oz 파인애플 주스(Pineapple Juice) 2 1/2oz
기법(Method)	블렌딩 / 갈기(Blending)
글라스(Glass)	필스너 글라스(Footed Pilsner Glass)
가니쉬(Garnish)	웨지 파인애플과 체리 (A Wedge of Pineapple and Cherry)

3. Vodka Base Cocktail

1) 블랙러시안(Black Russian)

재료(Ingredient)	보드카(Vodka) 1oz 커피 리큐어(Coffee Liqueur) 1/2oz
기법(Method)	직접넣기(Build)
글라스(Glass)	올드 패션드 글라스(Old-fashioned Glass)
가니쉬(Garnish)	없음

2) 씨브리즈(See Breeze)

재료(Ingredient)	보드카(Vodka) 1 1/2oz 크렌베리 주스(Cranberry Juice) 3oz 자몽 주스(Grapefruit Juice) 1/2oz
기법(Method)	직접넣기(Build)
글라스(Glass)	하이볼 글라스(Highball Glass)
가니쉬(Garnish)	웨지 레몬 또는 라임 (A Wedge of Lemon or Lime)

3) 애플 마티니(Apple Martini)

재료(Ingredient)	보드카(Vodka) 1oz 애플 퍼커(Apple Pucker) 1oz 라임 주스(Lime Juice) 1/2oz
기법(Method)	흔들기(Shake)
글라스(Glass)	칵테일 글라스(Cocktail Glass)
가니쉬(Garnish)	슬라이스 사과(A Slice Apple)

4) 롱아일랜드 아이스티(Long Island Iced Tea)

재료(Ingredient)	보드카(Vodka) 1/2oz 진(Gin) 1/2oz 라이트 럼(Light Rum) 1/2oz 데킬라(Tequila) 1/2oz 트리플 섹(Triple Sec) 1/2oz 스위트 앤 샤워 믹스(Sweet&Sour Mix) 1 1/2oz 콜라로 채운다.(On Top with Cola)
기법(Method)	직접넣기(Build)
글라스(Glass)	콜린스 글라스(Collins Glass)
가니쉬(Garnish)	웨지 레몬 또는 라임 (A Wedge of Lemon or Lime)

5) 코스모폴리탄(Cosmopolitan)

재료(Ingredient)	보드카(Vodka) 1oz 트리플 섹(Triple Sec) 1/2oz 라임 주스(Lime Juice) 1/2oz 크렌베리 주스(Cranberry Juice) 1/2oz
기법(Method)	흔들기(Shake)
글라스(Glass)	칵테일 글라스(Cocktail Glass)
가니쉬(Garnish)	레몬(라임)필 (Twist of Lemon peel or Lime peel)

6) 모스코뮬(Moscow Mule)

재료(Ingredient)	보드카(Vodka) 1 1/2oz 라임 주스(Lime Juice) 1/2oz 진저엘로 채운다.(Fill with Ginger ale)
기법(Method)	직접넣기(Build)
글라스(Glass)	하이볼 글라스(Highball Glass)
가니쉬(Garnish)	슬라이스 레몬 또는 라임 (A Slice of Lemon or Lime)

4. Tequila Base Cocktail

1) 마가리타(Margarita)

재료(Ingredient)	데킬라(Tequila) 1 1/2oz 트리플 섹(Triple Sec) 1/2oz 라임 주스(Lime Juice) 1/2oz
기법(Method)	흔들기(Shake)
글라스(Glass)	칵테일 글라스(Cocktail Glass)
가니쉬(Garnish)	소금리밍(Rimming with Salt)
Tip : 트리플색을 블루 퀴라소로 바꾸면 블루 마가리타라는 칵테일이 된다.	

2) 데킬라 선라이즈(Tequila Sunrise)

재료(Ingredient)	데킬라(Tequila) 1 1/2oz 오렌지 주스로 채운다.(Fill with Orange Juice) 그레나딘 시럽(Grenadine Syrup) 1/2oz
기법(Method)	직접넣기(Build) / 띄우기(Float)
글라스(Glass)	필스너 글라스(Footed Pilsner Glass)
가니쉬(Garnish)	없음

5. Brandy Base Cocktail

1) 브랜디 알렉산더(Brandy Alexander)

재료(Ingredient)	브랜디(Brandy) 3/4oz 크림드 드 카카오 브라운(Creme De Cacao(Brown)) 3/4oz 우유(Light Milk) 3/4oz
기법(Method)	흔들기(Shake)
글라스(Glass)	칵테일 글라스(Cocktail Glass)
가니쉬(Garnish)	넛맥 파우더 (Nutmeg Powder)

2) 사이드카(Sidecar)

재료(Ingredient)	브랜디(Brandy) 1oz 꼬앵뜨로 또는 트리플 섹(Cointreau or Triple Sec) 1oz 레몬 주스(Lemon Juice) 1/4oz
기법(Method)	흔들기(Shake)
글라스(Glass)	칵테일 글라스(Cocktail Glass)
가니쉬(Garnish)	없음

3) 허니문(Honeymoon)

재료(Ingredient)	애플 브랜디(Apple Brandy) 3/4oz 베네디틴 디오엠(Benedictine DOM) 3/4oz 트리플 섹(Triple Sec) 1/4oz 레몬 주스(Lemon Juice) 1/2oz
기법(Method)	흔들기(Shake)
글라스(Glass)	칵테일 글라스(Cocktail Glass)
가니쉬(Garnish)	없음

6. Whisky Base Cocktail

1) 맨하탄(Manhattan)

재료(Ingredient)	버번 위스키(Bourbon Whiskey) 1 1/2oz 스위트 버무스(Sweet Vermouth) 3/4oz 앙고스트라비터(Angostura Bitters) 1dash
기법(Method)	휘젓기(Stir)
글라스(Glass)	칵테일 글라스(Cocktail Glass)
가니쉬(Garnish)	체리(Cherry)

2) 올드 패션드(Old Fashioned)

재료(Ingredient)	버번 위스키(Bourbon Whiskey) 1 1/2oz 각설탕(Cubed Sugar) 1ea 앙고스트라비터(Angostura Bitters) 1dash 소다수(Soda Water) 1/2oz
기법(Method)	직접넣기(Build)
글라스(Glass)	올드 패션드 글라스(Old-fashioned Glass)
가니쉬(Garnish)	슬라이스 오렌지와 체리 (A slice of Orange and Cherry)

3) 러스티 네일(Rusty Nail)

재료(Ingredient)	스카치 위스키(Scotch Whiskey) 1oz 드람브이(Drambuie) 1/2oz
기법(Method)	직접넣기(Build)
글라스(Glass)	올드 패션드 글라스(Old-fashioned Glass)
가니쉬(Garnish)	없음

4) 뉴욕(New York)

재료(Ingredient)	버번 위스키(Bourbon Whiskey) 1 1/2oz 라임 주스(Lime Juice) 1/2oz 설탕(Powered Suger) 1tsp 그레나딘 시럽(Grenadine Syrup) 1/2tsp
기법(Method)	흔들기(Shake)
글라스(Glass)	칵테일 글라스(Cocktail Glass)
가니쉬(Garnish)	레몬필(Twist of Lemon peel)

5) 위스키 사워(Whiskey Sour)

재료(Ingredient)	버번 위스키(Bourbon Whiskey) 1 1/2oz 레몬 주스(Lemon Juice) 1/2oz 설탕(Powder Sugar) 1tsp 소다수(On Top with Soda Water) 1oz
기법(Method)	흔들기(Shake) / 직접넣기(Build)
글라스(Glass)	사워 글라스(Sour Glass)
가니쉬(Garnish)	슬라이스 레몬과 체리 (A slice of Lemon and Cherry)

6) 불바디에(Boulevardier)

재료(Ingredient)	버번 위스키(Bourbon Whiskey) 30ml 스위트 버무스(Sweet Vermouth) 30ml 캄파리(Campari) 30ml
기법(Method)	휘젓기(Stir)
글라스(Glass)	올드 패션드 글라스(Old-fashioned Glass)
가니쉬(Garnish)	오렌지 필 트위스트 (Twist of Orange Peel)

7. Liqueur Base Cocktail

1) 푸스 카페(Pousse Cafe)

재료(Ingredient)	그레나딘 시럽(Grenadine Syrup) 1/3part 크림드 드 민트 그린(Creme De Menthe(G)) 1/3part 브랜디(Brandy) 1/3part
기법(Method)	띄우기(Float)
글라스(Glass)	리큐어 글라스(Stemed Liqueur Glass)
가니쉬(Garnish)	없음

2) B-52(B-52)

재료(Ingredient)	커피 리큐어(Coffee Liqueur) 1/3part 베일리스(Bailey's Irish Cream Liqueur) 1/3part 그랑마니에르(Grand Marnier) 1/3part
기법(Method)	띄우기(Float)
글라스(Glass)	2oz(온스) 셰리 글라스(Sherry Glass)
가니쉬(Garnish)	없음

3) 준벅(June Bug)

재료(Ingredient)	메론 리큐어(미도리)(Melon Liqueur (Midori)) 1oz 코코넛 플레이버드 럼 또는 말리부 럼 (Malibu Rum) 1/2oz 바나나 리큐어(Banana Liqueur) 1/2oz 파인애플 주스(Pineapple Juice) 2oz 스위트 앤 사워 믹스(Sweet&Sour Mix) 2oz
기법(Method)	흔들기(Shake)
글라스(Glass)	콜린스 글라스(Collins Glass)
가니쉬(Garnish)	웨지 파인애플 과 체리 (A Wedge of Pineapple and Cherry)

4) 그래스호퍼(Grasshopper)

재료(Ingredient)	크림드 드 민트 그린 Creme De Menthe(G) 1oz 크림드 드 카카오 화이트 Creme De Cacao(W) 1oz 우유(Light Milk) 1oz
기법(Method)	흔들기(Shake)
글라스(Glass)	샴페인 글라스(소서형) Champagne Glass (Saucer형)
가니쉬(Garnish)	없음

5) 애프리코트(Apricot)

재료(Ingredient)	애프리코트 플레이버드 브랜디(Apricot Flavored Brandy) 1 1/2oz 드라이 진(Dry Gin) 1tsp 레몬 주스(Lemon Juice) 1/2oz 오렌지 주스(Orange Juice) 1/2oz
기법(Method)	흔들기(Shake)
글라스(Glass)	칵테일 글라스(Cocktail Glass)
가니쉬(Garnish)	없음

8. Wine Base Cocktail

1) 키르(Kir)

재료(Ingredient)	화이트 와인(White Wine) 3oz 크렘 드 카시스(Creme De Cassis) 1/2oz
기법(Method)	직접넣기(Build)
글라스(Glass)	화이트 와인 글라스(White Wine Glass)
가니쉬(Garnish)	레몬 필 트위스트(Twist of Lemon peel)

9. Korean Traditional Liquor Base Cocktail

1) 힐링(Healing)

재료(Ingredient)	감홍로(Gam Hong Ro) 40도 1 1/2oz 베네디틴 디오엠(Benedictine DOM) 1/3oz 크렘 드 카시스(Creme De Cassis) 1/3oz 스위트 앤 사워 믹스(Sweet&Sour Mix) 1oz
기법(Method)	흔들기(Shake)
글라스(Glass)	칵테일 글라스(Cocktail Glass)
가니쉬(Garnish)	레몬 필 트위스트(Twist of Lemon peel)

2) 진도(Jindo)

재료(Ingredient)	진도홍주(Jindo Hong Ju) 40도 1oz 크렘 드 민트 화이트 Creme De Menthe White 1/2oz 청포도 주스(White Grape Juice) 3/4oz 라즈베리 시럽(Raspberry Syrup) 1/2oz
기법(Method)	흔들기(Shake)
글라스(Glass)	칵테일 글라스(Cocktail Glass)
가니쉬(Garnish)	없음

3) 풋사랑(Puppy Love)

재료(Ingredient)	안동소주(Andong Soju) 35도 1oz 트리플 섹(Triple Sec) 1/3oz 애플 퍼커(Apple Pucker) 1oz 라임 주스(Lime Juice) 1/3oz
기법(Method)	흔들기(Shake)
글라스(Glass)	칵테일 글라스(Cocktail Glass)
가니쉬(Garnish)	슬라이스 사과(A Slice of Apple)

4) 금산(Geumsan)

재료(Ingredient)	금산 인삼주(Geumsan Insamju) 43도 1 1/2oz 커피 리큐어(Coffee Liqueur) 1/2oz 애플 퍼커(Apple Pucker) 1/2oz 라임 주스(Lime Juice) 1tsp
기법(Method)	흔들기(Shake)
글라스(Glass)	칵테일 글라스(Cocktail Glass)
가니쉬(Garnish)	없음

5) 고창(Gochang)

재료(Ingredient)	선운산 복분자 와인(Sunwoonsan bokbunja Wine) 2oz 꼬앵뜨로 또는 트리플 섹(Cointreau or Triple Sec) 1/2oz 스프라이트 또는 사이다(Sprite or Cider) 2oz
기법(Method)	휘젓기(Stir) / 직접넣기(Build)
글라스(Glass)	플루트형 샴페인 글라스 (Flute Champagne Glass)
가니쉬(Garnish)	오렌지필 트위스트 (Twist of Orange peel)

10. Non-Alcoholic Cocktail

1) 후레쉬 레몬 스쿼시(Fresh Lemon Squash)

재료(Ingredient)	후레쉬 스퀴즈드 레몬 주스 (Fresh Squeezed Lemon Juice) 1/2ea 파우더 설탕(Powdered Sugar) 2tsp 소다수로 채운다.(On Top with Soda Water)
기법(Method)	직접넣기(Build)
글라스(Glass)	하이볼 글라스(Highball Glass)
가니쉬(Garnish)	슬라이스 레몬(A Slice of Lemon)

2) 버진 프루트 펀치(Virgin Fruit Punch)

재료(Ingredient)	오렌지 주스 30ml 파인애플 주스 30ml 크랜베리 주스 30ml 자몽 주스 30ml 레몬 주스 15ml 그레나딘 시럽 15ml
기법(Method)	블렌드(Blend)
글라스(Glass)	필스너 글라스(Footed Pilsner Glass)
가니쉬(Garnish)	웨지 파인애플과 체리 (A Wedge of Pineapple and Cherry)

부록

1. 조주기능사 시험대비 출제기준 및 정보

조주기능사 자격증 정보

1. 개요

조주에 관한 숙련기능을 가지고 조주작업과 관련되는 업무를 수행할 수 있는 전문인력을 양성하고자 자격제도 제정

2. 수행직무

주류, 음료류, 다류 등에 대한 재료 및 제법의 지식을 바탕으로 칵테일을 조주하고 호텔과 외식업체의 주장관리, 고객관리, 고객서비스, 경영관리, 케이터링 등의 업무를 수행

3. 실시기관 홈페이지

http;//www.q-net.or.kr

4. 실시기관명

한국산업인력공단

5. 시험 수수료

- 필기 : 14,500원
- 실기 : 28,600원

6. 시험과목

- 필기 : 음료특성, 칵테일 조주 및 영업장 관리(바텐더 외국어 사용 포함) 등에 관한 사항
- 실기 : 바텐더 실무

7. 검정방법

- 필기 : 객관식 4지 택일형, 60문항(60분)
- 실기 : 작업형(7분, 100점)

8. 합격기준

100점 만점에 60점 이상

9. 응시자격

제한없음

출제기준(필기)

직무분야	음식서비스	중직무분야	조리	자격종목	조주기능사	적용기간	2022.1.1.~2024.12.31.
○ 직무내용 : 다양한 음료에 대한 이해를 바탕으로 칵테일을 조주하고 영업장관리, 고객관리, 음료서비스 등의 업무를 수행하는 직무이다.							
필기검정방법	객관식	문제수	60	시험시간	1시간		

필기과목명	문제수	주요항목	세부항목	세세항목
음료특성, 칵테일 조주 및 영업장 관리	60	1. 위생관리	1. 음료 영업장 위생 관리	1. 영업장 위생 확인
			2. 재료 · 기물 · 기구 위생 관리	1. 재료 · 기물 · 기구 위생 확인
			3. 개인위생 관리	1. 개인위생 확인
			4. 식품위생 및 관련법규	1. 위생적인 주류 취급 방법 2. 주류판매 관련 법규
		2. 음료 특성 분석	1. 음료 분류	1. 알코올성 음료 분류 2. 비알코올성 음료 분류
			2. 양조주 특성	1. 양조주의 개념 2. 양조주의 분류 및 특징 3. 와인의 분류 4. 와인의 특징 5. 맥주의 분류 6. 맥주의 특징
			3. 증류주 특성	1. 증류주의 개념 2. 증류주의 분류 및 특징
			4. 혼성주 특성	1. 혼성주의 개념 2. 혼성주의 분류 및 특징
			5. 전통주 특성	1. 전통주의 특징 2. 지역별 전통주
			6. 비알코올성 음료 특성	1. 기호음료 2. 영양음료 3. 청량음료

			7. 음료 활용	1. 알코올성 음료 활용 2. 비알코올성 음료 활용 3. 부재료 활용
			8. 음료의 개념과 역사	1. 음료의 개념 2. 음료의 역사
		3. 칵테일 기법 실무	1. 칵테일 특성 파악	1. 칵테일 역사 2. 칵테일 기구 사용 3. 칵테일 분류
			2. 칵테일 기법 수행	1. 셰이킹(Shaking) 2. 빌딩(Building) 3. 스터링(Stirring) 4. 플로팅(Floating) 5. 블렌딩(Blending) 6. 머들링(Muddling) 7. 그 밖의 칵테일 기법
		4. 칵테일 조주 실무	1. 칵테일 조주	1. 칵테일 종류별 특징 2. 칵테일 레시피 3. 얼음 종류 4. 글라스 종류
			2. 전통주 칵테일 조주	1. 전통주 칵테일 표준 레시피
			3. 칵테일 관능평가	1. 칵테일 관능평가 방법
		5. 고객 서비스	1. 고객 응대	1. 예약 관리 2. 고객응대 매뉴얼 활용 3. 고객 불만족 처리
			2. 주문 서비스	1. 메뉴 종류와 특성 2. 주문 접수 방법
			3. 편익 제공	1. 서비스 용품 사용 2. 서비스 시설 사용
			4. 술과 건강	1. 술이 인체에 미치는 영향
		6. 음료영업장 관리	1. 음료 영업장 시설 관리	1. 시설물 점검 2. 유지보수 3. 배치 관리
			2. 음료 영업장 기구 · 글라스 관리	1. 기구 관리 2. 글라스 관리
			3. 음료 관리	1. 구매관리 2. 재고관리 3. 원가관리

		7. 바텐더 외국어 사용	1. 기초 외국어 구사	1. 음료 서비스 외국어 2. 접객 서비스 외국어
			2. 음료 영업장 전문용어 구사	1. 시설물 외국어 표현 2. 기구 외국어 표현 3. 알코올성 음료 외국어 표현 4. 비알코올성 음료 외국어 표현
		8. 식음료 영업 준비	1. 테이블 세팅	1. 영업기물별 취급 방법
			2. 스테이션 준비	1. 기물 관리 2. 비품과 소모품 관리
			3. 음료 재료 준비	1. 재료 준비 2. 재료 보관
			4. 영업장 점검	1. 시설물 유지관리
		9. 와인장비 · 비품 관리	1. 와인글라스 유지 · 관리	1. 와인글라스 용도별 사용
			2. 와인비품 유지 · 관리	1. 와인 용품 사용

출제기준(실기)

직무 분야	음식서비스	중직무 분야	조리	자격 종목	조주기능사	적용 기간	2022.1.1.~ 2024.12.31.

○ 직무내용 : 다양한 음료의 특성을 이해하고 조주에 관계된 지식, 기술, 태도의 습득을 통해 음료 서비스, 영업장 관리를 수행하는 직무이다.

○ 수행준거 : 1. 고객에게 위생적인 음료를 제공하기 위하여 음료 영업장과 조주에 활용되는 재료 · 기물 · 기구를 청결히 관리하고 개인위생을 준수할 수 있다.
2. 다양한 음료의 특성을 파악 · 분류하고 조주에 활용할 수 있다.
3. 칵테일 조주를 위한 기본적인 지식과 기법을 습득하고 수행할 수 있다.
4. 칵테일 조주 기법에 따라 칵테일을 조주하고 관능평가를 수행할 수 있다.
5. 고객영접, 주문, 서비스, 다양한 편익제공, 환송 등 고객에 대한 서비스를 수행할 수 있다.
6. 음료 영업장 시설을 유지보수하고 기구 · 글라스를 관리하며 음료의 적정 수량과 상태를 관리할 수 있다.
7. 기초 외국어, 음료 영업장 전문용어를 숙지하고 사용할 수 있다.
8. 본격적인 식음료서비스를 제공하기 전 영업장환경과 비품을 점검함으로써 최선의 서비스가 될 수 있도록 준비할 수 있다.
9. 와인서비스를 위해 와인글라스, 디캔터와 그 외 관련비품을 청결하게 유지 · 관리할 수 있다.

실기검정방법	작업형	시험시간	7분 정도

실기과목명	주요항목	세부항목	세세항목
바텐더 실무	1. 위생관리	1. 음료 영업장 위생 관리하기	1. 음료 영업장의 청결을 위하여 영업 전 청결상태를 확인하여 조치할 수 있다. 2. 음료 영업장의 청결을 위하여 영업 중 청결상태를 유지할 수 있다. 3. 음료 영업장의 청결을 위하여 영업 후 청결상태를 복원할 수 있다.
		2. 재료 · 기물 · 기구 위생 관리하기	1. 음료의 위생적 보관을 위하여 음료 진열장의 청결을 유지할 수 있다. 2. 음료 외 재료의 위생적 보관을 위하여 냉장고의 청결을 유지할 수 있다. 3. 조주 기물의 위생 관리를 위하여 살균 소독을 할 수 있다.
		3. 개인위생 관리	1. 알맞은 글라스를 선택할 수 있다. 2. 알맞은 도구를 선정하여 능숙하게 다룰 수 있다. 3. 알맞은 양의 재료를 선택할 수 있다. 4. 정확한 순서로 만들 수 있다. 5. 알맞은 장식을 할 수 있다.

	2. 음료 특성 분석	1. 음료 분류하기	1. 알코올 함유량에 따라 음료를 분류할 수 있다. 2. 양조방법에 따라 음료를 분류할 수 있다. 3. 청량음료, 영양음료, 기호음료를 분류할 수 있다. 4. 지역별 전통주를 분류할 수 있다.
		2. 음료 특성 파악하기	1. 다양한 양조주의 기본적인 특성을 설명할 수 있다. 2. 다양한 증류주의 기본적인 특성을 설명할 수 있다. 3. 다양한 혼성주의 기본적인 특성을 설명할 수 있다. 4. 다양한 전통주의 기본적인 특성을 설명할 수 있다. 5. 다양한 청량음료, 영양음료, 기호음료의 기본적인 특성을 설명할 수 있다.
		3. 음료 활용하기	1. 알코올성 음료를 칵테일 조주에 활용할 수 있다. 2. 비알코올성 음료를 칵테일 조주에 활용할 수 있다. 3. 비터와 시럽을 칵테일 조주에 활용할 수 있다.
	3. 칵테일 기법 실무	1. 칵테일 특성 파악하기	1. 고객에게 정보를 제공하기 위하여 칵테일의 유래와 역사를 설명할 수 있다. 2. 칵테일 조주를 위하여 칵테일 기구의 사용법을 습득할 수 있다. 3. 칵테일별 특성에 따라서 칵테일을 분류할 수 있다.
		2. 칵테일 기법 수행하기	1. 셰이킹(Shaking) 기법을 수행할 수 있다. 2. 빌딩(Building) 기법을 수행할 수 있다. 3. 스터링(Stirring) 기법을 수행할 수 있다. 4. 플로팅(Floating) 기법을 수행할 수 있다. 5. 블렌딩(Blending) 기법을 수행할 수 있다. 6. 머들링(Muddling) 기법을 수행할 수 있다.
	4. 칵테일 조주 실무	1. 칵테일 조주하기	1. 동일한 맛을 유지하기 위하여 표준 레시피에 따라 조주할 수 있다. 2. 칵테일 종류에 따라 적절한 조주 기법을 활용할 수 있다. 3. 칵테일 종류에 따라 적절한 얼음과 글라스를 선택하여 조주할 수 있다.
		2. 전통주 칵테일 조주하기	1. 전통주 칵테일 레시피를 설명할 수 있다. 2. 전통주 칵테일을 조주할 수 있다. 3. 전통주 칵테일에 맞는 가니쉬를 사용할 수 있다.
		3. 칵테일 관능 평가하기	1. 시각을 통해 조주된 칵테일을 평가할 수 있다. 2. 후각을 통해 조주된 칵테일을 평가할 수 있다. 3. 미각을 통해 조주된 칵테일을 평가할 수 있다.
	5. 고객 서비스	1. 고객 응대하기	1. 고객의 예약사항을 관리할 수 있다. 2. 고객을 영접할 수 있다. 3. 고객의 요구사항과 불편사항을 적절하게 처리할 수 있다. 4. 고객을 환송할 수 있다.
		2. 주문 서비스 하기	1. 음료 영업장의 메뉴를 파악할 수 있다. 2. 음료 영업장의 메뉴를 설명하고 주문 받을 수 있다. 3. 고객의 요구나 취향, 상황을 확인하고 맞춤형 메뉴를 추천할 수 있다.

		3. 편익 제공하기	1. 고객에 필요한 서비스 용품을 제공할 수 있다. 2. 고객에 필요한 서비스 시설을 제공할 수 있다. 3. 고객 만족을 위하여 이벤트를 수행할 수 있다.
	6. 음료영업장 관리	1. 음료 영업장 시설 관리하기	1. 음료 영업장 시설물의 안전 상태를 점검할 수 있다. 2. 음료 영업장 시설물의 작동 상태를 점검할 수 있다. 3. 음료 영업장 시설물을 정해진 위치에 배치할 수 있다.
		2. 음료 영업장 기구 · 글라스 관리하기	1. 음료 영업장 운영에 필요한 조주 기구, 글라스를 안전하게 관리할 수 있다. 2. 음료 영업장 운영에 필요한 조주 기구, 글라스를 정해진 장소에 보관할 수 있다. 3. 음료 영업장 운영에 필요한 조주 기구, 글라스의 정해진 수량을 유지할 수 있다.
		3. 음료 관리하기	1. 원가 및 재고 관리를 위하여 인벤토리(inventory)를 작성할 수 있다. 2. 파스탁(par stock)을 통하여 적정재고량을 관리할 수 있다. 3. 음료를 선입선출(F.I.F.O)에 따라 관리할 수 있다.
	7. 바텐더 외국어 사용	1. 기초 외국어 구사하기	1. 기초 외국어 습득을 통하여 외국어로 고객을 응대를 할 수 있다. 2. 기초 외국어 습득을 통하여 고객 응대에 필요한 외국어 문장을 해석할 수 있다. 3. 기초 외국어 습득을 통해서 고객 응대에 필요한 외국어 문장을 작성할 수 있다.
		2. 음료 영업장 전문용어 구사하기	1. 음료영업장 시설물과 조주 기구를 외국어로 표현할 수 있다. 2. 다양한 음료를 외국어로 표현할 수 있다. 3. 다양한 조주 기법을 외국어로 표현할 수 있다.
	8. 식음료 영업 준비	1. 테이블 세팅 하기	1. 메뉴에 따른 세팅 물품을 숙지하고 정확하게 준비할 수 있다. 2. 집기 취급 방법에 따라 테이블 세팅을 할 수 있다. 3. 집기의 놓는 위치에 따라 정확하게 테이블 세팅을 할 수 있다. 4. 테이블 세팅 시에 소음이 나지 않게 할 수 있다. 5. 테이블과 의자의 균형을 조정할 수 있다. 6. 예약현황을 파악하여 요청사항에 따른 준비를 할 수 있다. 7. 영업장의 성격에 맞는 테이블크로스, 냅킨 등 린넨류를 다룰 수 있다. 8. 냅킨을 다양한 방법으로 활용하여 접을 수 있다.
		2. 스테이션 준비하기	1. 스테이션의 기물을 용도에 따라 정리할 수 있다. 2. 비품과 소모품의 위치와 수량을 확인하고 재고 목록표를 작성할 수 있다. 3. 회전율을 고려한 일일 적정 재고량을 파악하여 부족한 물품이 없도록 확인할 수 있다. 4. 식자재 유통기한과 표시기준을 확인하고 선입선출의 방법에 따라 정돈 사용할 수 있다.

		3. 음료 재료 준비하기	1. 표준 레시피에 따라 음료제조에 필요한 재료의 종류와 수량을 파악하고 준비할 수 있다. 2. 표준 레시피에 따라 과일 등의 재료를 손질하여 준비할 수 있다. 3. 덜어 쓰는 재료를 적합한 용기에 보관하고 유통기한을 표시할 수 있다.
		4. 영업장 점검하기	1. 영업장의 청결을 점검 할 수 있다. 2. 최적의 조명상태를 유지하도록 조명기구들을 점검할 수 있다. 3. 고정 설치물의 적합한 위치와 상태를 유지할 수 있도록 점검할 수 있다. 4. 영업장 테이블 및 의자의 상태를 점검할 수 있다. 5. 일일 메뉴의 특이사항과 재고를 점검할 수 있다.
	9. 와인장비·비품관리	1. 와인글라스 유지 · 관리하기	1. 와인글라스의 파손, 오염을 확인할 수 있다. 2. 와인글라스를 청결하게 유지 · 관리할 수 있다. 3. 와인글라스를 종류별로 정리 · 정돈할 수 있다. 4. 와인글라스의 종류별 재고를 적정하게 확보 · 유지할 수 있다.
		2. 와인디캔터 유지 · 관리하기	1. 디캔터의 파손, 오염을 확인할 수 있다. 2. 디캔터를 청결하게 유지 · 관리할 수 있다. 3. 디캔터를 종류별로 정리 · 정돈할 수 있다. 4. 디캔터의 종류별 재고를 적정하게 확보 · 유지할 수 있다.
		3. 와인비품 유지 · 관리하기	1. 와인오프너, 와인쿨러 등 비품의 파손, 오염을 확인할 수 있다. 2. 와인오프너, 와인쿨러 등 비품을 청결하게 유지 · 관리할 수 있다. 3. 와인오프너, 와인쿨러 등 비품을 종류별로 정리 · 정돈할 수 있다. 4. 와인오프너, 와인쿨러 등 비품을 적정하게 확보 · 유지할 수 있다.

2. Table Manner

1) 레스토랑에 들어가기 전에 화장실은 미리 다녀온다.

식사를 하기 전 손을 씻기 위해서나 다른 이유로 인하여 테이블에서 중간에 자리를 비우는 것은 가능한 피하는 것이 좋다. 레스토랑에 들어가기 전에 미리 화장실에 들러서 볼일을 본다거나, 손을 씻거나, 여성의 경우 화장을 고치는 등의 행위는 상대방과 테이블을 함께 하기 전에 미리미리 해 두는 것이 예의이다.

2) 식사 시 함께 식사하는 사람들과의 식사 속도를 맞춘다.

본인이 배가 많이 고프거나 음식이 본인의 입맛에 잘 맞는다 하여 너무 빠르게 먹거나, 또는 너무 느리게 먹는다면 함께 식사하는 사람들에게 대한 예의가 아니다.

적절하게 타인들과의 식사 속도를 조절하면서 상대방이 편안한 식사를 할 수 있도록 하는 것도 하나의 센스이다.

3) 공식적인 자리의 경우 다른 사람들과 주문하는 식사의 코스를 맞추는 게 좋다.

친한 친구사이가 아니고 비즈니스 관계로 인하여 함께 식사를 하는 경우 어느 한 사람의 음식의 코스가 너무 짧은 경우 다른 사람들이 편한 식사를 하지 못할 수 있기 때문이다.

4) 요리가 나오면 바로 먹기 시작하는 것이 좋다.

한국인은 윗사람이 먼저 시작한 후에 뒤따라 하는 것을 옳은 식사 예절로 생각한다. 그래서 요리가 전원에게 제공될 때까지 아무도 손을 대지 않고 있다. 그러나 서양요리에서는 제공 되는대로 먹기 시작하는 것이 옳은 예의이다. 뜨거운 요리는 뜨겁게, 찬 요리는 차게 해서 제공되기 때문에 그 온도가 변하기 전에 먹어야 한다. 그러나 3~5명 정도의 일행인 경우에는 요리 제공시간이 그다지 많이 걸리지 않으므로 기다렸다가 같이 시작하며 특히 손윗사람이 초대한 경우에는 초대한 분의 뒤를 따라 시작 하는 것이 예의이다.

5) 오드블은 조금만 먹는 것이 좋다.

오드블은 식욕을 불러 일으키기 위한 요리의 전주곡으로 식욕 촉진제이다. 오드블의 종류는 수십 종에 달한다. 맛이 좋아 너무 많이 먹으면 정작 주 요리를 먹을 수 없게 된다. 그 날의 식욕과 각자의 식사량을 참작하여 오드블을 선택 해야 한다. 양이 많지 않은 사람은 오드블을 주문하지 않고 수프부터 시작 할 수 있고 오드블을 먹은 다음 수프를 빼 놓을 수도 있다.

6) 캐비어(Caviar)는 빛깔이 연하고 알이 잘수록 고급이다.

찬 오드블로 대표적인 것은 상어 알을 차게 해서 만든 캐비어와 거위간을 버터에 쪄 향신료를 넣어 만든 포아그라(Foie Gras) 이다. 캐비어는 일반적으로 러시아산이 좋다고 하나 최고급은 흰색에 가까운 이란산이다. 보통사용하고 있는 캐비어는 여러 곳에서 잡히는 상어 알로 분홍색, 붉은색, 검은색 등이 있다. 포아그라도 최상의 오드블로 평할 수 있으며 이외에 찬 오드블로는 생굴, 새우 칵테일 등이 있고 더운 오드블은 더 많은 종류가 있다. 더운 오드블을 먹을 때는 비교적 가벼운 요리를 주문 하고 찬 오드블을 먹을 때는 좀 과중한 요리를 주문하는 것이 좋다.

7) 셀러리(Celery), 파슬리(Parsley), 카나페(Canape) 등은 손으로 집어 먹는 것이 좋다.

오드블 접시에 담겨져 있는 셀러리, 파슬리, 당근, 양파, 오이 등은 손으로 집어서 먹어도 무관하다. 무, 오이 피클 같은 야채도 마찬가지이다. 그린 아스파라거스(Green Asparagus) 같은 것은 오히려 손으로 먹는 것이 더 좋다. 뿌리 쪽은 손에 쥐고 봉우리에 소스를 찍어 먹고 손에 쥐인 부분은 남긴다. 이 외에 손으로 집어먹는 오드블의 대표적인 것으로는 카나페가 있다. 나이프를 사용하게 되면 곱게 장식한 요리가 부숴진다. 대체로 카나페는 한입에 들어갈 수 있도록 알맞게 잘라져 나오기 때문에 사용할 필요가 없다.

8) 생굴은 굴용 포크로 떼어 먹는다.

생굴은 껍질에서 떼어먹기 위해서는 왼손으로 껍질의 한끝을 잡고 바른손에 든 포크로 떼어 먹으면 된다. 굴을 떼어 먹은 다음 껍질 속에 담겨 있는 굴 즙은 일미이며 왼손으로 들어 마셔도 상관이 없다. 굴에는 레몬 즙을 반드시 짜서 먹는 것이 상례이며 레몬즙을 낼 때는 옆 사람에게 튀는 일이 없도록 왼손으로 가리고 오른손으로 짜는 것이 좋다. 또한 칵테일 소스를 가미 하기도 한다.

9) 소금과 후추는 맛을 보고 가미한다.

일반적으로 진한 수프는 포타지(Potage) 라 하며 투명한 것을 콩소메(Consomme)라고 한다. 포타지와 콩소메는 그 종류가 많다. 그러나 엄격히 포타지는 수프의 총칭이다. 예를 들어 콩소메는 포타지 클레(Potage Clair)로 투명한 수프고 포타지 리에(Potage Lie)는 진한 수프를 말한다. 콩소메는 맑고 투명한 수프이기 때문에 재료를 아낀다거나 시간을 짧게 해서는 제 맛을 낼 수 없다. 때문에 콩소메 맛 하나로 요리사의 솜씨를 짐작하게 되며 다른 요리의 맛도 평가할 수 있게 된다. 요리사가 정성을 들여 만들어 낸 콩소메에 맛도 보지 않고 후추가루, 소금 등을 무작정 뿌리는 것은 절대로 삼가 해야 한다. 조미료는 일단 맛을 보고 난 뒤에 넣는 것이 좋다.

10) 수프는 앞에서 먼 쪽을 향해 미는 것같이 떠먹는다.

스푼은 펜을 잡는 것과 같은 방법으로 쥐고 본인의 앞쪽에서 먼 쪽으로 스푼을 밀어가면서 떠먹는다. 스푼은 너무 길게 잡지 말고 중간쯤 잡는다. 수프를 떠 먹을 때 자기 쪽으로 떠먹으면 욕심쟁이처럼 보여 좋지 않다. 수프 스푼은 다 먹은 후 접시 위에 그대로 놓아두면 된다.

11) 수프는 소리 내어 먹으면 안 된다.

양식을 먹는 매너 중에서도 수프를 먹는 매너가 가장 어렵다. 수프는 대개 뜨거운 상태에서 나오므로 먼저 어느 정도 뜨거운지 적은 양을 떠서 천천히 먹어본 후 양과 속도를 조절해야 한다. 수프를 먹을 때 후룩후룩 소리를 내는 것은 절대 금물이다. 수프는 먹는 것이지 마시는 것이 아니라고 생각하면 된다.

12) 손잡이가 달린 컵은 들어서 마셔도 된다.

식탁에 나오는 수프는 컵 좌우에 손잡이가 달려 있으나 차대신 나오는 비프티(Beef Tea) 같은 것은 찻잔 모양으로 손잡이가 한쪽에만 달려있다. 앞의 컵은 양손으로 마시고 뒤의 것은 커피컵처럼 한 손에 쥐고 마시면 된다. 어느 것이든 스푼이 따라 나올 때는 먼저 스푼으로 맛과 열을 본 다음 스푼은 받침접시에 놓고 컵을 들어 올려 마시는 것이 매너이다. 컵 안에 스푼을 넣어둔 채로 마신다든가 또는 들어 올린 컵을 스푼으로 떠서 마시는 행위는 매너에 어긋난다.

13) 빵은 수프를 끝낸 뒤에 먹는다.

빵은 처음부터 식탁에 놓여 있을 때도 있으나 일반적으로 수프가 끝나는 동시에 나오게 된다. 처음부터 빵이 나와 있다 하더라도 수프와 같이 먹지 않고 수프가 끝난 다음 요리를 끝내고 후식이 나올 때까지의 사이에 먹어야 한다. 빵은 입 속에 남아있는 요리의 맛을 씻어주고 미각에 신선미를 주기 위한 것이다. 빵 접시는 좌측 것이 본인의 것이므로 우측에 있는 빵을 집는 일이 없도록 주의해야 한다. 또한 빵을 수프, 우유, 커피 등에 적셔먹는 일이 있는데 이것은 치아가 나쁜 사람이나 아이들이 하는 것으로 성인은 삼가 해야 한다.

14) 빵은 나이프로 먹지 않는다.

빵은 나이프나 포크를 사용하지 않고 손으로 한입에 들어갈 수 있는 크기로 떼어 먹는다. 통째로 또는 크게 떼어 먹게 되면 잇자국이 남아 보기에 매우 흉하다. 정찬에는 여러 가지 빵이 나오므로 한가지나 두 가지를 집어 자기 빵 접시에 놓고 먹는 것이 적당하다. 더 필요하면 식사하면서 웨이터에게 청할 수 있다. 빵을 떼어 낼 때 빵 가루나 조각이 테이블에 떨어지므로 가능하면 빵 접시 위에서 떼어 내도록 한다.

15) 버터는 빵 접시에 옮긴 다음 빵에 바른다.

버터는 버터 볼에 담아 식탁에 일인용 기준으로 해서 한 사람 앞에 한 접시씩 내놓는다. 단, 여러 사람이 함께 사용하는 버터홀더에 버터가 제공 될 때에는 일단 빵 접시에 적당량을 옮겨 놓은 다음 빵에 발라서 먹어야 한다. 빵에 버터를 바를 때는 각자 자기 접시에 놓여있는 버터나이프를 사용해야 한다. 버터홀더에 있는 공용의 버터나이프로 버터를 바르면 버터가 커서 처리가 곤란 할 뿐 아니라 공용의 버터나이프에 빵 찌꺼기가 묻어 실례가 된다.

16) 양식코스요리의 경우 테이블의 기물류(나이프, 포크 등)는 바깥쪽에서 안쪽의 순으로 사용한다.

여러 가지 요리가 나오는 코스요리의 경우 본인의 앞에는 많은 기물류들이 놓여 있게 된다. 하지만, 그러한 모든 기물류 들은 결국 손님의 입장에서 식사를 편안하게 하기위해 놓여있는 것이다. 어렵게 생각하지 말고 하나하나 제공되는 요리에 맞춰서 바깥쪽에 있는 기물류를 먼저 사용하면 된다.

17) 메뉴는 깨끗하게 사용한다.

양식당에 가면 제일 먼저 메뉴와 빵을 제공받게 된다. 그 메뉴는 많은 사람이 함께 보는 것이므로 빵을 먹으면서 버터나 올리브유, 빵가루들이 메뉴에 떨어지지 않도록 조심한다.

Authors

저자소개

원 홍 석 manager12@hanmail.net

- 現) Bar 스티핑 오너 바텐더
- 세종대학교 관광대학원 호텔관광경영학과 석사
- 세종대학교 일반대학원 호텔관광경영학과 박사과정
- 서울 그랜드하얏트호텔 식음료부 근무(1996~2007)
- 한국관광대학교 외래교수
- 서울 숭의여자대학교 관광과 겸임교수
- 서울현대전문학교 호텔바텐더, 와인소믈리에 학과장(2010~2021)
- 한국소믈리에학회(KSS) 이사
- 칵테일 위원장 및 부회장
- 한국산업인력공단 조주기능사 자격증 필기출제 및 실기평가위원
- 국가직무능력표준개발(NCS) 소믈리에, 바텐더 분야 개발 및 집필위원
- 한국 베버리지 셰프 조직위원회(KBCO) 칵테일 위원장
- 코리아 베스트 Bar 대표선정 위원

(저서 및 논문)
- 호텔 식음료부문의 선택속성에 따른 관계지향요인에 관한 연구 외 다수
- 칵테일&바텐더, 와인&소믈리에, 조주기능사 필기 쉽게 따기, 소믈리에 자격증 쉽게 따기 외 다수

김 건

- 現) 중부대학교 호텔경영학과 교수
- 경기대학교 일반대학원 관광경영학과 석사
- 세종대학교 일반대학원 호텔관광경영학과 박사
- 상지대학교 관광학과 외래교수
- 동양공업대학 관광학과 외래교수
- 세명대학교 호텔경영학부 겸임교수
- 호남대학교 관광경영학과 조교수
- 호텔 그랜드 앰배서더 서울 당직 지배인

(저서 및 논문)
- 관광자원론(2015), 백산출판사
- 호텔오퍼레이션(2019), 석학당
- 인터넷을 활용한 호텔 마케팅에 관한 연구
- AHP를 활용한 호텔 기업 직원의 핵심 역량 평가개발에 관한 연구 등 다수

우 찬 복

- New School University, Tourism and Transportation Dept.
- 대학원 졸, M.P.S.(Master of Professional Studies)
- 전주대학교 경영대학원 경영학 박사
- 한국관광공사 비상임이사(3년 임기)
- 금강개발산업(주), 경주현대호텔 Project 마케팅 팀장
- 한국관광학회 부회장(정책포럼위원장)
- 한국관광연구학회 수석부회장
- 남북관광자문회의 대표
- 한국관광연구학회 회장
- 호남대학교 경영대학 학장

(저서 및 논문)
- 관광지 입지선정을 위한 퍼지모형 구축에 관한 연구
- 관광자원가치와 TCM법의 이론적 연구 외 다수
- 축제와 지역이벤트에 관한 연구 외 다수
- 관광과 이벤트
- 호텔정보시스템
- 호텔관리개론

전 현 모

- 現) 동국대학교 WISE 캠퍼스 호텔관광외식경영학부 교수
- 現) 한국관광협회중앙회 호텔업 등급 평가위원
- 現) 한국커피와인교육원 커피/와인 자격검정 심사위원
- 세종대학교 대학원 외식경영학 박사
- 그랜드하얏트호텔 서울 식음료부 근무
- ㈜에프앤에프 외식사업부 본부장
- ㈜에버원메디컬리조트 F&B운영팀장
- 제5회 한국소믈리에대회 1위 입상 [프랑스 농수산부]
- 최고 Sommelier Certificate [프랑스 농수산부]
- Ecole de Vin du Bordeaux Diplôme
- Ecole des Vins de Bourgogne d' Honneur Diplôme
- G20 서울 정상회의 Business Summit 만찬자문위원

(저서 및 논문)
- 외식기업의 B2B 관계마케팅이 관계의 질과 성과에 미치는 영향 외 다수
- 프랑스 와인, 외식창업론 외 다수

저자와의
합의하에
인지첩부
생략

호텔 · 레스토랑 식음료서비스론

2009년 2월 20일 초 판 1쇄 발행
2015년 8월 20일 개 정 판 1쇄 발행
2024년 1월 30일 개정2판 1쇄 발행

지은이 원홍석 · 우찬복 · 김건 · 전현모
펴낸이 진욱상
펴낸곳 백산출판사
교 정 성인숙
본문디자인 신화정
표지디자인 오정은

등 록 1974년 1월 9일 제406-1974-000001호
주 소 경기도 파주시 회동길 370(백산빌딩 3층)
전 화 02-914-1621(代)
팩 스 031-955-9911
이메일 edit@ibaeksan.kr
홈페이지 www.ibaeksan.kr

ISBN 979-11-6639-406-5 93590
값 29,000원